미래를 여는 21세기 생물자원

미래를 여는 **21세기 생물자원**

초판1쇄 발행 2019년 9월 20일
초판2쇄 발행 2020년 8월 10일
초판3쇄 발행 2022년 2월 4일

지은이 김인선
펴낸이 신일희
펴낸곳 계명대학교 출판부
출판등록: 제347-1998-1호(1970. 9. 1)
주소: 대구광역시 달서구 달구벌대로 1095
대표전화: 053-580-6233 팩스: 053-580-6235
홈페이지: www.kmupress.com

ISBN 979-11-89468-97-2 93470 값 20,000원

이 도서의 국립중앙도서관 출판예정도서목록(CIP)은 서지정보유통지원시스템 홈페이지(http://seoji.nl.go.kr)와 국가자료종합목록 구축시스템(http://kolis-net.nl.go.kr)에서 이용하실 수 있습니다. (CIP제어번호 : CIP2019034775)

미래를 여는 21세기 생물자원

김 인 선

계명대학교 출판부

머리말

인류는 먹고 입고 살아가는 衣의 · 食식 · 住주 대부분을 생물자원에 의존하고 있다고 해도 틀린 말이 아니다. 특히 매일 먹는 음식물, 아플 때 의지하는 의약품 그리고 살아가는데 필요한 생활용품 등을 다양한 생물자원으로부터 얻고 있다. 이들 생물자원은 인류의 건강에도 매우 중요한 요소이다. 이처럼 인류에게 유용한 생물자원은 주로 동물자원, 식물자원, 곤충자원, 미생물자원 등에서 얻는 천연물과 그를 통한 신물질 개발에서 온다.

오늘날 생물자원의 중요성은 4차 산업혁명에서 핵심 영역의 하나인 생명산업분야의 급속한 발달과 함께 전 세계에서 강조되고 있다. 경제가치적 측면에서도 생물자원의 개발과 보전은 그 어느 때보다도 중요시되고 있다. 거의 모든 나라가 엄청난 잠재적 시장가치를 지녀 차세대 성장 동력으로 인정된 유용한 생물자원을 선점하기 위해 치열한 경쟁을 벌이고 있다. 최근, 첨단과학기술의 발달로 천연신약, 생물신소재 발굴, 식량증산용 종자개량, 유전체 게놈 연구 등에 있어 유용 생물자원의 활용가치가 급속히 확대되고 있다. 이와 함께 급속한 발달에 따른 생물자원의 고부가가치 및 무한한 이용가능성에 대한 우리들의 인식 또한 크게 변화하고 있다.

"미래를 여는 21세기 생물자원"에서는 여러 분야에서 우리에게 잘 알려진 생물자원의 실질적인 활용과 응용, 잠재적 가치 및 중요성, 파급효과, 생물자원에 대한 우리 인식전환의 필요성을 강조한다. 전 세계는 지금 각국의 생물자원의 탐색, 보존, 개발, 응용으로 산업화, 정보화 그리고 인류의 건강증진 및 생활향상 등에서 선두주자 역할에 목적을 두고 온 힘을 다하고 있다. 우리나라 또한 선진국 못지않게 생물자원의 이용가능성이 매우 큰 편이다. 본 저서에서는 우리 생물자원의 이러한 점을 부각시키며 현재의 상황을 살펴보고 미래를 전망해보고자 하였다. 이를 위해 전체 내용을 크게 2부분(Part I, Part II)으로 나누어 생물자원의 효율적인 활용 및 개발, 현명한 보존, 전망 등을 이해하기 쉽도록 다음과 같이 체계적으로 설명하였다.

Part I에서는 "미래를 여는 21세기 생물자원"의 기본이 되는 내용으로 8개 주제가 전개된다. 먼저, [1] 생물자원과 인간(생물자원과 인간생활), [2] 미생물자원(세균 & 바이러스 응용), [3] 곤충자원(신 경쟁자원 곤충산업), [4] 식물자원(식물자원과 건강 upgrade, 약용식물), [5] 버섯자원(약용버섯과 유용성분), [6] 실험동물자원(걸어 다니는 동물 약 공장)을 다룬다. 그리고 거시적인 차원으로 [7] 해양생물자원(바다 속 생명창고), [8] 갯벌생물자원(생물자원의 보고)에서는 이들 자원의 무한한 가치를 설명한다.

Part II에서는 특히 생물자원의 응용 및 기능성이 강조된 최신의 정보를 담은 주제들이 흥미롭게 이어진다. 먼저, [9] 신종생물자원(비밀 품은 '세포융합'), [10] 첨단 바이오산업(세상을 바꾸는 꿈의 융합 신기술), [11] 21세기 BT & 생물자원(인류를 바꾸는 21C 생명공학)이 색다르게 전개된다. 마지막의 [12] 4차 산업혁명과 생물자원의 미래(인류와 생물자원 The Next 20 Years!)에서는 인류와 함께 하는 4차 산업혁명시대의 생물자원 그리고 이들의 현명한 개발과 보존방법 등을 제안하며 끝을 맺는다.

오늘날의 생물자원은 예전의 개념에서 진일보하여 '동 · 식물, 미생물의 실제 혹은 잠재적 가치를 지닌 유전물질'이란 뜻의 유전자원과 동일 시 되고 있다. 첨단과학기술의 발달로 이들 생물자원, 즉 유전자원에서 추출한 유용 성분들은 신약개발, 기능성식품, 화장품제조 분야 등에서 산업화되어 폭넓게 활용되고 있다. 이처럼 유전자원은 고부가가치의 산업과 밀접한 관계를 맺고 있어 그 응용의 폭은 예상하는 것 이상으로 확대될 수 있다.

유용 생물자원의 보전은 단순한 차원의 자원보호뿐만 아니라 지속적으로도 유지시켜야 차세대 성장의 원동력이 될 수 있다. 유용한 생물자원은 희소하고 제한적으로 분포하기 때문에 선진 각국은 이미 그 중요성을 인식하여 自國 자국의 생물자원을 효율적으로 이용하면서 수준 높게 보호 및 유지하고 있다. 우리나라 또한 생물 유전자원의 이용가능성이 상당히 커서 그 활용가치는 급속히 확대되고 있다. 그러나 이들의 산업화에 이용되는 원료물질의 해외의존도는 생각보다 높아 의약품의 경우, 활용된 생물자원의 약 70%가 수입된 원료라 할 정도! 최근 우리도 그 중요성을 깨달아 국제법과 발맞춰 관련 법령을 공포 · 시행하여 이에 대한 적극적인 대응을 하고 있다.

우리는 우리에게 있는 다양한 유전자원이 미래를 여는 21세기 생물자원이 되도록 더 많은 노력을 기울여야 한다. 이를 위해 이들 자원의 현명한 활용과 지속가능한 보존이라는 두 개의 축을 균형 있게 잘 끌고 나가야 한다. 큰 틀에서의 국가는 물론 개인적인 차원에서도 생물자원에 더 많은 관심과 지혜를 모아 우리는 물론 후손들이 밝은 미래를 맞이할 수 있도록 함께 힘써야 할 것이다.

2019 여름

김인선

차례

머리말 / **4**

Part I

Chapter 01 **생물자원과 인간:** **13**
생물자원시대, 생물자원과 인간생활

Chapter 02 **미생물자원:** **40**
미생물자원의 대들보 - 세균 & 바이러스의 응용

Chapter 03 **곤충자원:** **71**
신 경쟁자원 곤충산업 - 꿀벌의 잠재력, 신개념 누에의 힘

Chapter 04 **식물자원:** **93**
식물자원과 건강 upgrade - 약용식물, 아로마테러피와 허브

Chapter 05 **버섯자원:** **119**
약용버섯과 유용성분 - 약용버섯이야기, 신비의 동충하초 등

Chapter 06 **실험동물자원:** **147**
걸어 다니는 동물 약 공장 - 실험동물이야기

Chapter 07 **해양생물자원:** **168**
바다 속 생명창고 - 플랑크톤, 해조류의 힘, 심해 생물자원

Chapter 08 **갯벌생물자원:** **204**
생물자원의 寶庫보고 - 살아있는 갯벌의 무한한 가치

Part II

Chapter 09 **신종생물자원:** **231**
비밀 품은 '세포융합' – BT 바이오기술, 포마토, GMO

Chapter 10 **첨단 바이오산업:** **262**
세상을 바꾸는 꿈의 융합 신기술 – '나노-바이오' 만남

Chapter 11 **21세기 BT & 생물자원:** **284**
인류를 바꾸는 21C 생명공학, BT.. 빛과 그늘

Chapter 12 **4차 산업혁명과 생물자원의 미래:** **305**
인류와 생물자원 The Next 20 Years!

끝 맺음말 / **320**

참고 문헌 / **323**

미래를 여는 21세기 생물자원

Part I

Chapter

01

생물자원과 인간:

생물자원시대, 생물자원과 인간생활

I. 생물자원

생물자원이란 일반적으로 세포 내 유전자에서부터 생물종이나 생물이 서식하는 생태계에 이르기까지 모두를 포함하는 총체적인 의미를 지닌다. 이런 개념과 함께 오늘날의 생물자원은 한 걸음 더 나아가 '동 · 식물, 미생물의 실제 혹은 잠재적 가치를 지닌 유전물질'이란 뜻의 유전자원과 같은 의미로 사용되기도 한다.

지구상에는 약 170만종 이상의 생물종이 알려져 있으며, 조사되지 않은 생물종까지 포함한다면 많게는 1,250여만 천 몇 백만 종까지도 살고 있다고 본다. 국내에는 약 10만종의 생물종이 서식하고 있는 것으로 추정되며, 2017년 12월 말 조사된 생물종 수는 49,027종으로 알려져 있다(동물

28,639종, 식물 5,443종, 기타 균류/원생생물 등 14,945종). 이처럼 우리나라는 국토 면적에 비해 생물자원의 다양성이 비교적 풍부한데 이는 우리나라의 기후와 지형적 요인이 복잡하기 때문이다. 생물자원이 다양하다는 것은 향후 실질적인 산업적 응용뿐만 아니라 과학적인 이용에도 중요한 의미를 지닌다. 그것은 생물다양성이 생물종들의 분화/유전현상/생물진화의 이해.. 기초적인 과학적 탐구와 생물계 모든 수준에서 일어나는 여러 생물학적 연구의 전제조건이 되기 때문이다. 지금부터, 그동안 인류와 함께 해왔고 앞으로도 우리와 미래를 함께 할 다양한 생물자원에 대해 그 특성과 잠재력을 알아보기로 하자.

1. 식물자원

과학기술의 발달과 정보화가 신속한 시대에 필요 정보의 보유와 이용은 생물자원 산업화의 생산성이나 경쟁력과 밀접한 관계를 갖고 있다. 특히, 식물자원과 관련된 정보는 그 어느 자원보다도 인간생활의 많은 부분에서 이용되고 있어 그 비중이 점점 더 높아지고 있다. 인류의 생존 및 번영에서 식물을 빼놓고는 한걸음도 앞으로 나갈 수 없는 떼래야 뗄 수 없는 관계에 있다. 가장 기본적인 먹거리에서부터 약이나 건축자재에 이르기까지 광범위하게 이용되는 식물은 인류 생존의 원천으로 일명 '생명자원'이라고까지 불린다. 인류 건강에도 지대한 영향을 미쳐 우리와 24시간 함께 하는 생물자원이 바로 식물자원이라 할 수 있다.

생물자원 활용에서는 자원의 근간인 생물종들과 관련된 정보의 수합, 보유, 이용은 가장 기본이 되는 필수 요소들이다. 그러므로 식물자원 이용

시 해당 종에 대한 정보 없이는 그 식물을 이용하여 이루어지는 결과나 연구에 의미를 부여할 수 없다. 무엇보다도 중요한 우리 고유의 지적 자산인 한국산 특산식물 자원과 이들의 산업적 중요성, 그리고 자생식물 종자은행에 대하여 간단히 살펴보기로 하자.

한국 특산식물 자원

특정지역에 분포하는 식물종을 의미하는 endemic plants/native plants 특산식물은 우리에게 식용, 약용, 염료, 향료 등 많은 분야에서 오랫동안 이용되고 있는 소중한 생물자원이다. 오늘날 특산식물의 비밀이 현대과학으로 밝혀지면서 식물자원은 천연물이나 신물질탐색에서 더욱 중요한 역할을 하게 되었다. Korean endemic plants 한국 특산식물은 한반도 자연환경에서 적응 진화해 한국에만 분포하는 유일하고 독특한 식물로 우리만의 귀중한 생물자원이다. 한국 특산식물 종의 수는 자생식물 4,000여종 중 35% 이상의 1,500여※ 종류에 해당되며, 이들 중 일부는 유용 식물자원으로의 이용 가능성과 연관된 특정 식물종의 특성과 기원을 밝히는데 아주 중요한 자료가 된다. 한때, 자연환경의 보존보다는 경제발전에 초점을 둔 정책에 밀려 무분별했던 개발로 인해 특산식물들이 사라져가며 멸종 위기 및 희귀식물이 되는 시련도 있었다. 이들 특산식물의 종 다양성과 유전적 다양성에 관한 정보는 세계에서 우리만이 갖는 귀중한 자산이다. 이들은 신물질 탐색, 신품종 개발 등에서 고부가가치 창출에 아주 중요한 정보가 되므로 보존 및 유지에 각별히 신경을 써야 된다.

※ 참고: 2016년까지의 발표 자료 근거

● 특산 식물자원의 산업적 중요성

우리의 지적 자산인 한국산 특산식물 추출 성분이 외국에 수출되어 국위를 선양한 사례들이 국민의 주목을 받은 바 있다. 첫 번째 이야기는 1987년으로 은행나무 잎에서 추출한 기능성 성분과 관련 있다. 참고로 은행나무는 예부터 인류건강에 큰 영향을 미쳐 우리 옆에 24시간 함께 있는 대표적 식용 · 약용 식물자원이다. 한반도 서식 은행나무 잎에서 유용 성분을 추출 개발한 혈액순환 개선제 'ginkgoflavone glycoside/GFG 징코민'을 독일의 유럽 최대 의약 · 화장품제조회사 Helm Company 헬름사에 수출한 것! 당시에는 상당한 금액으로 원료의약품 1,000만 달러 수출계약을 체결해 국내외 제약업계에 많은 화제를 불러일으켰다. 1990년대 이후에도 여러 기능성 은행잎 성분들이 추출 및 약제로 개발되어 국내는 물론 중국/동남아/중동/유럽.. 해외로 수출되면서 2000년대 중반에는 수백억 원대에 이르는 실적을 올렸다.

이어 1998년에도 대극科 여우구슬이란 식물에서 B형 간염치료제 Hepaguard 헤파가드를 개발해 만성간염 환자들을 대상으로 치료효과 입증한 바 있다. 그리고 2003년에는 KFDA 식품의약품안전청으로부터 여우구슬 extract 진액을 주성분으로 하여 만든 약이 B형 간염치료 천연물 신약으로 시판 허가를 받았다. 이 외에도 주목받을 만한 크고 작은 사례들은 계속 이어지고 있으며, 사례를 더 언급하지 않아도 국부를 창출해내는 특산 식물자원의 산업적 중요성을 잘 알 것이다.

위와는 상반되기는 하나 식물자원의 중요성을 알리고자 식량 및 사료자원으로 중요한 콩에 관련된 어두운 이야기를 꺼내보겠다. 콩은 우리나라를 비롯한 만주지역 등에서 기원한된 식물로 이전에는 그 종류가 엄청나게 많았었다. 하지만, 콩과 관련된 많은 종과 품종들이 이제 우리나라에서는 찾을 수가 없다고 한다. 반면, 세계적인 콩 생산국이 된 미국은 전 세계가 인정하는 나라로 이들 자원에 대한 끊임 없는 연구와 관심을 가지고 노력하여 전 세계 콩 품종에 대한 거의 모든 자료를 가지고 활용하고 있다. 만약 늦게나마 우리에게 전에 있었던 콩 식물로 신품종 개발 등 콩과 연관된 연구를 하려고 한다면 먼저 해당 품종에 대한 정보가 있어야 한다. 어느 곳에 어떤 콩 식물이 자생하였고 재배와 관련된 정보는 무엇이었는지.. 관련된 정보가 전혀 혹은 거의 없다면 미국의 자료에 의존할 수밖에 없지 않겠는가? 자료 공유가 이루어지더라도 쉽지는 않을 것이나 만약 그렇지 않다면 우리의 연구는 막다른 골목에 부딪힐 것이다. 그러므로 자생 특산식물에 대한 올바른 인식과 관심을 높이는 것 또한 강조되어야 할 것 중 하나이다.

자생식물 종자은행

자생식물이란 특정 지역에 원래부터 자연적으로 자라고 있는 식물로 우리나라에는 단위면적당 자생 특산식물의 다양성이 중국/일본.. 다른 나라보다 높은 것으로 조사돼 있다. 그 동안 이들에 대한 우리의 관심이 낮거나 없는 상태에서 특정 자생식물의 국외 유출 등 안타까운 일도 있었으나 지금은 자생식물이 미래의 소중한 자원이라는 인식이 높아져 그 활용과 보존에 대책을 세우고 있다. 자생식물의 활용과 보존을 위해 작물 등 식물을 개발하고 고부가가치 부를 창출하고 있는 네덜란드는 세계적으로 가장 성공한 사례 중 하나이다. 그렇다면 우리에게

그림 1-1 Seeds

는 어떤 대책이 가장 적합한 것일까? 첫째로 떠오르는 대책으로는 자생식물 종들에 대한 유전체 관련 종자은행에 있을 것이다.

21세기 생명공학/biotechnology/BT 바이오기술의 핵심은 단연코 유용 생물자원의 유전자 확보이다. 세계는 지금 주요 식물종의 유전체 염기서열 분석으로 유전자 기능의 신속한 규명을 목표로 치열한 경쟁을 벌이고 있다. 특히 종자에 들어 있는 유전정보는 종자은행의 핵심 주제로 지금 세계는 종자와 전쟁 중이라 해도 과언이 아니다. 선진 외국에서는 20세기에 이미 자국 자생식물의 가치를 인지하고 그 종자들을 지키는데 많은 노력을 기울여 현재에 이르고 있다. 하지만, 우리나라는 유전자원에 있어서는 전혀 풍부하지 않고 차라리 빈국에 더 가깝다고 평가된다. 고유 유전자원의 유출을 방지하고, 유전자원의 보존과 정보의 용이한 이동을 위해 노력해야 할 것이다. 또 실용성이 필요한 종자나 현재 보유 중 또는 향후 도입 예정인 유전자원에도 database/DB 데이터베이스 구축은 선행되어야 할 것이다.

우리나라도 세계적 추세에 따라 1987년부터 국립농업유전자원센터 종자은행을 만들어 운영하고 있으며, 종자 보관뿐만 아니라 그들의 유전정보를 DNA 은행에 저장하고 있다. 식량, 특용, 원예작물 등 ~152,000점 다양한 종자가 보관돼 있고, 여기에는 ~30,800점 적지 않게 순수 토종작물도 포함되어 있다. DNA 은행에는 우리나라 토종식물의 약 50%에 해당하는 ~15,000점 종류의 DNA 정보가 보관되어 있다. 그러나 아직은 활용 가능하여 산업화로 연계시킬 수 있는 종자에 관한 기술과 지식정보의 DB가 완전한 체제로 갖춰졌다고 할 수는 없다. 4차 산업혁명의 빠른 전개로 국내 · 외 정보화산업은 더욱 급진전할 것으로 전망된다. 이 분야에서의 발달은 생명산업 분야로의 기술접목으로 이어지고 기술력과 DB 정보력을 갖춘 선진국과 대외 경쟁력을 가지려면 안정적인 기술지원 체계, 완벽한 종자정보 DB 구축의 필요성이 그 어느 때보다도 강조된다.

2. 미생물자원

지구상에 존재하는 생물의 종류는 이론적으로 약 2,000만 종정도로 추정되고 있으나 지금까지 동정 분류되어 기술된 생물의 종류는 추정치의 10% 정도! 이러한 생물 가운데 원핵생물인 세균 등의 미생물 역시 곤충류 다음으로 많은 분량을 차지하고 있음에도 기술된 종의 수는 추정치의 0.1~12% 이내인 10,000여종에 불과하며, 극히 일부만이 기술된 상태라고 한다. 잘 알려져 있는 바와 같이 세균은 각종 고부가 의약품이나 생물소재의 생산에 재료 또는 도구로 활용됨으로써 고부가가치 생물 산업의 근간을 이루어 왔다. 미생물자원은 무궁무진하여 이들을 대상으로 한 연구분야는 그 끝을 예측하기 힘들 정도라고 말한다. 현재에도 기존의 생산기술을 개선하거나 새로운 의약품을 개발하기 위해 적절한 세균 균주를 찾고자 하는 노력은 계속되고 있다.

세균을 비롯한 미생물자원은 수많은 인명을 구하는 항생제, 질병치료 후보물질, 호르몬, 특수 효소 등 각종 고부가 의약품의 생산에 원천소재로 활용되는 고부가가치 생물 산업의 근간으로 이용된다. 21세기 들어서는 첨단의 융복합 기술이 접목되어 차원이 달라진 난치병 치료약, 건강식품 소재, 기능성 화장품성분, 유용 미생물응용 농법, 광합성 등 활용 가능한 영역이 한층 더 확대되고 있다. 미생물 연관 산업에서는 향후 생명산업을 주도할 중요한 소재로 활용되는 기술개발을 지속적으로 추진해 산업적 이용가치를 높이는 방안을 적극 강구하는 중이다.

미생물자원에 대한 유전체 정보 확보 또한 필수적인 단계이다. 인류는 오랫동안 발효, 낙농업, 주정산업에서 미생물 활동의 먹거리/술/치즈.. 결과물을 즐기며 미생물에 대한 고마움을 표시해왔다. 현대에 들어서는 첨단과학의 신기술을 접목시키며 이들 미생물자원이 지닌 잠재력을 모두 이끌어내려는 엄청난 도약을 시도하고 있다. 한층 앞선 유전자가위 바이오공학의 기술력을 앞세워 더 능동적으로 DNA 정보를 이용한 균주 개발 연구에서도 활용 방안을 찾고 있다. 미생물자원은 세계적 종 다양성 확보 경쟁의 주된 대상이기 때문에 새로운 세균을 찾아 산업화하고자 하는 연구는 앞으로도 계속될 것이다.

3. 곤충자원

그림 1-2 곤충들

곤충은 지구상에 존재하는 생물 중 가운데 가장 많은 종을 포함한다. 곤충은 전 세계적으로 80만~100만종 정도가 존재하는 것으로 추정되며, 국내에는 약 17,000종정도 확인되어 있다. 지구에 약 35억 년 전부터 생물이 나타난 이래 오늘날 천만종이 훨씬 넘는 동·식물 및 미생물이 서식하고 있는 것으로 보고 있다. 이렇게 많은 생물들이 서식하고 있지만 현재 학술적으로 인정되고 있는 생물은 약 170만종이다. 이 가운데 곤충들이 반 이상을 차지하면서 피식자, 포식자 또는 분해자로서 생태계에서 아주 중요한 위치를 차지하고 있다.

인류의 곤충자원 활용은 오랜 역사를 지니고 있어 인간과 곤충은 동반자적인 관계에 있다고 할 수 있다. 생명산업 분야의 급속한 발달에 따른 생물자원의 무한한 이용 가능성에 대한 우리들의 인식 변화로 최근 곤충들이 중요 대상이 되고 있다. 해외에서는 이미 몇 년 전 곤충 양식 영역에서 중형 및 대규모의 기업이 성공하였다는 소식을 전해온 바 있다. 많은 전문가들이 차세대 생물자원으로 부상하는 핵심 자원으로 곤충을 꼽고 있으며, 여러 나라에서 수행 중인 활발한 연구들이 이를 반증한다. 이와 함께 곤충자원에 대한 우리들의 인식이 달라지고, 근래 들어 식용곤충 활용에 대한 관심도 높아져 관련 사업에 대한 국가의 지원이 시행되고 있다. 이를 반영하듯 기업들도 신개념 고단백질 곤충식품 제조 연구를 진행하고 있다.

곤충자원의 또 다른 활용은 이들이 지닌 많은 장점으로 인해 생명현상 규명 연구에 흔히 이용되는 것이다. 예로 알 → 성충으로의 짧은 생활사, 쉬운 실험실 사육과 번식, 용이한 돌연변이 유도, 알 대량생산, 값싸고 쉽게 구할 수 있는 재료들 등이 장점이다. 곤충 연구의 대명사는 ※초파리로 유전과 인간 질병연구 실험분야에 ~110년 오랫동안 이용되어 왔고 이를 바탕으로 축적된 방대한 정보들은 그동안 genome 게놈 연구에 큰 도움을 주었다. 이외 여러 다른 종류의 곤충 연구로부터 수집한 곤충의 근육, 신경, 영양 등에 관련된 생리학이나 곤충호르몬 등에 관한 지식은 인체 및 다른 동물의 기능 연구에 많은 기여를 하고 있다. 벌, 누에(나방), 바퀴벌레, 노린재 등이 대표적이라 할 수 있다.

※ 참고: 초파리의 유전자는 사람과 60%이상 같다고 하며, 인체에서 질병 유발하는 많은 유전자가 초파리에서도 발견된다. 미국 컬럼비아대학 생물학자인 토머스 모건교수의 초파리 실험이 가장 유명하다. 모건교수는 1900년대에 초파리 교배실험을 통해 멘델의 유전법칙, 즉 유전자가 자손에게 영향을 미친다는 사실을 증명한 바 있다.

부가적으로 곤충에 대한 DB 확충도 반드시 필요한 단계이다. DB 확보는 곤충자원의 국가 생물자원의 탐색 및 보존에 근본이 되며, 산업자원으로서의 활용적 측면을 향상시키는 지름길이다. 요즈음 심각해지는 농산물 수입에 따라오는 원치 않는 해충 유입에 문제를 해결하고자 할 때 혹은 수입농산물 검역 시에도 기초자료로 쓰일 수 있다. 뿐만 아니라, 전반적인 곤충류에 대한 자료 정리와 관리시스템의 체계화에 중요한 시발점이 될 수 있다.

● 곤충자원의 산업적 중요성

인류는 오래전부터 곤충자원을 많은 분야에 이용하고 산업적으로 활용해 왔다: 예를 들자면 약용 및 식용, 염료, 실크, 천적, 화분매개, 환경개선, 산업자원 등등. 2018년 최근 우리나라 조사에 의하면 많은 곤충류들은 자원 곤충으로 부산물의 산업적 이용은 물론 곤충사육 자체로 예-경북 농가의 새로운 수입원으로 떠오르고 있다. 곤충사육 농가는 2014년/68곳 → 2017년/398곳 급격히 늘고 있으며, 매출액도 2014년/5억 → 2017년/42억 매년 증가하는 추세에 있다. 해당 지자체는 최근 곤충이 미래 식량 및 새로운 농업소득 작목으로 부각되고 있다고 분석한 바 있다.

특히, 그 활용 분야가 무궁무진한 분야를 살펴보면 곤충 유래물질이나 기능의 산업공학적 이용, 곤충 유전자 및 관련 미생물 이용자원, 법의 곤충분야 등은 자원 활용에 있어 부를 창출할 수 있는 효자 영역들이다. 4차 산업혁명의 발전과 함께 곤충자원 활용의 패러다임이 바뀐 오늘날에는 그 범위가 더욱 확대 및 심화되고 있다. 이들로부터 의료 및 약품의 원료, 곤충 유전자 및 관련 미생물농약, 디자인분야 구조와 기능의 응용, 드론 등 소형비행체, 바이오센서, 지능형 로봇 등 생체모방공학, 범죄수사 관련에 곤충 활용을 들 수 있다. 과학기술의 발전과 발맞추어 곤충 기반 분야의 발전이 고부가 가치의 부를 창출하는 실질적인 성과가 있도록 민관이 모두 곤충자원에 대한 지속적인 관심과 노력을 기울여야 할 것이다.

그림 1-3 곤충비행

그림 1-4 드론

4. 실험동물자원

실험동물은 야생동물이나 가축과는 달리 진단/검정/제조.. 실험 목적에 맞도록 생산되어 유전적으로 규제되어 있으며, 의학/약학/생물학/수의학/축산.. 다양한 분야의 연구나 교육에 사용되기 위하여 개발 또는 개량된 동물을 말한다. 이들 실험동물에서는 인위적 지식이 가해진 유용생물로서의 다양성 측면이 강조된다. 최근 4차 산업혁명의 핵심 영역에 의 · 약학, 생명과학, 생체공학의 발전이 포함되어 있어 각종 동물실험에 사용되는 실험동물자원의 중요성은 더 높아지고 다양해지고 있다. 다른 분야에 비해 20세기 초반 뒤늦게 시작된 분야지만 생명현상 규명 및 의학 발전과 함께 급진전한 분야 중 하나다. 1980년대 이후 다양한 질환모델동물의 개발 및 분자생물학의 발전과 더불어 1990년대를 거쳐 21세기의 다양한 유전자도입 동물이 개발되고 있다.

선진국에서는 이미 오래전부터 실험동물의 학문적, 산업적 중요성을 인지하여 연구기관별로 다양한 DB를 구축하여 활용해오고 있다. 특히, 생체의학과 생명공학 기술이 발전하면서 2003년 21세기 초 완료된 Human Genome Project/인간유전체의 모든 염기서열 해석 인간게놈프로젝트와 많은 실험동물 관련 정보는 구축된 정보망을 통해 세계적으로 활용되고 있다. 첨단의 의 · 약학 분야가 발달한 과학기술 강국에 비해 우리의 실험동물 분야는 비교적 늦게 시작하여 아직 성장 단계에 있다고 볼 수 있다. 실험동물은 해외 수입에 의존도가 높은 편이다. 늦었지만 우리나라도 최근, 국가차원에서 실험적 개입을 받은 실험동물자원을 관리하고 있다. 국가 인프라로서 식품의약품안전처 산하 실험동물자원은행이 설치되어 이들의 활용 및 자원화를 포함한 체계적인 관리 및 운영에 들어갔다. 이들로부터 수집된 DNA 혹은 세포/조직/장기.. 각종 생체자원은 앞으로 실험동물자원은행에 모여 관리된다. 실험동물 생체자원 확보 및 보존뿐만 아니라 다음의 주요 목표도 갖는다. 그것은 다름 아닌 외국수입에 의존하는 고부가가치 실험동물의 대체효과로 국가경제 이익 창출은 물론 실험동물 생체자원 인프라를 통한 의료산업의 발전에 기여라는 궁극적인 목표!

실험에 사용되는 대표적인 동물로는 포유류로는 마우스, rat 랫트, 햄스터, 모르모트, 토끼, 돼지, 소, 고양이, 우스척 등이고, 조류에는 메추

라기 등이 알려져 있다. 국내 실험동물 생산 및 수출입, 생명과학 관련 연구개발이 주된 시장점유율 ~70% 특정 바이오기업에서는 매년 수백만 마리의 주요 실험동물들을 생산한다. 마우스-500만/랫트-150만/누드마우스-25만/원숭이-5000/비글-4000(단위:마리) 그 외 자체 생산치 않고 수입하여 공급하는 기니피그/토끼.. 동물들도 있다. 이들 실험동물들은 신약개발이나 각종 질환을 연구하는 제약회사, 연구소, 주요 대학과 병원 등에서 쓰인다. 1990년대 동물종류별 계통조사에 의하면 실험동물자원은 ~3,300계통 마우스, ~750계통 랫트, ~70계통 토끼, ~15계통 개, ~36계통 영장류 등 다양한 22가지 종류가 보고된 바 있다.

이후 21세기부터 인간게놈프로젝트 등 유전체 연구에 대한 획기적인 발전으로 실험동물자원은 각종 질환 및 유전자연구에 직접 활용되고 있다. 최근 4차 산업혁명시대에 hot 핫한 영역인 생명공학, 생체의료공학 분야에는 더욱더 없어서는 안 될 자원으로서 활발하고 다양한 실험동물 관련정보가 제공되고 있다. 그중 가장 널리 활용되는 마우스 관련 각종 유전자정보는 동종이나 이종에 있어 개체들 간의 DNA 또는 단백질서열의 유사도를 나타내는 Human-Mouse-Homology 인간과의 상동성을 통해 인체의 정보를 얻는데 유용하게 사용된다. 이들에 대한 방대한 자료는 관련 Mouse Genome Informatics 정보학을 통해 전 세계에서 활용되고 있다. 각종 동물자원에 대한 정보는 이미 오래 전부터 여러 과학기술 선진국이 앞장서서 체계적으로 연구 및 구성한 덕분이라 할 수 있다.

실험동물 DB 구축의 중요성은 사람의 질병 연구에서 실험동물의 역할을 이해할 필요가 있을 때 더 강조된다. 사람의 당뇨병/고혈압/암.. 각종 난치병을 비롯한 거의 모든 질병들은 유사하게 실험동물에서도 나타난다. 이들을 '질환모델동물'이라 하며, 이러한 질환모델동물을 이용함으로서 인체를 직접 실험하지 못하는 질환기전 규명, 치료법 개발 등 각종 난치성 질환에서 최상의 연구 재료가 되고 있다. 1980년 이후 다양한 질환모델동물이 인체 질환과 거의 같은 수 혹은 그 이상으로 개발되어 왔다. 최근에는 유전자도입 등 더 다양한 개발 및 체계적 유지로 관련정보를 제공함으로서 생체의학 분야의 초석이 되고 있다. 전 세계적으로 질환동물모델구축 기관으로 잭슨연구소/Crown Bioscience 등 약 12개의 글로벌 기업이 있고, 국내는 몇몇 상용화 기업이 출현하고 있다.

미국의 ※Jackson Laboratory 잭슨연구소는 전 세계 실험동물의 중심기관으로서, 약 2,700여종 이상의 마우스 유지 및 공급과 이에 대한 정보를 전 세계 연구자들에게 공급하고 있다. 전 세계에 실험동물기관으로서 등록된 기관은 천여 개 이상이나, 국내의 대표적인 실험동물기관은 약 10개 기관 정도이다.

※ 참고: 질환동물모델 구축분야 최고의 기관인 잭슨연구소는 쥐 게놈을 연구한 첫 번째 연구소로 1908년부터 쥐 게놈 연구에 뛰어들었다. 현재는 세계의 실험실에서 사용하는 쥐의 80% 이상을 공급할 정도로 규모가 크다. 매주 다양한 mouse mutant market 異常 마우스 전시를 통하여 동물개발자와 연구자들이 공동으로 새로운 동물개발에 참여함으로서, 다양한 질환모델동물들을 얻는 개발과 관련 연구가 동시에 이루어지며 다양한 동물관련 정보를 전 세계에 제공하고 있다.

잭슨 랩 유전체의학연구소(The Jackson Laboratory for Genomic Medicine)는 사람 암세포 이식된 '아바타 쥐' 이용 → 환자 유래 종양모델(patient-derived tumor xenografts model) 연구 → 항암/면역반응 예측 → microbiome/인체 장내미생물 마이크로바이옴, 인간유전체 연구를 진행하고 있다.

이러한 실험동물의 중요성과 함께 인간게놈 해석으로 다양한 유전정보를 획득한 선진국들은 집중적인 연구와 투자를 바탕으로 20세기 후반부터 중요한 모델동물인 mouse/rat 쥐에 대한 다양한 DB를 구축하고 있다. 이와 함께 그 활용 체계도 구축되고 있는 상태이며, 최근에는 침팬지 등의 영장류에 대한 유전체 연구가 국가 간 협력형태로 이루어지고 있고, 중국이 세계 영장류 연구의 메카로 떠오르고 있다. 또한, 이 외에도 신물질 유효성/안전성 검정분야와 각종 백신 개발을 위해서는 국가차원의 실험동물 기관은 물론 의·약학대학.. 학계, 제약회사/실험동물생산회사.. 기업들의 보유자원과 각종 정보를 망라한 국가적 DB의 구축과 활용체계 마련이 필요하다.

5. 해양생물자원

전 세계 생물 종의 80%를 차지하는 해양생물의 중요성에 대한 인식은 날로 더해가고 있다. 해양은 지구 표면적의 71%를 차지하며 어류 30,000종을 포함하여 약 500,000종의 생물이 서식하는 방대한 저장고이다. 이는 지구상 생물 종의 80%를 차지하는 수치이나 이 중 인간에 의해 이용되는 것은 1%에 불과하여 향후 개발 가능성이 무궁한 자원이다. 해양은 평균 3.5% 높은 염도, 0~100°C 넓은 온도 범위, 1,000 기압에 이르는 높은 압력 등 육상에 비하여 매우 다양하고 특수한 환경이다. 그러나 특수한 기술 장비와 실험실에서도 현장의 환경을 유지시켜 줄 수 있는 실험장비의 개발에 따라 과거에 불가능했던 해양연구의 가능성이 열리고 있다. 예로 KIOST 한국해양과학기술원은 2018년 최근 경북 울진 동해연구소 연안에서 국내 최초로 해상드론인 무인수상선을 활용한 정밀 해저지형 관측에 성공한 바 있다.

특히 어류자원은 수중 생태계의 먹이사슬 상부를 차지하고 수산 경제적 가치가 커서 지속적인 자원 이용을 위한 다양성 관리가 요구된다. 한국 수역에는 1,000여 종의 어류가 분포하며, 그 중 800여 종이 연근해에 200여 종이 담수지역에 분포하는 것으로 알려져 있다. 어류는 수산자원으로 중요한 위치를 차지하여 유용 수산어종의 경우 어획 자료를 정리하여 어획량의 계절 변동 및 개괄적인 회유로 등이 보고되어 있다. 수산생물은 인류가 오랜 옛날부터 식량으로 이용하여 왔으며, 특히 육류 단백질자원이 부족한 우리나라에서는 단백질원으로 중요한 위치를 차지하고 있다. 자료에 의하면 국내의 수산물 생산량은 세계 14위 내를 유지하고, 해양생물의 경제적 가치는 2013년 자료 연간 16조원에 이르는 것으로 조사되어 있다. OECD 경제협력개발기구가 최근 발표한 '수산업검토보고서 2017'에서 우리나라의 수산물 생산액은 2015년 기준 54억4400만 달러로, OECD 회원국 중 5위를 차지한 것으로 밝혀졌다.

해양생명공학기술은 주를 이루는 육상생물 대상의 생명공학에서 새로운 돌파구를 찾는 영역으로 부각되어 해양에서의 생물 신종들의 소재를 확보하고 이들을 대상으로 한 연구들이 진행되고 있다. 특히, 해양생물자원의 발굴은 새로운 기능을 지닌 생물소재의 탐색 및 대량생산 기술의 산업화를 위해 선행되어야 할 사항이다. 우리나라에서도 그 필요성을 절감하여 국가 및 연구기관 등에서 들인 많은 투자와 노력으로 몇몇 우수한 성과가 도출되고 있다. 예로 돌기해삼 염기-9억개/유전자-21,000개 유전체와 바지락 유전체 세계 최초 해독, 형광 조영물질 개발로 암세포만 선별할 수 있는 의료검사기기, 바이오수소 1개월 이상 장기간 연속 생산기술 개발 등이 있다.

이와 같이 21세기는 생명공학의 시대로 생물자원 확보에 대한 국가간 경쟁이 치열한 상황이고, 이들 간의 생물다양성 협약은 생물자원에 대한 각국의 주권적 권리를 확인시키고 있다. 해양생물은행 구축은 해양생물자원의 확보 및 분석기술의 개발로 이어질 수 있어 해양생물의 다양성을 보존하고 생물 산업발전을 꾀하는 핵심 사업이라 할 수 있다. 해양생명공학분야는 선진국이라 할지라도 비교적 연구 초기단계에 있고 기술 격차도 크지 않아 효소시장 같은 잠재성 있는 곳에 집중 투자한다면 세계적 수준에 도달 가능성이 큰 바이오산업이다.

수중의 독특한 환경에 적응 진화하면서 만들어낸 해양생물의 독특한 극한의 효소는 무한한 잠재성으로 생물 산업에서 매우 중요한 의미를 갖는다. 생물 유래 산업용 효소의 세계시장은 2000년 약 16억불, 2011년 39억불, 2016년 약 61억 달러로 계속 신장되는 추세이다. 현재 상업적인 산업용 효소는 60여 종에 불과하여 해양생물이 지니는 극한효소 등의 특수효소 개발에 집중적인 연구가 진행되고 있다. 이와 함께 2018년 최근 전임상이 완료된 항산화효소 superoxide dismutase SOD와 같은 의약용 효소의 개발 분야에도 큰 관심이 쏠리고 있다. 산업용 효소는 향후 더 넓게 활용되어 식품/의약품/제지/펄프/폐기물처리/화학/환경.. 많은 분야에서 중요한 촉매로 사용될 것으로 예상된다.

1. 경제적 · 산업적 가치

자생 생물자원들의 경제적 가치나 중요성은 필수불가결한 식량에서부터 의약품, 생활용품에 이르기까지 그 엄청난 이용범위가 말해준다. 특히, 자연 그대로 야생하는 식물종의 유전정보는 주요 경제작물의 개량 및 보존, 유지에 바탕이 된다. 우리나라 국립생물자원관의 야생생물소재은행에서는 유전자원, 배양체, 천연물, 종자 등으로 대별된 한반도 야생생물을 대상으로 다양한 생물소재의 확보는 물론 관리 및 보존, 연구와 분양 등의 기능을 수행하고 있다. 그리고 지역 특화 야생식물 대량증식을 위한 2017년 '바이오연구지원센터'를 열고 야생생물소재은행과 연계한 기술개발에 최선을 다하고 있다. 야생식물의 경우, 육종에 의한 품종 갱신은 여러 특성을 강화시킬 수 있는 장점을 얻는다. 이를 통해 얻은 다수확 품종이나 병충해 저항성 품종, 혹은 비료 많이 주어도 큰 부작용 없이 생산량 증가를 불러오는 품종도 개발되어 식량문제 해결에 한걸음 더 다가갈 수 있게 되었다. 특히, 벼 품종에서 연구되는 이러한 종류의 핵심적인 유전자는 장차 녹색혁명의 주역이 될 수도 있다.

많은 재래종들이 수입 또는 외래 종자에 밀려 위기에 있는데 주변에서도 그런 경우를 종종 볼 수 있어 아쉬움이 더해지고 있다. 대표적인 재래종 동물로 토종닭 닭, 진돗개 개, 한우 소 등이 이러한 상황에 내몰리고 있고, 벼/보리/밀/콩/고추/수수.. 여러 종류 곡식의 재래종자들도 마찬가지이다. 토종이나 재래종의 보전은 유전자원의 보전인 만큼 그 중요성을 자각해야 한다. 얼마

그림 1-5 토종닭

그림 1-6 진돗개

전부터 그 일환으로 생약자원 이용을 위해 약용식물/소형동물/곤충/해양생물.. 광범위한 재래종 자원들이 탐색되고 있다. 이와 함께 병행해야 하는 것이 생물다양성을 자원으로서 다량 확보하는 일이다. 이에 노력을 기울인 결과, 자연에서 자원 채취 후 소량 사용하는 것에서 벗어나 재배 또는 양식의 방법으로 전환의 길을 찾고 있다. 물론, 이 분야에는 생물자원의 대량배양을 위한 생명공학기술이 필요하여 여러 방면에서 또한 관련 연구 개발이 한창 진행 중에 있다. 우리 모두 잘 알듯이 생물다양성의 보전과 지속적인 이용의 확대는 향후 생명산업에 커다란 파급효과를 가져다 줄 것이다.

다양한 생물자원의 산업적 가치는 자생생물자원을 이용한 제품개발과 시장 진출로 경제성을 창출할 때 올라가고, 이들 자원의 보전 및 개발이 병행될 때 지속될 수 있다고 한다. 이를 위해 전문가들은 [1] 약용이 되는 식물, 곤충 또는 동물을 이용한 생약자원의 개발, [2] 바이오기술 접목으로 신약개발 산업 진행, [3] 국내 고유생물 및 유전자원의 보전 확보, [4] 바이오기술 개발로 고부가가치의 신 생물 산업 등을 창출할 수 있는 방법을 모색해야 한다고 입을 모으고 있다.

생물자원의 산업적 이용에 있어서 생명공학의 발전은 생물자원의 산업적 응용의 폭을 넓혀주는 기본요소가 된다. 생물자원을 이용하는 생물 산업의 규모는 1990년대 초반 100억불 수준이었으나 21세기 들어 세계적으로 크게 증가하여 2005년 약 3,050억불, 2015년 3,392억불에 달했다. 향후 세계 바이오산업 시장규모는 2021년에는 5,284억불까지 증가할 것으로 전망된다. 그 규모가 말해주듯이 국내 · 외 생물자원 이용이 급변하고 있어 유전자원의 선제적 확보와 국가차원에서의 생물자원 다양성 정보의 공유체계 구축은 이미 필수요건이 되어 있다. 우리나라에서의 생물 산업의 규모는 1993년의 1,683억, 2005년에는 14조원, 최근에는 4차 산업혁명의 최첨단기술과 손잡으면서 엄청난 고부가의 자산 가치를 지닌 효자 영역으로 급부상하였다. 생물자원시대 생물자원의 가치는 이와 같은 경제적 산업적인 측면에서 직접 값으로 산출 가능한 것뿐만 아니라 사회/문화적.. 간접적으로 영향을 주는 것들도 있다.

2. 사회적 · 문화적 가치

이미 언급하였듯이 다양한 생물 종들의 서식지인 지구는 이들 생명체에 의해 유전적 다양성 또한 풍부한 곳이라고 볼 수 있다. 폭넓은 지구의 생물다양성은 생물종 상호간의 자연적인 관계로부터 오고, 이는 자연적으로 존재하는 생물학적 자본이 되어 그 지역에 값으로 따지기 어려운 큰 가치를 부여한다. 또한, 자연의 생물다양성은 우리가 필요로 하는 생물자원과 부가적인 서비스를 제공하면서 인류 생활에 직간접적으로 영향을 미친다. 생물다양성의 가치는 사람들이 의존하며 살고 있는 생태계의 안정 유지에 지속적인 순기능을 발휘하며 계속 높아지고 있다.

다양한 생물자원이 공존하는 생태계의 구조와 기능은 그 속에서 살고 있는 생물종들과 주변의 환경에 의해 주로 결정된다. 따라서 생물다양성 가치의 이해는 생물종과 환경의 상호작용에 의해 얻어지는 생태계의 다양한 기능을 이해하면 좀 더 쉬워질 것이다. 그 이해를 위해 흙이나 물속에 사는 눈에 보이지 않는 미생물 세균을 예로 들어보자; 흔히 세균은 질병을 일으키는 병원체.. 유해한 생물체로 보고 이들을 제거하면 흙이나 물이 깨끗해질 것이라고 단순히 생각할 수 있다. 그러나 실제는 그 반대로 이들을 없애면 바로 심각한 문제에 직면하는데, 환경은 폐기물이나 오염물질로 넘쳐나 다른 생물들이 살 수 없는 곳이 되기 때문이다. 눈에 안 보이게 우리가 모르는 사이에 유해물질 분해 → 정화시켜 줌으로서 깨끗한 생태계를 유지할 수 있게 해주는 역할을 한다. 때때로 산업 공해물질들이 대량 방출되는 일부 공업단지에서는 이들 미생물이 사라지는 상황들이 벌어지곤 한다. 이들을 사라지게 하는 것은 자연정화에 일등공신이 되는 미생물을 죽이는 것으로 결국에는 자연환경이 자정능력을 잃는 셈이다. 바로 이것이 생물자원 다양성을 유지하여 이런 미생물들도 있어야 할 곳에 공존하면서 자정능력을 발휘하여야 하는 이유이다.

자연 생태계는 변화나 교란 없이 일정하게 유지되지는 않는다. 대개의 경우, 주기적 혹은 갑자기 환경적인 변화에 직면하는데, 일시적인 자연에서의 교란현상은 보통 원상상태로 복구되는 것이 일반적이다. 자연 생태계의 환원유지 능력은 그 생태계 內 미생물/동물/식물.. 모든 생물종 간의 상호 협력관계에 의해서 가능해진다. 가령 어느 일부분에 훼손이나 파괴 등의 문제가 발생하여도 즉각적인 영향이 전체 시스템에 나타나지는 않을 것이다. 하지만, 상황이 지속되면 그 영향은 해당 생물종은 물론 크게는 그 생태계 기능에 영향을 주게 되고, 시스템의 회복 및 재생에 이상이 생기게 된다. 내 · 외적 환경변화에 대응하는 능력이 감퇴하게 되면 2차적으로 일어날 수 있는 문제들은 더 커질 수 있다. 따라서 다양한 생물종들의 공존 및 상호 간의 협력체계가 생태계의 안정성 유지에 필요하며, 생물자원의 보전은 인류의 미래 생존을 위해 필수적인 과제임을 인식해야 한다. 무분별한 개발로 일단 생물 서식처가 훼손이나 파괴되면 그 복구에는 몇 배 이상의 대가를 치러야 한다. 생물다양성과 생물자원이 주는 서비스의 많은 부분은 금전적인 수치로 쉽게 산출할 수는 없지만 그들이 갖고 있는 사회적, 문화적 가치는 특성상 매우 크다고 할 수 있다.

생물다양성이 우리에게 가져다주는 사회적 · 문화적 가치는 국가나 사회, 인종, 문화에 따라 크게 다르다. 선진국이나 서구에서의 생물다양성과 연계된 사회 · 문화적 가치는 대체로 자연 그대로의 자연관광이나 레저문화를 통한 2차적인 추구라고 한다면, 개발도상국이나 기타의 경우에는 대부분 전통문화와 연계되어 삶 그 자체와 직접적인 매우 다른 양상을 보인다고 말할 수 있다.

그림 1-7 토지개발

이렇게 중요한 생물다양성이지만 자연에 대한 수십 년에 걸친 인간 간섭으로 지구에는 이미 부정적인 영향과 역효과가 나타나고 있다. 최근 들어 이러한 현상이 급격하게 증가하고 있고, 생물다양성은 매일 1,000배의 자연 비율로 상실되어가고 있다고 전해진다. 인간의 활동이 불러온 환경 변화의 속도는 아이러니하게 우리 삶의 질에 본질적인 위협이 되는 부메랑이 되고 있다. 현재 이런 위기의 위협 요소들로는 개개 생물종의 멸종, 서식지의 파괴, 농업/개발 위한 땅의 개간, 기후변화, 환경오염과 침입 생물종들의 확산 등을 들고 있다. 생물자원 감소와 생물다양성의 상실은 자연이 우리에게 주는 물/식량/연료/의약품/에너지.. 기회 위협, 필수기능 저해의 방향으로 작용한다. 이러한 환경의 변화는 지구에서의 특정 생물의 멸종이나 생물다양성의 감소를 초래하고, 그 감소는 경제적 또는 사회문화적인 측면에 다분히 부정적인 요인으로 작용한다. 유용한 생물자원의 보존, 유지 및 활용에 대한 인식의 변화, 제도적 장치, 시스템 구축 등이 시급한 이유이다.

III. 생물자원과 인간생활

인류는 의 · 식 · 주, 특히 음식물과 의약품 및 산업용품들을 다양한 생물자원들로부터 얻어왔다. 이들 생물자원은 인류의 건강에도 매우 중요해 한때는 거의 모든 의약품들이 식물과 동물로부터 유래 사용되었다. 생물자원 활용에 대한 외국의 경우를 잠깐 살펴보자. 자원 활용이 활발한 선진 미국의 경우, 조제되는 약 처방의 25% 정도가 식물 추출성분을 포함하고 있으며, 3,000종류 이상의 항생제가 미생물에서 얻어지고 있다고 알려져 있다. 발달 중에 있거나 개발도상국인 경우, 의약품 ~80% 대부분을 동식물 추출 성분에 의존하고, 전통의약품이 큰 비중을 차지하는 동양 여러 나라의 경우에는 무려 5,000여 종의 동식물을 사용하고 있는 것으로 전해진다.

※ 참고: 오늘날에도 의약품 소재의 70% 정도가 생물자원에서 유래하며, 특히 항암제의 경우 원료의 40% 이상을 생물체 유래 물질에서 추출한다. 현재 항암치료제로 많이 사용되는 택솔은 서양주목에서, 해열진통제의 대명사인 아스피린은 버드나무에서 유래함은 잘 알려진 사례이다. 이외에도 고부가가치를 지닌 기능성 화장품의 황칠나무-피부노화방지/지렁이-보습기능 주요 성분이나 향후 대세가 될 2020년대/세계 에너지수요 ~15% 차지 예측 바이오에너지 또한 옥수수/콩/유채.. 생물자원에서 유래한다.

전 세계는 지금 각 국의 생물자원의 탐색, 보존, 개발, 응용으로 인류의 건강증진 및 생활향상 등에 목적을 두고 온 힘을 다하고 있다. 생물자원 활용은 거시적으로는 국가, 환경, 사회, 경제적 편익을 증대하고자 하며, 미시적으로는 개개인의 건강향상 및 노화, 질병퇴치 등에서 응용하려 부단히 노력 중이다. 인류에게 유용한 생물자원은 각종 동 · 식물, 곤충, 미생물 등에서 얻는 천연물을 통한 신물질 개발에서 온다. 생물자원의 중요성은 이들이 지닌 고부가가치 및 무한한 이용가능성에 대한 우리들의 인식변화로 날로 부각되고 있다. 다음의 분야에서 우리에게 잘 알려진 생물자원의 실질적인 활용과 응용, 파급효과, 그들의 잠재적 가치 및 중요성, 생물자원에 대한 우리 인식의 전환이 필요하다.

1. 식물자원의 가치: 인간에게 수천 년 동안 직 · 간접적으로 다양한 분야에서 이용되는 식물을 빼놓고는 인류의 생존과 번영은 생각할 수 없다. 특히, 식물자원의 산업적 중요성은 현대에 이르러 지역 고유 특산식물의 비밀이 벗겨지면서 천연물이나 신물질탐색에 그 역할을 한층 더해가고 있다. 식물자원 및 유전적 다양성에 관한 정보는 신물질탐색, 신품종 개발 등의 고부가가치 창출에서 매우 소중한 정보가 된다.

오늘날에는 식물자원을 논하면서 예전과 달리 유전자변형산물, 즉 genetically modified organism GMO를 언급하는 경우가 많아졌다. 그 만큼 우리의 생활 속으로 알게 모르게 들어와 있다는 이야기! GMO란 인위적인 바이오기술을 이용하여 자연적인 육종 방법으로는 나올 수 없는 형질이나 유전자를 지니도록 개발된 농산물을 말한다. 흔히 쓰이는 유전자재조합 기술은 어떤 생물의 유전자 중 유용한 예-추위/병충해/살충제/제초제..에 강한 성질 유전자만 선별하여 다른 생물 유전체에 삽입하여 새로운 품종을 만들어 낸다. 생산량 증가 혹은 유통 편의를 주목적으로 한다는 이들 GMO를 식물자원에 포함시켜야 하는지에 대해서는 의견이 엇갈린다.

※ 참고: 최초의 상업적 GMO식물은 1994년 미국 칼젠사가 개발한 무르지 않도록 변형된 'Flavr Savr' 토마토! 그러나 GMO 식물에 대한 찬반에 대한 의견은 1996년 미국/몬산토사/'Round-Up Ready Soybean' 대두와 스위스/노바티스사/병충해내성/'Bt-maize' 옥수수가 상품화되면서 본격적으로 시작했다고 볼 수 있다.

2. 미생물자원의 활용: 세균을 비롯한 각종 미생물자원은 오랫동안 인간생활에서 다양한 생물 산업의 중심이 되고 있다. 특히, 세균은 고부가 의약품 생산에 재료나 도구가 되고, 항암 및 항균활성을 갖는 새로운 미생물 대사산물 발굴 목적의 차세대 항생제 및 항암제 개발에도 근간이 되고 있다. 지금도 많은 연구에서 기존의 생산기술 개선 및 신약개발 등 여러 분야에서 최적의 균주를 찾는 실험이 한창 진행 중이다. 각종 세균은 국제적으로 자원 확보 경쟁의 주된 대상이며, 모든 나라에서 미지의 미생물자원을 찾고 보호하고자 하는 노력은 계속되고 있다.

3. 곤충자원의 중요성: 곤충 또한 인간생활에 있어서 몇 세기 전부터 약용 및 식용자원 포함 광범위한 이용으로 그 활용 분야는 무궁무진하다.

특히, 생명산업분야의 급속한 발달에 따른 생물자원의 무한한 이용가능성에 대한 우리들의 인식변화로 곤충들이 미래를 이끌 수 있는 생물자원으로 급부상하고 있다. FAO 유엔식량농업기구는 식용 곤충자원을 인구증가로 발생할 수 있는 식량부족에 대비 가능한 대안으로 꼽았다. 우리나라 농림축산식품부 정부기관에서도 2015년 60억 원 규모의 국내 식용곤충 사업이 2020년 이후 곧 1천억 원대로 성장할 것이라고 전망한 바 있다.

4. 실험동물은 유용생물자원: 각종 실험동물에 인위적인 지식이 가해진 유용 생물자원으로서의 다양성 측면이 강조되고 있다. 특히, 최근 4차 산업혁명에 따른 과학기술의 발전과 더불어 실험동물자원의 중요성은 그 어느 때보다도 높아지고 있다. 인간의 각종 질병이 일부 실험동물에서도 나타나기 때문에 이들을 이용하여 인체 대상으로 직접 실험하지 못하는 난치병 규명, 치료법 개발 등 각종 질병연구에서 최상의 재료가 된다. 쥐/돼지.. 다양한 실험동물의 질환 증상이 인체 질환과 거의 같거나 유사하여 질병 발현기전이나 대사 규명 실험에 이용되고 있다. 일례로 2018년/마우스 얼마 전 일본에서는 실험동물 췌장의 췌도에 실시한 혈관망 이식수술로 인슐린을 성공적으로 분비하게 하였다. 그 결과, 실험동물의 약 90%가 생존하는 성과를 얻은 바 있다. 이는 향후 당뇨질환이 있는 인체에 적용될 수 있는 가능성을 내포하는 매우 의미 있는 연구라 할 수 있다!

5. 해양생물자원의 중요성: 전 세계 생물 종의 80%를 차지하는 해양생물의 중요성에 대한 인식은 날로 더해가고 있다. 해양은 지구 표면적의 71%를 차지하며 ~50만종 수많은 생물이 서식하는 방대한 저장고이나 인간에 의해 이용되는 것은 1%에 불과하여 향후 개발 가능성이 무궁한 자원이다. 수산생물은 인류가 오랜 옛날부터 식량으로 이용하여 왔으며, 특히

육류 단백질자원이 부족한 우리나라에서는 수산물은 단백질원으로 중요한 위치를 차지하고 있다. 해양생명공학기술은 지금까지의 생명공학에서 돌파구를 찾는 영역으로 부상하면서 새로운 해양생물자원에 대한 연구가 세계 각지에서 활발히 진행되고 있다. 오늘날은 가히 생명공학의 시대로 해양생물자원 확보 및 관련 자원의 은행 구축은 21세기 해양생물 산업의 발전에서 핵심이 된다. 우리나라 해양생명공학 분야도 잠재성 있는 신종/아이템/주제 것들을 선택과 집중하여 연구 및 투자한다면 세계적 수준에 도달할 가능성이 큰 바이오산업이 될 수 있을 것이다.

Chapter

02

미생물자원:

미생물자원의 대들보 - 세균 & 바이러스 응용

미생물은 bacteria 세균, yeast 효모, 진균류/fungi 곰팡이 등 아주 작은 생물들의 총칭이나 넓은 의미에서는 세균, 곰팡이, 원생생물, 플랑크톤, virus 바이러스 등을 포함할 수 있다. 번식력이 뛰어난 미생물은 어느 환경에서나 잘 적응하여 지구상 거의 모든 곳에서 발견된다. 어느 정도 있을지 추정할 수 있을까? 이런 질문 자체가 난센스일 것이다. 대부분 육안으로는 볼 수 없는 현미경적 크기이므로 존재 여부조차도 알 수 없기 때문이다. 하지만 인간에게 미치는 영향 및 밀접한 관련성을 기준으로 한다면 크게 유해미생물과 유익미생물로 구분된다.

그러나 미생물자원의 대들보는 누가 뭐라 해도 단연코 세균이라 할 수 있다. 지구상에 가장 먼저 나타난 생명체가 세균이며, 인류가 지구에 나타나기 약 30억 년 전부터 살았다고 추정된다. 세균을 비롯한 미생물은 우리가 지구상에서 사라진 후에도 살아남을 생명체라고 말한다. 인간과 세균 사이는 감히 '애증의 관계'라고 할 수 있으며, 인간-세균 간 경쟁에서는 인류가 결국 이길 수 없을 것이라고 보기도 한다. 오랫동안 잘 이용하여 비교적 사이가 좋았듯이 실생활 속 미생물은 우리의 환경에서 없어서는 안 될 중요한 존재다. 부정적으로는 물론 동식물에 질병을 일으키고, 인체에 다양한 질병을 야기하여 수많은 생명을 앗아가거나 끔찍한 세균전의 주체가 된다. 하지만 우리에게 있는 항생제를 최상의 무기로 사용하고, 끊임없이 연구 관리하며 세균에 현명하게 대처하면 미래는 그리 부정적이지만은 않을 것이다.

1. 미생물의 역할

미생물의 많은 역할 가운데 중요한 것 중 하나는 분해자 기능이다. 죽은 생물체나 유기물질을 분해하는 '분해자'로서 탄소/질소.. 물질을 순환하게 만들어 생태계에 있어 중요한 구성원이 된다. 특히, 음식물의 부패, 동식물의 사체, 배설물, 물질의 변질, 난분해성 오염물질 등을 분해하는 청소부 역할을 하여 자연계의 물질순환과 환경정화에 기여하는 바가 매우 크다. 이와 함께 미생물은 장류/젓갈류/김치/술/식초/치즈/유제품/발효.. 식품제조, 항생제/의약품/미생물단백질/미생물농약.. 산업제품 생산, 환경오염 제어 및 폐수처리 분야에서도 그 능력을 발휘하고 있다. 또한, 기초 생명과학의 중요한 연구재료로 이용되며, 최근에는 질병치료에서도 그 잠재성이 점점 더 커지고 있다.

마이크로바이옴 '몸속 미생물'이 질병을 치료할 수 있는 주역으로 떠오르고 있다는 말을 들어 본 적 있는가? 이들은 질병치료는 물론 비만을 치료하

그림 2-1 빵 곰팡이

는 건강기능식품에서부터 항암제에 이르기까지 그 활용범위를 넓혀가고 있다. 우리와 공존하는 몸속 미생물은 일부 전문가들이 '잊혀진 장기'라고 부를 정도로 건강과 밀접하게 관련되어 있다. 장내세균분포에 따라 인체의 면역기전 활성화가 달라진다는 연구에 세계적인 사이언스지/Science 전문학술지가 주목하면서 더 폭발적인 관심으로 이어지고 있다. 몸속 미생물 관련, 국내외에서 그 연구가 활발하며, 그 잠재적 가치를 전망한 기업들은 진단서비스/치료제 개발.. 미생물활용 사업에 뛰어들고 있다. 이들을 활용한 건강기능식품, 화장품 등이 개발되고 있으며, 면역체계 조절에도 기여할 수 있다고 보고 항암제 개발에도 정진하고 있다. 2017년 미국 MIT에서 발표한 미래를 이끌 미래유망기술 10가지에 포함된 유전질환성 세포의 유전자를 정상으로 바꾸는 Gene therapy 2.0 유전자치료에도 미생물이 활용되고 있다.

※ microbiome 마이크로바이옴: 인체에 서식하는 미생물의 총칭으로 주로 장내미생물을 의미한다. 그 수는 인체 내 세포보다 2배↑ 많고, 인간유전자보다 100배↑ 많은 유전자를 갖는 것으로 추정된다. 인간유전자와 밀접한 관계에 있어 'second genome 제2의 게놈'이라고 칭하기도 한다. 활용가능한 분야로 불치병치료 연구, 치료제 등의 신약개발, 식품이나 화장품 개발 등이 거론되고 있다.

하지만 미생물을 이용한 제품의 상용화에는 그리 장밋빛 밝은 앞날만 열려있는 것은 아니다. 상용화에 앞서 해결해야 할 과제도 적지 않아 연구에 관여하였던 책임자는 "동물실험/세포실험.. 실험실 수준에서는 미생물을 활용한 치료효과가 많이 검증됐지만 인체 대상으로는 충분한 검증이 더 필요하다"고 말하고 있다. 미생물활용 도출되는 실험결과를 인체에 적용하고자 할 때 실용화 단계에서 반드시 유념해야 할 사항이다.

2. 실생활 속에서의 미생물

미생물은 우리의 환경에서 없어서는 안 되는 중요한 존재로 공기, 흙, 물 등 사람이 있는 곳에는 어디에나 있다. 특히, 미생물이 주도하는 부패와 발효는 인간생활과 가장 밀접하게 관련 있는 미생물의 작용이다. 부패는 사람이 직접 이용할 수 없는 미생물 작용으로 자연계 물질순환에 중요한 역할을 하는데, 이들의 부패작용이 사람에게 반드시 해롭다고 말할 수는 없다. 이에 반해 발효는 사람들이 직접 이용할 수 있는 미생물의 작용으로 인류는 오래전부터 발효기술을 이용하여 실생활에서 많은 도움을 받아 왔다.

미생물의 발효기술을 이용하면 발효의 원인이 되는 곰팡이/효모/세균.. 미생물이 갖는 여러 능력을 활용하여 유용한 물질을 생산할 수 있다. 이들의 발효기술로 만드는 대표적인 것으로는 술/장류/치즈.. 식품, 아세톤/알코올/부탄올.. 유기용매, 화학합성으로 생산하기 어려운 호르몬, 비타민 제조 등이 있다.

- 곰팡이 이용 시: 중요 대사산물의 생산자로 분해자/병원체/연구용/실험재료.. 다양한 역할을 수행한다. 치즈, 알코올/청주.. 술, 간장/된장 장류, 효소, 유기산, 녹말의 당화, 페니실린 등이 생산된다.
- 효모 이용 시: 기원전 수천 년 전부터 포도주/술/맥주/막걸리.. 술, 절임, 빵

그림 2-2 맥주

그림 2-3 와인 & 치즈

제조 등에 쓰여 온 효모는 주변에 흔히 있다. 꽃의 고당도 꿀샘, 딸기/포도.. 열매, 버섯 껍질, 곤충이나 동물의 몸체 등에서도 발견된다. 지방+단백질원 영양분이 풍부하여 효모 자체를 가축/물고기.. 여러 동물의 사료에도 사용한다.

포도: 14~20% 당분이 풍부한 과일로 양조에 필요한 wine yeast 포도주효모는 열매껍질 과피에 많이 붙어있어 포도를 으깨면 당과 효모가 만나 술이 된다!

- 세균 이용 시: 아미노산/유기산/핵산/효소/항생물질/비타민.. 유기화합물, 사료/살균제/살충제/농약.. 공산품 생산, 유기산 발효 등에서 중요한 대장균/젖산균/고초균.. 발효원이 된다.

미생물을 공업적으로 이용하는 미생물산업은 인류에게는 수백 년~수천 년 동안 여러 방면에서 지대한 영향을 주고 있다. 미생물은 양조 및 유제품에서부터 폐수처리 분야까지 아주 광범위하게 이용되고 있으나 미생물산업의 발전은 1927년 penicillin 페니실린 발견이 시발점이 되어 병원성 미생물 분야의 발전으로 이끌었다. 오늘날에는 치즈/맥주.. 발효공정이나 아미노산 생산, 농업분야에서 미생물을 많이 활용하는 추세이다. 미래에는 환경이나 에너지 분야로 미생물 활용방안이 넓어져 환경오염 경감, 바이오매스 대체에너지 개발, 식량문제 해결방안 모색 등으로 더 확장될 것이다. 이러한 미생물의 잠재성을 기반으로 특히 최근에는 국가는 물론 민간 기업에서도 유용미생물과 최첨단 공학기술을 접목시켜 신개념 고부가가치 산업으로 키우려고 부단히 노력하고 있다.

우리에게 이로운지 해로운지를 떠나 누가 뭐라 해도 미생물 산업화의 근간은 곰팡이, 세균, 바이러스이다. 다음에서는 이들이 미생물자원의 대들보로서 그 역할을 어떻게 해 왔고, 또 앞으로 어떻게 해나갈 수 있는지에 대하여 자세히 살펴볼 것이다. 특히, 이들의 생물학적 특징 및 활용성 그리고 잠재성에 초점을 두면서 알아보도록 하겠다.

I. 곰팡이(fungi)

곰팡이는 대부분 현미경적 크기 미세한 spore 포자로 번식하며, 가는 실 모양의 菌絲 균사를 지닌 하등 균류이다. 지구상에는 ~13만종 수많은 곰팡이가 있으며, 주로 유기물을 분해하여 양분을 섭취하여 에너지원으로 한다. 이들은 흙 속에서는 물론 습도가 많은 곳에서도 잘 자란다. 자실체가 식별 가능한 갓으로 발달한 버섯류도 곰팡이에 해당된다.

생존 양식은 분해자 또는 지의류-균근형태 공생관계 혹은 다른 생물에 기생하는 방법 중 하나로 살아간다. 하지만 녹각균.. 일부 곰팡이는 물질분해로 자연계 물질순환에 기여 분해자, 질병유발 병원체, 천적작용 등의 여러 가지 역할을 동시에 한다. 일반적으로 분해성이나 공생성 곰팡이보다는 기생성 곰팡이가 동식물에 더 해로운 경우가 많다. 종류에 따라 다양한 생물에 기생하여 병원체가 되며, 깜부기균, 녹병균, 맥각균 등은 고등식물에 주로 기생하는 병원체로 벼, 귀리, 호밀 등 주요 농작물 곡물생산에 큰 피해를 준다. 또한, 동물이나 인체에도 기생하는데 무좀, 티눈, 버짐, 백선 등은 잘 알려진 피부질환성 병원체로 ~40종 수십 종이 알려져 있다.

곰팡이는 질병을 유발하는 병원체 역할만 하는 것이 아니라 분해자로서 생태계의 균형 유지와 물질대사에 의한 유용물질 생성으로 식품공정에서 크게 공헌하고 있다. 종류에 따라 다양한 영양물질을 이용하고 다양한 산물을 만들어 내는데, 특히 유익하게 이용되는 곰팡이로는 누룩곰팡이, 효모, 푸른곰팡이 등이 있다. 녹말을 잘 이용하는 누룩곰팡이는 곡물의 당화에 중요한 작용을 하여 예부터 술 만드는데 쓰였고, 식생활에 필요한 간장/고추장/된장.. 장류도 누룩곰팡이나 알코올발효 효모를 사용한다. 하지만 유용물질 생성에서 빼놓을 수 없는 또 다른 곰팡이가 있다. 20세기에 곰팡이가 인류의 역사를 바꿀 정도로 유익한 활용은 당연히 *Penicillium* 푸른곰팡이일 것이다. Why...? 그동안 수많은 생명을 구한 바로 그 유명한 penicillin 페니실린이 푸른곰팡이로부터 추출되어 항생제 개발에 문을 활짝 여는 전기를 마련하였기 때문!! 이들이 분비하는 어떤 물질이 포도상구균 세균의 성장을 막는 강력한 항균작용을 했고, 그것은 최초의 항생제 제조에 근간이 되는 물질이 되었기 때문이다.

곰팡이 대사산물 중에는 인체에 치명적인 곰팡이독 성분도 많은 편이다. 대표적인 곰팡이 독은 아플라톡신 B1으로 간에 독성으로 작용하는 물질로 간암을 일으킨다. 환각성 독성분인 lysergic acid 리세르그산은 호밀/밀/귀리.. 곡물에 기생하는 맥각균이 맥각 균핵을 만들어 강력한 독성 알칼로이드를 만들어낸다. 맥각 알칼로이드는 식중독 맥각중독을 일으키고 사망에까지 이르게 하는 무서운 독이다. 하지만 독과 약은 양면성을 가진 활성성분으로 소량의 리세

르그산 독소는 약효가 있어 병 치료를 위한 약제의 개발로 이어졌다. 맥각의 독은 계속 연구되어 여러 가지 성분이 더 함유돼 있음이 밝혀져 이후 고혈압, 편두통, 분만 후 출혈방지, 파킨슨병 등의 치료제로 개발되었다.

우리에게 경제성 있는 실질적 가치를 가져다주는 곰팡이들은 분해자로서 역할을 하거나 식품자원이나 식품생산 공정에 직접 이용되고 있다. 이들이 생존을 위해 분비하는 항생물질은 인류에게 의약품 원료로 고부가가치의 성분이 되고, 건강유지에 필요한 기능성 식품의 소재가 된다. 또한, 여러 가지 단백질/녹말/지방.. 분해효소, 구연산.. 유기산을 분비하며, 식품발효, 효소생산, 약품제조 등 산업화에 이용되고 있다. 이들의 효소는 산업화 공정에서 많이 쓰이던 고비용의 합성 촉매제 대체 → 비용절감에 큰 역할을 하고 있다. 일부 곰팡이는 생명체 중 가장 적응력이 뛰어나 DDT.. 살충제와 특정 발암물질을 분해하는 능력으로 유해물질 제거에 효과가 있는 것으로도 알려지고 있다. 동식물이나 미생물 유래 물질로 만든 농약은 독성이나 생태계 파괴가 거의 없다는 장점이 있어 부작용 많은 화학비료 및 농약의 친환경농약 대안 소재로 관심을 받고 있다. 미생물 농약은 곰팡이를 비롯하여 세균, 바이러스, 단세포 해조류 등을 이용하여 만들어진다. 곰팡이류는 또 미래의 에너지원으로 바이오에탄올/바이오매스 생물연료 생산에서도 기여하는 바가 매우 크다. 이와 같이 곰팡이는 부패나 감염성 질환의 원인이 되기도 하지만 생태적 관점에서 바라본다면 소중한 미래의 생물자원으로 손색이 없는 자연의 후보이다.

효모 '인류의 오랜 친구'

효모는 진핵생물 진균류에 속하는 육안으로는 볼 수 없는 아주 작은 단세포 미생물이다. 곰팡이나 버섯 계열이지만 균사가 없고, 운동성이 없는 것이 특징적이다. 당을 발효시켜 에탄올과 이산화탄소를 생산하는 능력을 가진 것이 많고, 명칭은 그리스어원/뜻='끓는다' 발효 중에 이산화탄소가 생겨 거품이 많이 생기는 것에서 유래한다. 대개 꽃 꿀샘, 과피처럼 당 농도가 높은 곳에 많이 존재한다. 토양 내에는 거의 없으며 일부는 병을 부르는 종류도 있다.

인류와는 오랜 동안 좋은 관계를 가져 고대 유적에서 확인 5천여 년 전부터 식품에 효모의 발효능력이 이용되고 있다. 바로 효모가 유기화합물인 당을 분해하여 알코올과 탄산가스로 변화시키는 알코올발효를 하는 것이다. 술은 물론 빵을 만들 때도 쓰이는 일등공신이다. 어렸을 때 집에서 포도주 담그는 것을 여러 번 본 적이 있다. "와아~ 포도주 만들기 정말 간단하네!"라는 생각을 한 기억이 난다. 잘 익은 포도를 으깨어 통에 넣으면, 포도 과피에 붙은 효모가 포도의 당분을 에너지원 먹고 알코올을 배출하여 포도주로 발효시킨 것이었다. 역사적으로 효모를 처음으로 분리 및 관찰하고 배양한 사람은 1683년/현미경발명/Leeuwenhoek 레벤후크였고, 포도주 발효가 효모에 의한다는 것을 과학적으로 밝힌 사람은 1861년/Pasteur 파스퇴르였다.

일반적으로 효모는 양질의 단백질, 8종 아미노산, 무기질, 비타민 B군 등을 함유한다. 효모를 활용하여 얻는 식품의 기능성에는 영양 불균형개선, 영양공급원, 건강증진 및 유지 등이 있다. 핵산과 다당체 다량 함유로 신진대사 기능을 증진시켜 정장작용과 소화촉진, 식욕증진제로 사용하기도 한다. 식용의 종류에는 맥주효모, 빵효모, 우유효모 등이 있으며, 맥주효모가 건강식품의 소재로 많이 이용된다. 앞에 언급하였듯이 효모 자체는 저비용의 지방과 단백질원이므로 여러 동물의 사료에도 쓰인다. 풍부한 비타민 B군 외에 종류에 따라 비타민 D를 함유하기도 하며, 의약품 산업에서 양질의 원료로 사용되고 있다.

생물학적인 측면에서 본다면 효모는 가장 간단한 형태의 진핵생물이지만 고등한 인체 세포와 세포주기, 물질대사에 필수적인 많은 단백질들이 매우 유사하다고 알려져 있다. 이런 점들이 효모를 진핵생물의 DNA복제/세포분화.. 세포학적 특성을 밝히는데 중요한 실험재료 및 도구가 되게 하였다. 또한, 생화학적으로도 가장 잘 해석된 미생물이 되어 현재에도 분자생물학, 세포생물학, 생화학 등의 학문적 발전에 큰 역할과 많은 영향을 미치고 있다.

● 버섯 일명 '음지식물의 여왕'

버섯은 진균류에 속하는 미생물이나 포자가 발아하여 균사 생성 → 커다란 균사체 → 자실체 형성하여 쉽게 식별된다. 독립적으로 영양분을 만들 수 없어 다른 생물들이 만들어 놓은 영양분을 취하며 성장한다. 특이한 형태의 버섯 冬蟲夏草 동충하초는 귀한 약재로 쓰이는데 곤충 체내에 포자가 침투 → 균사 퍼짐 → 곤충 死 → 월동 → 여름에 자실체가 곤충 사체 밖으로 나옴 → 유성포자가 퍼지는 생활사를 지닌다. 송이버섯/그물버섯.. 일부 버섯은 菌根 균근을 형성하는데, 이는 곰팡이가 나무의 뿌리에 침입하여 뿌리세포 내부 또는 외부에 균의 균사가 형성되는 식물과의 공생체이다. 지구상 식물체의 약 70%가 균근과 공생하고 있는데, 이들은 해당 식물의 생장을 돕는다. 일반적으로 버섯의 발생은 종류에 따라 그 온도/습도/양분.. 조건이 다르며, 강력한 섬유소분해효소/리그닌분해효소.. 효소들을 분비하여 자연계에서 중요한 분해자의 역할을 한다.

그림 2-4 송이버섯

인류는 오래 전부터 다양한 1,800여종 버섯을 식용하고 약용이나 산업적으로 이용해 왔다. 식품으로서의 버섯은 독특한 향기와 맛, 영양적 가치 때문에 세계적으로 널리 상용된다. 식용버섯의 대표적인 종류는 표고, 느타리, 팽이, 송이버섯 등 다양하다. 살아 있는 소나무 뿌리에 공생하는 송이버섯은 아직 인공재배가 되지 않지만 느타리, 병재배기술 팽이, 영지버섯 등은 인공재배로 대량생산이 가능하다. 식용버섯은 70~95% 수분, 5~30% 유기물과 무기물이 주성분으로, 건조되면 15~30% 단백질, 2~10% 지방, ~50% 무질소물, 5~10% 조섬유 및 칼륨/인산/석회.. 무기질이 함유된다. 식용버섯에는 일반적으로 식이섬유 및 아미노산/만니트/트레하로스.. 유기양분이 풍부하며 비타민B2/비타민D.. 여러 비타민류와 효소가 들어있다. 이들의 식이섬유는 원활한 장운동 → 변비개선 효과가 있음이 오래전부터 잘 알려져 있다. 버섯은 동서양을 막론하고 인기 있는 알칼리성 건강식품으로 인정받고 있다.

대표적인 약용버섯으로는 중국/불로장수의 영약 동충하초, 영지, 운지, 상황, 치마버섯 등이 있고, 성인병을 예방하거나 항암 및 면역증진 효과가 있는 성분들을 함유한 종류는 식품, 음료, 약품 등으로 다양하게 이용되고 있다. 특히, 구하기 쉬운 동의보감-효능표기 표고버섯에는 뼈를 튼튼하게 할뿐만 아니라

그림 2-5 표고버섯

혈액 내 콜레스테롤 축적 억제성분이 있어 현대인들에게 많이 나타나는 고지혈증, 동맥경화, 고혈압, 심장병에 대한 예방효과가 기대되고 있다. 유용성분을 함유하는 여러 종류의 버섯에서 제암물질을 찾아내려는 연구가 활발히 진행되고 있어 향후 버섯에서의 약용가치는 더 증가할 것으로 예측된다. – 5장: 버섯자원 참고 –

II. 세균(bacteria)

세균은 1~10㎛ 크기의 미세한 단세포 생물로 지구 환경에 중요한 역할을 한다. 토양이나 물속에 특히 ~30억개/1그램 많으며, 형태와 크기는 조건에 따라 다를 수 있다. 대표적으로 구형 구균, 막대형 간균, 나선형 나선균 등이 있고, 구균은 지름 0.5~1㎛이며, 세포 배열에 따라 2개 세포 붙어 있는 쌍구균, 염주처럼 연결된 연쇄상구균, 포도송이 같은 포도상구균 등으로 구별된다. 세균은 대개 2분법 분열법으로 증식하며, 분열 시간은 15~20분 아주 짧다. 그러나 분열에 최적 조건이 갖추어지면 24시간 이내 세균 1개 → 10^{21}개로 중량 4톤 증식할 수 있다고 한다. 세균의 바로 이런 분열능에 유전자재조합기술.. 생명공학기술을 접목시키면 유용물질의 대량생산이 가능해진다. 생활 속에서 흔히 듣는 대장균을 필요 영양분을 함유한 몇 ㎎/㎖ 극소량의 배양액에서 36시간 증식시키면 기하급수적으로 늘어나 그 수가 무려 수십억 개가 될 수 있음은 잘 알려진 사실이다.

다양한 대사기능을 수행하는 세균은 생물체의 내부 및 외부뿐만 아니라 자연환경의 모든 곳에 존재한다. 특히, 빠른 물질대사로 인해 증식 속

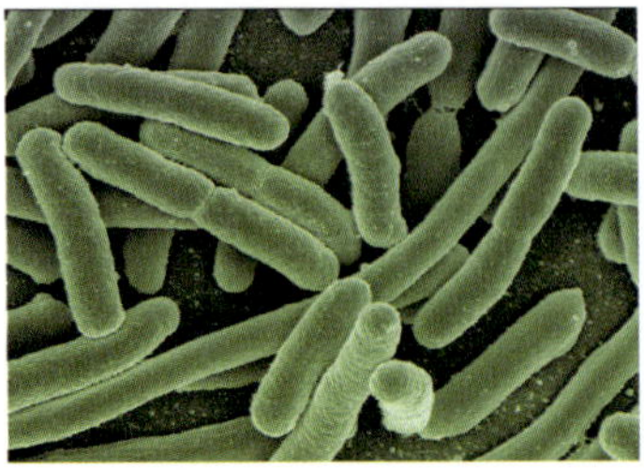

그림 2-6 대장균

도 또한 매우 빨라 대량의 물질을 변환시키는 능력이 있다. 다양한 물질을 분해하고 생산할 수 있는 생리적 특성으로 인해 세균은 우리에게 이익을 주는 유익세균과 해를 주는 유해세균으로 대별된다. 우리 몸과 연관시켜 생각해 보면, 인체와 세균은 떼래야 뗄 수 없는 관계를 평생 유지한다. 100세 건강을 논하는 요즈음 몸 건강관리에서 빠지지 않고 언급되는 것이 장내미생물! 이들이 하는 역할은 가히 엄청나다고 할 수 있다. 장내 유익세균의 대표주자인 유산균은 작용을 시작하는 유해세균 제거 입 → 헬리코박터/유해균 활동저지 소화기관 → 장운동 활성화/소화 최종점검 소장/대장 → 항문까지는 물론 몸 밖에 나가서도 좋은 역할을 하는 미생물이다. 유산균 외에도 우리에게 이로운 세균들은 더 많이 있다. 그렇다면 다른 유익한 세균에는 또 어떤 종류들이 있을까? 다음과 같은 세균들을 대표적인 예로 들 수 있다.

- 초산세균 acetobacter - 초산발효
- 자이모모나스 *Zymomonas* - 알코올발효
- 젖산균/유산균 - 김치/장류/치즈/요쿠르트.. 젖산발효
- 방선균/녹농균 - 항생물질 바이오마이신/액티노마이신.. 생산
- 코리네박테리움 *Corynebacterium* - α-케토글루탐산 조미료 생산
- 클로스트리디움 *Cblostridium* - 유기물질 아세톤/부탄올/비타민B2.. 생산
- 바실루스 *Bacillus* - 아밀라제/프로테아제.. 소화효소나 특정 곤충유충만 선택 살해하는 특수단백질 생산
- 리조비움 *Rbizobium*/아조토박터 *Azobacter* - 질소고정 → 토양 비옥 미생물 비료 → 농작물 증산

- 부패 유발 세균들 - 자연계 물질순환에 기여

반면, 유해세균은 다시 변패 유발 부패세균과 질병 유발 병원세균으로 나뉘는데 각각에 해당하는 세균의 예들은 다음과 같다.

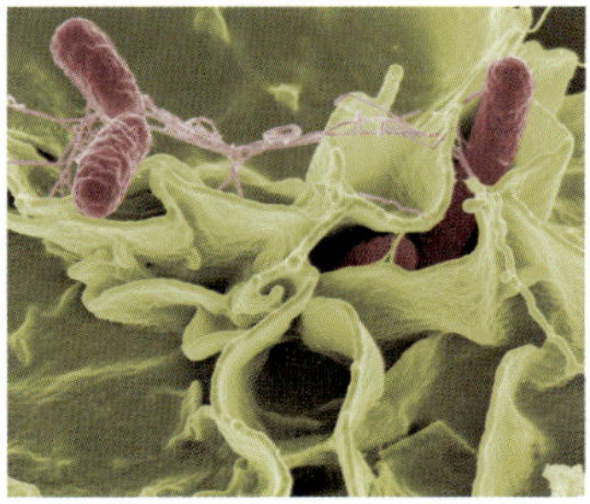

그림 2-7 살모넬라균

1 부패세균: 바실루스, 클로스트리디움, *Pseudomonas* 슈도모나스, 장내세균 등
2 병원세균: 질병 발생은 toxin 독소 생산이나 숙주조직 내에서의 증식 능력에 기인한다.

- 비브리오균 - 장염 유발 → 식중독, 패혈증 세균
- 대장균/콜레라균/이질균 - 장독소 분비 → 설사병 세균
- 대장균/살모넬라/포도상구균/클로스트리디움 - 식중독 세균
- 포도상구균 - 응고효소/백혈구 사멸효소/용혈소 세포독소 분비 → 폐렴/종기/화농
- 디프테리아균 - ADP–리보실 전이효소 세포독소 분비 → 숙주세포의 단백질합성 방해
- 파상풍균/보툴리누스균 *Clostridium botulinum* - 신경독소 분비 → 파상풍/식중독 보툴리눔증

※ 참고: 보툴리누스균이 분비하는 보툴리누스 독소는 지구상에서 가장 강력한 신경독소! 세균전에 사용되는 병원성 세균들에는 파상풍균, 탄저균, 콜레라균, 페스트균 등이 있다.

대부분의 세균은 20~50℃에서 살지만 저온이나 고온에서 사는 세균도 있다. 세균이 영양을 섭취하는 방법은 여러 가지가 있으며, 그 과정 중에 만들어지는 생성물은 인간에게 이용된다. 15℃ 이하 서식하는 저온세균의 작용으로 생활 속에서 경험해 본 일은 냉장고 내에서의 음식물 부패로 해로운 물질이 생성되거나 독소 분비 등일 것이다. 우리에게 이로운 저온세균의 작용 및 이용은 유조선 사고로 인하여 유출된 겨울철 바다에서의 기름 분해라던가 저온세균 생산 효소 이용으로 세탁기의 찬물세탁, 육류식품의 후숙.. 식재료의 냉장숙성, 냉동식품의 신선도 유지, 치즈 생산 시 저온숙성으로 잡균에 의한 오염방지 등에서 볼 수 있다. 반면, 50~60℃에 서식하는 Archaea고세균/*Bacillus*/*Clostridium*/Cyanobacteria.. 고온세균을 이용하여 온천이나 바다 속 열천지대, 발전소/제철공장 산업시설의 뜨거운 냉각수, 바이오기술 등에 활용한다.

이 외의 또 다른 유익한 세균으로 빛을 내는 photobacteria 발광세균을 들 수 있다. 자연계에서 빛을 내는 생물은 발광세균, 발광버섯, 반딧불 등인데 발광세균은 백 수십 여종이 알려져 있고, 일부 발광세균은 동물과 공생을 한다. 이들 발광세균의 발광반응은 바이오센서, 야간용 발광기구, 환경오염의 지표미생물 개발에 활용된다.

이처럼 세균은 생활하수, 쓰레기, 공장 오폐수, 폐기물 등을 분해하여 자연정화는 물론 자연계의 물질순환을 일으킨다. 궁극적으로는 지구상의 다양한 생명체가 이를 다시 이용할 수 있게 함으로써 우리에게 값으로 환산할 수 없는 막대한 이익을 주고 있다. 특히, 최근에는 세균을 이용한 유전자변형기술이 발달함에 따라 우리에게 중요한 인슐린/성장호르몬.. 생리활성물질들이 생산되고 있다. 미생물을 이용한 바이오기술의 활용 사례 및 가능성으로는 성장호르몬, 인슐린 생산, 유전자치료법이 우선적으로 언급된다. 또한, 발효산업에 쓰이는 미생물 균주의 개량이나 대체에너지 개발 및 식량부족 문제에도 대처할 수 있다. 그리고 수질개선, 토양오염 방지, 토양의 질 개선과 보존도 가능해진다. 이와 함께 세균이 신기술을 만나 이전에는 가능하지 않던 미생물 산업에서의 신공정 개발, 질병의 예방과 진단 및 치료, 노화방지 관련 물질생산 목적의 연구가 활발하게 진행되고 있다. 아래에서는 생활 속에서 세균 등의 미생물을 이용하여 우리에게 유익함을 가져온 성공적인 산업화의 몇몇 사례를 살펴보도록 하겠다.

인간생활과 미생물 산업화 실례

■ **인슐린 생산 :** 미생물 활용에 의한 의약품 생산에서 인류 건강에 지대한 역할을 한 것은 단연코 인슐린 생산이다. 췌장 세포의 기능 이상으로 insulin 인슐린의 합성과 분비가 원활치 못하면 소변에 포도당이 함유된 당뇨병이 발생하게 된다. 인슐린은 췌장에서 합성 · 분비되는 호르몬으로 혈액 內 포도당의 양 혈당을 일정하게 유지시켜 인체 건강유지에 중요한 역할을 한다. 인슐린 의존성 당뇨병은 매일 인슐린을 투여하지 않으면 정상적으로 생활할 수 없어 이전에는 소나 돼지의 인슐린을 당뇨병 환자에게 투여해 치료제로 사용하였다. 사람의 인슐린과 똑같다고 할 수 없어도 그 구조가 매우 비슷해 그 역할을 충분히 하긴 하였으나 똑같지 않은 구조 때문에 때때로 문제가 되기도 하였다. 이를 해결하기 위해 인체에서 인슐린합성 유전자의 DNA 추출 → 대장균 DNA에 삽입 → 유전자변형을 유도한다. 사람의 인슐린을 만드는 DNA를 갖게 된 대장균은 인슐

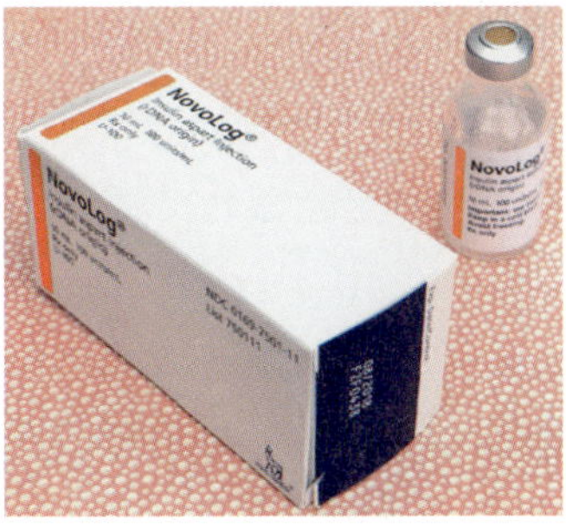

그림 2-8 인슐린 약

린 생산 공장이 되어 열심히 당뇨병에 필요한 인슐린을 생산해 낸다. 이렇게 만들어진 인슐린은 인슐린 의존성 당뇨에 쓰이는데, 보다 이질적인 것이 섞이지 않은 순수해진 상태로 부작용 없이 안전하며, 값싸게 약을 공급할 수 있는 길을 열어 놓았다.

※ 인슐린 저항성 당뇨: 인슐린을 생성 분비하는 췌장 베타세포의 파괴가 원인인 1형과 달리 2형 당뇨는 인슐린 저항성이 원인이다. 2형은 인슐린 작용이 원활치 않아 고혈당과 인슐린 분비에 장애가 생기는 것으로 음식 섭취 후 인슐린이 근육에서 혈액 내 포도당을 흡수토록 자극하는 능력의 감소가 주된 원인이다. 병 유발 주요 인자로는 노화, 비만, 유전자결실, 운동부족 등이 거론된다.

■ **항생제 개발 :** 항생물질의 개발은 인류의 역사를 바꾸어 놓았다 해도 틀린 말이 아닐 것이다. 항생물질은 미생물이 생산하는 저분자 물질로서 적은 양이라도 다른 미생물의 성장을 저해하는 항균작용의 특성이 있다. 항생물질은 인체에는 독성이 없으나 감염 병원균에는 독성을 나타내 세균 감염을 치료한다. 페니실린/카나마이신/테트라사이클린.. 6,000 여종의 항생제도 바로 여러 가지 미생물에서 추출된 것이나, 산업적으로 생산되어 시판되고 있는 의약용은 대략 100여 종류이다. 이전에는 곰팡이 등을 이용 생산하였으나, 근래에는 미생물 원형질체 융합기술 바이오기술로 페니실린을 생성하는 원래 *Penicillium*균 세균보다 100배 정도 향상된 생성능의 변이된 균주를 개발 대체하고 있다. 또한, 세파계 항생제.. 세균의 세포막 형성을 억제하여 인체에 부작용 없는 제4 세대 항생제가 개발되어 의약품은 물론 농약, 사료, 작물생장, 식품보존 등에 적극 활용되고 있다. 최근에는 신종 해양미생물에서 고부가가치의 새로운 항생제 물질을 찾는 연구가 활발히 진행되고 있다.

인체 내에서 세균이나 바이러스 같은 이물질의 침입을 막기 위해 생성되는 interferon 인터페론과 같은 물질은 항바이러스성 단백질 바이러스 억제인자로 인체 건강에 중요한 물질이다. 또한, 감염증상이 시작되면 면역조절에 들어가 면역세포를 활발히 작용케 하고 항종양작용도 수행한다. 인터페론은 쉽게 얻지 못하는 물질로 지금까지는 백혈구 채취 후 유도물질을 작용시켜 생산한 결과, 그 양이 너무 적고 질도 좋지 않았다. 하지만 최근 유전자재조합기술로 인터페론 생성 유전자를 대장균에 넣어 양질의 개선된 물질로 생산하고 있다. 이외에도 21세기 급성장하고 있는 화장품업계의 천연화장품 원료시장에서도 미생물은 유용하게 쓰이고 있다. 특히 3세대 마스크 팩이라 불리는 바이오셀룰로오스 기술로 미생물을 발효시켜 그 기능을 높이는데 활용되고 있다. 그 외, 박테리아 이용 → 단백질 풍부한 식품 제조 → 가축사료 혹은 구리.. 금속추출 등에도 미생물을 이용한 바이오기술이 접목되고 있다.

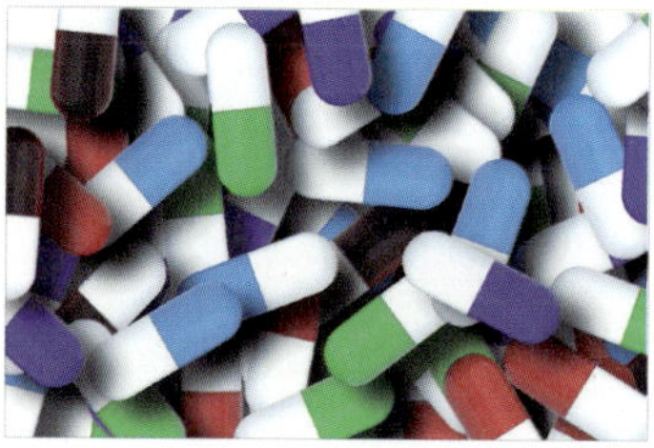

그림 2-9 항생제

※ 유전자재조합기술: 유전자 내 염기배열이 상이한 2개의 DNA를 인위적으로 조합하여 생물체 유전형질을 인위적으로 바꾸는 기술. 생물체에서 추출된 DNA 단편 혹은 합성된 DNA를 효소를 사용해 플라스미드/바이러스.. 자기 증식성 DNA에 인위적으로 결합시켜 세포 내에 도입시키는 기술. 자연에는 없는 이종생물 간 유전자재조합도 가능해져 생물학의 기초 및 응용연구에 비약적인 발전을 가져옴.

■ **오염물질 제거 :** 흙이나 물속에 있는 일부 미생물은 유기폐기물이나 오염물질을 분해 및 정화시켜 환경을 깨끗하게 정화시켜 주는 역할을 한다. 이러한 세균의 분해능을 환경오염 제어에 이용하면 많은 환경문제를

그림 2-10 배_기름유출

그림 2-11 기름오염

해결할 수 있는데, 기름 유출이나 광산수의 중금속, 폐수처리 등 생활 속에서 때때로 접하는 사례들이다.

먼저, 유조선이나 배에서 유출되는 기름오염에 유류 분해세균을 뿌리거나 탄화수소 덩어리 기름 분해능이 뛰어난 세균을 유전공학적으로 개발하여 사용한다. 더 자주 우리의 일상생활과 밀접한 것은 폐수처리에서의 세균의 기능이다. 생활하수/공장폐수/오폐수.. 수질오염 시 세균을 처리하여 함유된 유기물을 분해시키는데, 그 예는 다음과 같다;

- 공장폐수 속 유해 중금속 - 금속을 소화시키는 미생물을 이용하여 폐수 內 미량의 유해금속 제거하면 화학적 방법으로 회수하는 것보다 훨씬 효과적이다.
- 중금속 축적능 이용 - 어떤 효모/세균.. 일부 미생물은 중금속을 균체 중량의 20%까지 세포벽에 축적할 수 있다. 첨단의 신기술로 이러한 축적 능력을 더욱 향상시킬 수 있을 것이다.
- 폐수 內 유해물질 분해 - 미생물은 폐수 속 각종 석유화학제품/유기물/잔류농약.. 유해물질을 분해시킬 수 있다. 이를 이용하여 분해 능력을 향상시키면 폐수/토양오염을 격감시킨다.

■ **이 외 :** 미생물은 위 언급한 오염물질 제거기능 외에도 미생물제련

등 산업적으로 중요한 다른 역할도 한다. 이들에 대해 잠시 살펴보도록 하자.

- 금속 추출 시: 광산 갱내에서만 사는 리칭세균 박테리아를 이용하여 광석 중의 금속을 녹여 내기도 한다. 특히, 미생물 제련용 특수 황산화세균/pH 2 강산에서도 생장가능 미생물은 직접 광물과 작용하여 금속을 추출하거나 산화시키기도 한다. 이런 기능을 이용하여 광산수에 함유된 구리/납/아연/비소/수은/카드뮴.. 중금속 추출에 이용하는데, 물속 깊은 곳 광물에 특수세균 침투 → 수용성 액체 만듦 → 지상에서 금속 회수 방법을 쓴다.
- 인공 합성물질의 분해: 플라스틱/살충제/PCB.. 난분해성 인공 합성물질은 토양/지하수.. 환경오염을 야기한다. 화학적 구조를 조금 바꾸면 분해도에 큰 차이가 생기고 해독 능력이 있는 균주를 분리하여 활용하면 난분해성 물질의 분해가 가능하게 된다.

위에서 언급한 다양한 역할의 이러한 미생물들이 사라진다면 지구에는 폐기물이나 오염물질들이 범람하여 가히 엄청난 재난에 이를지도 모른다. 물론 그 정도는 아니지만 오늘날 현대화 및 산업화에 따른 산업적 공해물질의 방출이 사회적 · 환경적인 이슈가 되곤 한다. 이것은 단순한 공해물질의 방출로만 끝나지 않고 자연계에 있는 자연정화능을 가진 미생물들을 죽게 하는 후속 상황으로 이어지므로 더 문제가 되는 것이다. 이러한 상황이 지속된다면 궁극적으로 자연환경의 자정능력은 상실케 될 것이며, 반복될 때 자연은 회복이 어려운 파괴상태에 이르게 될 것이다.

III. 바이러스(virus)

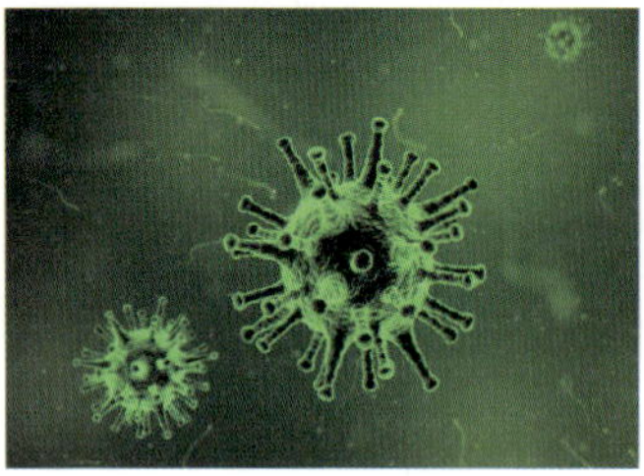

그림 2-12 바이러스

라틴어/'poison'의미 바이러스는 분류체계로 보면 가장 낮은 단계의 것으로, 보통은 세균보다 작다. 바이러스는 세포 밖에서는 생명체로 존재하지 않는 무생물로 반드시 살아 있는 생물체 내에서만 증식한다. 세균은 내부에 핵과 세포질이 있는 세포인 반면, 바이러스는 핵산과 단백질로만 이뤄져 있다. 즉, DNA/RNA 유전물질과 약간의 단백질이 있지만 생명체를 구성할만한 수준은 아니어서 반드시 숙주가 있어야만 살아갈 수 있다. 바이러스는 주된 효소가 없으므로 숙주세포의 물질대사 기능을 이용하여 증식하는데 이런 특징은 항바이러스 약품 개발에 매우 중요한 포인트! 바이러스가 침투하는 숙주생물 종류에 따라 동물성, 식물성, 세균성으로 구분되어 사람, 원숭이, 돼지, 닭, 담배 등의 동 · 식물세포에 침투하거나, 세균 속으로 들어가 숙주세포들을 이용해 대량으로 증식한다. 시간이 지나며 대량으로 번식한 바이러스들이 숙주세포에서 나오면서 숙주의 세포들에게 치명적인 피해를 입히기 때문에 숙주는 고통을 느끼고 병에 걸리게 된다.

※ 세균성 바이러스: 박테리오파지
식물성 바이러스: 담배모자이크 바이러스, 오이 바이러스, 감자위축증 바이러스..
동물성 바이러스: 독감, 에이즈, 에볼라, 조류독감, 구제역, 홍역, 간염, 일본뇌염, 천연두, 소아마비, 사마귀..

가장 하등한 바이러스가 공포의 대상이 되는 이유는 무엇일까? 그 이유는 이들이 가장 하등해서 가장 빨리 돌연변이 변신할 수 있기 때문이다. 사람/포유류.. 진화된 고등동물들은 유전물질이 많아 간혹 DNA 상에 약간의 손상이 생겨도 겉으로 변화가 즉각 나타나지 않는다. 또한 유전정보를 담은 DNA에 돌연변이가 일어나더라도 세포 내에는 이를 스스로 인지해 수선하는 장치도 발달해 있다. 반면, 바이러스는 구성 물질이 극히 작기 때문에 약간의 변화만으로도 쉽게 바뀌어 다른 구조, 형태 또는 특성을 지니게 된다. 우리가 적어도 한번은 걸려본 적이 있는 infuenza virus 독감바이러스가 대표적인 예이다. 이들 바이러스는 아주 쉽게 유전자변이를 일으켜 이전에 맞았던 vaccine 백신이 이후 치료효과가 거의 없거나 그다지 없게 된다. 치료효과가 달라진 것은 바이러스의 표면단백질이 바뀌어 숙주세포의 항체와 반응하지 않기 때문이다.

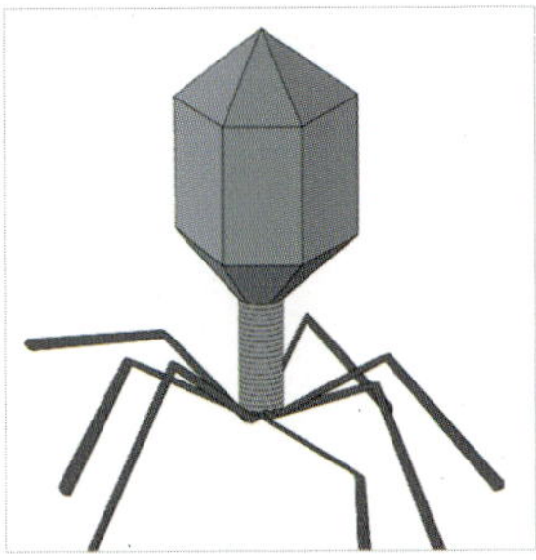
그림 2-13 박테리오파지

바이러스 역사 살펴보기

바이러스는 19세기 말 1892년/러시아/이바노프스키 담배 잎에 생긴 병에서 최초 발견되었다. 담배 잎 조직에 모자이크병을 일으키는 물질이 세균여과기를 통과하는 것을 발견하고 그때까지 알려지지 않은 미지의 생물이 있을지 모른다는 가정에서 시작하여 그 존재가 알려지게 되었다. 그 후 광견병/구제역/우두.. 여러 전염병이 이런 성질을 가졌다는 것이 밝혀졌으나 정작 세균과 바이러스의 구분이 가능해진 것은 20세기에 들어서였다. 1915~1917년 1910년대 중반 이질 환자의 장 내용물을 세균여과기로 여과한 여액이 이질균을 용해하고, 그 용균액도 이질균을 용해할 수 있음을 발견하여 이를

bacteriophage 박테리오파지라 하였다. 이것이 바로 세균에 감염하는 세균성 바이러스이다.

지금까지 우리에게 가장 큰 피해로 기록된 바이러스는 전 세계에서 2,500여만 명의 사망자를 낸 1918년 스페인독감이다. 인플루엔자 바이러스에 의해 발병하는 독감은 감기와 달리 심한 전신증세를 동반하며 사망에 이르게 한다. 독감은 어느 정도 주기적으로 찾아와 그 예는 1957년 100여만명 사망 아시아독감, 1968년 70여만명 사망 홍콩독감, 1997~1999년 조류독감 등을 들 수 있다. 그 이유는...? 위에 언급하였듯이 돌연변이로 바이러스가 끊임없이 변신하기 때문이다.

Avian influenza/Bird flu 조류독감은 닭/오리/야생조류.. 조류에 감염되는 전파속도가 매우 빠른 급성 바이러스성 질병이다. 고병원성은 100% 치사율에 이를 만큼 전염성과 폐사율이 높아 제1종 법정전염병으로 분류되고 있다. 조류독감은 조류와 돼지 사이에서만 전염된다고 생각했으나 1997년 홍콩에서 조류독감에 감염된 조류와 접촉한 사람들 중 18명이 감염되고 그중 6명이 사망하는 사건이 발생해 사람도 감염되는 것으로 알려졌다. 2003년에도 몇 명이 목숨을 잃었다. 원인 바이러스로는 H5N1, H7N7, H9N2 바이러스가 검출되었다.

※ 조류독감 바이러스: 표면단백질에 따라 15종/H1~H15 H형과 9종/N1~N9 N형으로 구분하며 이들 2가지 단백질 조합에 의해 모두 135종류의 혈청형으로 나뉜다. 특히, 아시아에 유행하는 바이러스는 빠른 유전자 변이속도와 타 동물 독감바이러스 유전자와 잘 결합하는 'H5N1'. 조류독감 바이러스는 감염조류 분변에서 35일 한 달 이상 생존 가능하며, 오염 분변 1g → 약 100만 마리 닭을 감염시킬 수 있을 정도로 치명적이다. 75℃, 5분 이상 또는 80℃, 1분 이상 가열하면 사멸시킬 수 있다.

조류독감의 바이러스 중 특히 고병원성인 H5N1형 바이러스는 변이가 매우 빠르고 다른 동물에게도 쉽게 전이되는 특징이 있다. 감염된 조류가 다른 닭, 오리와 접촉하거나 이들의 배설물을 통해 조류독감을 전파하므로 방역이 쉽지 않은 것으로 알려져 있다. 왜 조류독감이 문제가 되는 것일까? 그것은 바로 감염된 조류를 통해 사람에게도 전염될 수 있다는 사실 때문이다. 인체가 조류독감에 감염되면 변종 바이러스가 발생할 가능성이 더욱 커지고, 돌연변이 일으킨 변종 바이러스는 사람 간의 전염을 발생시킬 수 있다. 사람-사람 전염을 통한 변종 바이러스 출현 가능성으로 인해 조류독감이 확산되어 걷잡을 수 없는 질병이 될까 우려하는 바이다. 현재까지는 사람 간 전염되는 변종 바이러스는 발견되지 않았으나 조류독감의 발생 및 향방에 각별히 주의가 요망되고 있다.

가장 강력한 바이러스 독성은 2014년 서아프리카에서 발생한 단 기간에 만여 명의 목숨을 앗아갔던 Ebola virus 에볼라 바이러스에서 찾아볼 수 있다. 에볼라의 최초 감염은 피/체액.. 감염된 원숭이나 과일박쥐에 접촉하면 옮는 것으로 추정되고 있다. 바이러스 매개자인 이들은 증상이 없는 숙주동물로 밝혀져 있다. 처음 질병이 확인된 1976년부터 2013년까지 대략 연간 천명 미만이 감염되는 추세였으나, 2014년 기니/라이베리아/시에라리온/나이지리아 서아프리카에 퍼진 에볼라 유행은 최악의 사태로 기록되고 있다. 잠복기는 바이러스 감염 이후 2일~3주까지 지속되며, 매우 강한 전염력과 50~90% 높은 치사율이 특징적이다. 인체에 에볼라 바이러스가 감염되면, 이후 사람-사람 감염이 가능하고, 사망하면 즉시 사체를 폐기해야 한다. WHO 세계보건기구에서는 에볼라가 공기로 전염되지 않으며 체액으로만 전염된다고 발표했지만, 공기 전염의 가능성이 있다는 전문가들의 의견이 있다. 백신 개발을 위한 노력이 진행 중이지만, 아직까지 에볼라 바이러스에 대한 예방 백신은 없는 상태이다.

※ 2014년 10월 WHO에서는 에볼라 바이러스에 23,406명이 감염되어 9,467명이 사망했다고 발표하였다.

인류에게는 불행인지 다행인지 모르지만 에볼라 바이러스는 독성이 워낙 강하고 잠복기가 평균 수일~10일 짧아 숙주를 빨리 죽음으로 내몰기 때문에 바이러스 자신도 널리 전파되지 못하고 죽는다. 이렇게 인체에 들어와 격렬하게 싸우는 에볼라 바이러스와는 달리 우리와 공존을 꾀하는 바이러스 종류도 있다. 피곤하면 입술 주변에 나타나는 물집 형태의 Herpes virus 단순포진 바이러스가 그 예로 증상이 약하기 때문에 오히려 그 생명력이 길게 유지된다. 숙주가 피곤하거나 면역력이 약한 상황이 되면 그 위력을 발휘하여 물집을 만드나 평상시에는 몸속에 숨어 지내며 전혀 발현을 하지 않는다. 숙주 몸에서 없어지는 것이 아니라 다시 휴면 상태로 돌아가 숙주 몸속에서 다음 기회가 올 때까지 숨어 지내게 된다.

이러한 바이러스들에 대해 전문가들은 전에는 인류가 겪어보지 못한 사스/메르스/지카.. 새로운 바이러스의 출현이 점점 더 증가할 것으로 예측한다. 산림의 개간 등으로 자연생태계가 파괴되고 도시화가 진행되면서 지구 환경변화가 야기되어 밀림에 숨어있던 바이러스들이 인간과 접촉할 기회가 늘어나고 있다. 더불어 인구의 밀집과 교통의 발달로 전 세계가 거의 1일 생활권 내에 있고, 환경의 변화로 바이러스질환이 전 세계로 확대되고 있어 바이러스도 세계화가 되는 추세이다. 전 세계를 놀라게 했던 2002년 중국에서 시작된 사스는 한 달 반 만에 다른 지역으로 이동하며 세력을 떨쳤으며, 해마다 조류독감이나 구제역은 빠짐없이 연례행사처럼 발생하곤해서 비상이 걸려있는 상황이다.

사람-사람 전염으로 바이러스성 질병이 확산되어 걷잡을 수 없는 유행병이 될까 걱정되는 또 다른 경우는 바로 AIDS 에이즈이다. 숙주인 아프리카 원숭이에게는 해를 끼치지 않던 에이즈가 인간에게는 후천적으로 치명적인 면역결핍증을 가져온 것이다. 그러나 인류가 바이러스에 대해 속수무책으로 방관만 하는 것은 아니다. 1981년 에이즈 발견 후 3년 만에 1983년 원인 병원체인 'HIV 바이러스'와 전파경로, 진단법까지 알아냈으나 아직은 이를 퇴치하는 특효약은 없고, 병에 걸렸을 때 5년 이상 생명을 연장할 수 있는 치료법이 개발되기는 하였다. 1987년 에이즈 발생 초반, 항 HIV 약제로 HIV를 직접 공격하는 지노부딘/AZT 약이 미국/FDA 최초 허가를 받았고, 몇몇 항바이러스 약들을 선보였다. 1999년까지 16종류 공인된 상태 바이러스 증식에는 여러 단계에서 필요한 효소 반응이 일어나야 하는데, 이런 점을 이용한 효소 억제를 통해 에이즈 바이러스 증식을 막는 제제가 치료제로 사용되는 정도이다. 이렇게 골칫거리인 에이즈와는 달리 그래도 오랜 기간에 걸친 백신 개발연구로 인류가 완전히 퇴치한 바이러스도 있다. 사망~심한 흉터자국을 남기는 천연두 바이러스가 완전히 퇴치되었으며, 수족 장애유발~사망 소아마비 바이러스도 거의 박멸상태에 있다. 에이즈 정복을 위해 지금 이 순간에도 세계 굴지의 제약회사 및 의료 연구기관들은 예방 백신 및 그 치료법을 찾느라 쉼 없이 실험연구를 하고 있다.

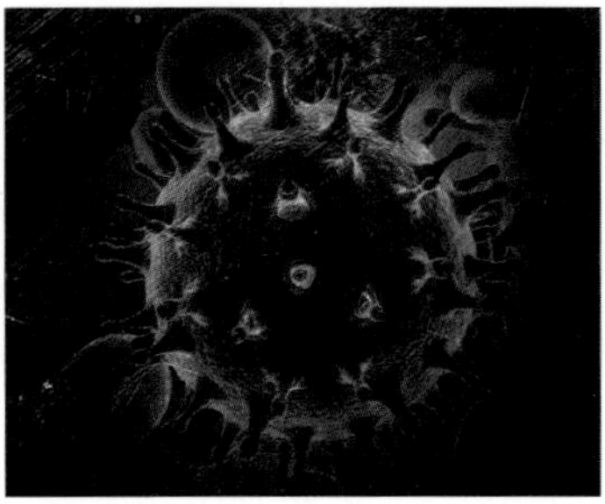

그림 2-14 HIV

바이러스와 백신

인체는 외부에서 항원 병원체 침입 시 저항할 수 있는 항체를 생성하여 후에 동일한 항원에 감염되면 신속하게 면역반응을 한다. 백신은 인체의 면역체계를 활성화시키고, 이후 병원체에 의한 감염피해를 예방하거나 그 피해를 최소화시키고자 만들어졌다. 1796년/영국/제너 18세기 말 당시 사망률이 40%에 이르던 천연두 치료를 위해 처음 개발되었다. 프랑스/미생물학자 파스퇴르는 이를 백신이라 명명하였고, 이후 여러 가지 백신을 개발하여 인류 건강에 크게 이바지하였다.

백신은 병원체의 감염이 있기 전 인체 내에 인위적으로 어떤 감염에 대해 인공적인 면역을 취득하기 위해 주로 병원체의 변종이나 병원체 유래물을 사균백신 죽이거나 약독백신 인체에 해가 없도록 약하게 조작하여 인체에 투입시켜 항체를 형성케 하며 질병의 감염방지를 위해 만들어진다. 인공면역 취득에는 병원체를 그대로 사용하는 것보다 대부분 그 표면단백질을 사용한 백신만으로도 충분하다고 한다. 백신은 먹거나 주사로 투입되는데, 일단 접종되면 백신의 면역체계 자극으로 인체는 그 병원체에 대항하는 방어능력을 형성하게 된다. 몸속의 면역세포 항체 생성세포들은 그 감수성을 갖고 있다가 후에 재감염이 이루어지면 더 많은 항체를 효과적으로 생성할 수 있게 된다. 약화시킨 미생물 또는 바이러스로 만든 백신은 신체에 큰 문제를 일으키지 않는 가벼운 증상을 일으키게 된다. 활성이 없거나 죽은 미생물이나 바이러스로 만든 백신 역시 항체를 생성하여 면역반응을 일으킬 수 있지만 그 기간이 약화시킨 백신보다 길고 반응이 약하다. 가축의 질병에도 약독생균 백신이 사용된다.

20세기에는 계속된 연구로 다양한 감염증에 효과적인 독감/홍역/볼거리/수두/간염/일본뇌염/광견병/결핵/장티푸스/파상풍/콜레라.. 백신이 개발되어 인류건강 유지에 유용하게 쓰이고 있다. 백신접종으로 지구상에서 완전히 소멸된 바이러스성 천연두 질병도 있다. 백신은 항원성에 따라 세균 이용 세균백신, 바이러스 이용 바이러스백신으로 대별할 수 있으나, 오늘날에는 allergen/알레르겐 알레르기 유발원을 이용한 백신도 여기에 포함된다. 현재 백신의 제조에는 바이러스에 감염예방용 DNA를 주입시켜 生백신으로 이용하는 유전공학적 방법이 효과적으로 응용되고 있다. 최근에는 치료와 예방을 동시에 하는 '파맥신/pharmaccine/'pharmaceuticals제약'+vaccine 합성어' 백신이 개발 중에 있어 큰 관심을 받고 있다.

그림 2-15 간염바이러스

※ 백신 생산 방법:

1. DNA 재조합기술 이용 → 병원체의 표면단백질 유전자 추출 → 대장균에 삽입 → 병원체 바깥 표면의 단백질을 대량 생산한다.
2. 유전자변형 → 인체에 무해한 돌연변이 병원체 생성 → 단백질 백신보다 더 강력한 면역반응 유도한다.
3. 유전자변형으로 새로운 바이러스 백신을 개발하여 10여종 이상의 질병예방을 위해 실험연구 중에 있다.

세균성 바이러스인 이후 파지 박테리오파지는 세균을 잡아먹는 바이러스로 첫 발견은 포도상구균이었고, 이후 여러 대장균.. 세균에서 발견되고 있다. 감염하는 세균에 따라 박테리오파지의 종류도 매우 다양하다. 이들 박테리오파지에 과학계가 관심을 쏟으며 파지의 새로운 가능성에 주목하고 있다.

Why bacteriophage...? 왜 세균을 죽이는 박테리오파지일까? 그 이유는 파지가 부작용과 내성균에 효력이 약해지는 항생제를 대체할 강력한 수단으로 부상하고 있으며, 이들은 세균을 죽이면서 인체에는 무해하다는 이점이 있기 때문이다. '세균의 천적'이라고 불리는 파지는 박테리아가 있는 모든 환경에서 발견되므로 그 수도 약 10^{31} 개로 천문학적인 규모로 많을 것으로 전문가들은 예측한다. 이들은 박테리아에 대한 높은 감염성과 매우 높은 다양성으로 인해 항생제를 대체할 수 있는 새로운 항균물질로 큰 주목받고 있다. 항생제 저항성의 어떤 강력한 항생제에도 저항할 수 있는 박테리아 슈퍼박테리아가 최근 이슈가 되고 있는 요즘에 파지는 이들 슈퍼박테리아에 저항할 수 있는 유력한 차기물질로 간주되어 많은 연구가 이루어지고 있다. 특이성이 낮아 병원균 및 체내 여러 유익균까지 모두 죽이고 부작용의 가능성 있는 항생제에 비해 파지는 높은 숙주 특이성을 갖고 있어 선택적으로 병원성 세균들만 제어할 수 있다는 장점이 있다. 물론 파지에는 여러 단점도 있지만 병원균 저해 능력의 지속성이 높아 항생제를 대체할 수 있는 매력적인 수단으로 생각되고 있다.

또한 파지는 최근 박테리아 사이의 유전정보 교환의 매개체로 주목받고 있다. 유수한 연구팀들은 최첨단의 바이오기술을 이용하여 이러한 박테리아-박테리오파지의 상호작용으로부터 새로운 종류의 유전자가위를 만들어낸 바 있다. 일부 박테리아는 파지에 저항하여 파지 DNA를 절단할 수 있는 시스템을 갖고 있는데, 이 시스템을 우리가 원하는 유전자를 자를 수 있는 가위로 CRISPR-Cas 시스템 만든 것이다. 향후 이를 이용하여 유전적 질병치료에 새로운 장이 열릴 수도 있을 것으로 기대되고 있다.(12장 참고)

바이러스를 퇴치할 때에는 백신이나 인터페론을 사용하는데, 대부분의 경우 퇴치 백신은 그리 쉽게 만들어지지 않는다. 이것은 바이러스의 특징에서 기인하는데, 이들이 살아가는데 필요한 가장 필수적인 DNA/RNA 유전정보와 단백질만을 갖고 있기 때문에 공격할 대상이 적다는 게 문제가 된다. 바이러스를 죽이려고 치료제를 만들면 숙주에게도 많은 손상을 주기 때문이다. 그러나 원핵세포생물 세균의 경우에는 진핵세포생물 고등동물과 다른 형태의 세포내 리보솜/세포벽.. 소기관들을 갖고 있기 때문에 백신을 만들기가 상대적으로 유리하다. 흔히 '바이러스는 끊임없이 수많은 변종을 만들어내기 때문에 백신을 개발해 놓아도 소용이 없다' 말을 한다. 이는 반은 맞고 반은 틀린 말! 바이러스가 끊임없이 돌연변이를 하는 것은 사실이지만 최근에 출현하는 바이러스성 질병에 대해서는 아직 제대로 된 치료용 바이러스 백신조차 없는 경우가 허다하므로 인터페론 및 백신 개발에 전력을 다해야 할 것이다. 이와 함께 우리를 괴롭히는 슈퍼박테리아 등의 다양한 병원성 세균을 섬멸할 수 있는 세균성 바이러스인 박테리오파지도 새로이 개발되어 빛을 볼 수 있는 날이 오도록 기대해 본다.

21세기 미생물자원의 활용 및 전망

미생물은 인류에게 매우 유용하여 식품산업 뿐만 아니라 앞으로도 여러 방면에서 우리의 일상생활에 계속 영향을 미칠 것이다. 이미 유전자재조합으로 의도한대로 변형된 형질을 가진 미생물에 의해 생산된 항생제 및 식품, 공산품 등이 세상에 나와 있다. 향후 21세기에는 자원부족이나 고갈이 곳곳에서 예상되어 이를 대비한 방안을 미생물자원 활용에서 찾고 있다. 특히, 인구증가에 따른 식량부족에 미생물을 이용한 단백질의 대량생산을 적극 추진 중에 있다. 우리나라에서도 해양생물 유래 성장호르몬/접착단백질.. 유용단백질 성분을 대량 생산할 수 있도록 대장균 등 조작이 쉽고 저비용으로 가능한 미생물을 활용 기술로 연구하고 있다.

당면한 문제로 현재 진행 중인 에너지 부족현상 또한 미생물 이용으로 해결책을 찾고자 적극 노력하고 있다. 생물로부터 나오는 유기물에 바이오기술을 적용하면 재생 가능한 무공해 에너지를 얻을 수 있고, 이를 이용하면 에너지고갈과 환경오염 문제를 동시에 해결할 수 있어 경제적인 방법이 된다. 심해 고세균 포함 세균, 효모, 단세포 해조류 등을 이용한 대체에너지원 개발이 세계적인 이슈가 되어 선진 각국에서 성과의 효율성을 논하는 단계까지 와 있다. 광물자원의 고갈과 같은 경우는 특수 세균을 이용한 저품질 광석원료 → 고품질 광석자원화 회수공법 등의 새로운 기술을 활용하는 방안이 모색되고 있다.

이상에서와 같이 미생물자원은 우리 인간생활에 생물학적인 측면은 물론 그렇지 않은 부분에서도 음으로 양으로 막대한 영향을 주고 있다. 무엇보다도 적이 되지 않는 관계를 유지하도록 관리함과 동시에 이로움을 주는 친구로 남아있게 노력해야 한다. 이를 감안한다면 생물자원의 보존 및 유지에는 눈에 보이지 않는 미생물자원의 관리 및 보존도 함께 내포한다는 것을 항시 유념해야 할 것이다.

Chapter

03

곤충자원:

신 경쟁자원 곤충산업 - 꿀벌의 잠재력, 신개념 누에의 힘

현재 지구상에는 약 100여 만종의 곤충이 살고 있는 것으로 추정되나 실제로는 더 많이 분포할 것으로 예상한다. 학자들에 따라 다르기는 하나 대개 300만~500만 수 백 만종 이상일 것으로 보고 있으며, 더 크게 ~3,000만종 추정하는 사람도 있다. 역사적으로 곤충이 지구상에 출현한 시기는 인류가 나타난 수백 만 년 전에 비해 훨씬 오래 전 ~3억1천만년 고생대의 일이다. 인간생활과 비교해본다면 곤충에 비해 종류가 매우 적은 포유동물에서는 비교적 많은 소/돼지/말/양/염소.. 동물이 인간에 의하여 사육되어 가축이 되고, 그 고기/우유/가죽/털.. 산물들이 여러 방면에서 이용돼 왔다. 반면, 곤충은 지구상에 오랫동안 진화해오며 살고 있지만 인류와 그다지 밀접한 관계를 형성하지 않은 듯하다. 수천 년 전부터 여러 곤충으로부터 나오는 산물을 이용하기는 하였으나 그 종류는 불과 몇몇에 한정되어 있다.

종 다양성이 매우 높은 곤충가운데 가축의 수준으로 사육된 곤충은 손에 꼽을 정도로 극히 적은 편이다. 꿀벌과 누에나방이 대표적인 예로 이들과 인간의 관계는 상호 동반자적으로 맺어져 뗄 수 없는 끈끈한 관계를 오랫동안 이어오고 있다. 이들 곤충이 만들어내는 산물은 식품/의약품/섬유.. 산업용 소재나 구조 및 기능을 응용한 공업제품을 만들어내는 등 경제적, 산업적, 사회문화적으로도 이미 오랜 역사를 갖고 있다. 꿀벌과 누에가 지닌 잠재력과 활용성 그리고 새로운 개념으로 접근되어 우리의 관심을 더 받는 이들 곤충을 자세히 다루어보도록 하자.

I. 꿀벌의 잠재력

꿀벌과 그 산물 : 곤충류 중 가장 진화한 종류 가운데 하나인 꿀벌은 양봉산업에 있어 ~97.3% 차지 주된 종으로 가히 절대적인 위치에 있다. 같은 부류이나 매우 공격적인 말벌류와는 대조가 된다. 꿀벌의 부산물로 우리가 이용하는 것은 건강식품으로서 honey 벌꿀, Royal Jelly 로열젤리와 propolis 프로폴리스, bee-pollen 벌 화분, 치료용으로서 venom 벌독, 화장품 원료물질로서 wax/밀납 왁스 등이 있다. 이들 일체를 합친 것의 산업적 생산효과는 미국의 경우 농산물 생산가치의 무려 143배나 된다고 하니 자원으로서의 경제적 중요성은 달리 강조할 필요가 없다.

● 벌꿀

꿀벌이 꽃의 꿀샘 밀선에서 당분을 채집하여 벌집에 먹이로 저장해둔 것

그림 3-1 꿀벌

그림 3-2 꿀_제품

으로 벌꿀의 색, 향, 맛, 성분은 벌이나 꽃의 종류에 따라 다르다. 꿀은 아무런 가공 없이 손쉽게 얻고 먹을 수 있기 때문에 이미 오래 전부터 사람들이 이용해 왔다. 이집트/피라미드 고대 유적지에서 ~3,000년 전 오래 전 꿀단지가 발견된 것은 인류-벌꿀의 친밀한 관계를 미루어 짐작케 할 수 있는 일이다. 하지만 애초에 식물이 꿀을 만들어놓고 벌을 기다린 것은 아니다. 벌이 꽃에서 처음 채밀할 때는 주로 설탕 성분이지만 꿀벌 입에서 나오는 소화효소의 작용으로 성분이 바뀐다. 바뀐 당분이 과당+포도당 전환된 단당류이므로 높은 영양가의 흡수되기 쉬운 에너지원이 된다. 벌꿀은 특유의 풍미를 가지고 있어 식용으로 널리 이용되고, 예로부터 약용으로도 귀하게 사용되어 왔다.

꿀은 수분 17%, 탄수화물 83% 정도 함유하는데 36~38% 과당, 34~36% 포도당, 2~3% 설탕과 덱스트린, 0.2~0.3% 단백질, 0.05~0.2% 화분 등이 들어 있다. 이외 B1/B2/B6.. 비타민 B군, 유기산, 왁스, 효소 등이 함유되어 있고, 밀원에 따라 crystal 결정이 생성될 수 있다. 일반적으로 여왕벌 1마리 중심의 벌통 하나에서 약 10~13kg 꿀을 얻을 수 있다고 한다. 주된 꿀이 채집되는 꽃 밀원화는 아카시아, 밤꽃, 연꽃, 감, 귤, 클로버, 유채, 메밀 등이며, 그 수는 대략 300종에 이른다. 벌은 꿀 1kg을 얻기 위해 하루채밀 7~14번, 꽃↔벌집 4만번 수많은 노력을 하며 ~560만개 수백만의 꽃을 찾아간다. 꿀은 색깔에 따라 등급이 결정되고, WHO와 유엔식량농업기구 FAO에 의한 국제규격이 존재한다.

양봉산업은 전 세계적으로 활성화되어 매해 수천 톤의 벌꿀이 지구상에서 생산되어 국가 간 수출+수입 무역이 이루어지고 있다. 우리나라에서 생산되는 벌꿀도 년간 2만~2.5만톤 상당한 양에 이르고, 그 경제적 가치 또한 2012년/4,030억 수천 억 원에 달한다. 벌꿀산업의 안정적인 발전을 위해 여러 가지 실질적인 방안과 연구체계 강화로 양봉산업의 발전 기반 마련과 양봉산물의 특화 연구를 추진해야 함이 강조된 바 있다.

로열젤리

로열젤리는 여왕벌의 먹이로 일벌에 의해 생산된다. 꿀벌 집단은 여왕벌 하나+일벌 수만+♂벌 번식시기 합류 천 마리 정도로 구성된다. 여왕벌은 ♂벌과 교미하여 하루 2천~3천개 알을 낳는데, 알은 부화된 후 처음 3일간은 모두 로열젤리를 먹으나, 그 다음 3일간을 로열젤리를 계속해서 먹으면 여왕벌이 되고, 꿀과 꽃가루를 먹으면 일벌이 된다. 즉 3일간의 먹이에 따라 불과 40~60일/평균~45일 짧게 사는 일벌이 되기도 하고, 오래 사는 여왕벌이 되기도 한다. 여왕벌은 일벌에 비해 몸집이 2배↑ 크며 일생 약 300만 개 알을 낳는 능력을 갖고 수년 간 장수한다. 여왕벌은 일벌의 30배인 약 5년간 살며 평생 한번 교미 후 하루에 자신의 몸무게 2.5배 해당하는 2,000~3,000개 알을 낳고 일생 동안 약 200만개의 산란능력을 갖는 놀라운 생명력과 경이적인 생산력이 있다. 이러한 여왕벌의 생존 및 생산 특성 때문에 옛날부터 로열젤리를 '생명의 에너지' 혹은 '신비의 회춘물'이라 생각하였다. 일벌은 꽃가루와 꿀을 주식으로 하고 있는데, 소화 · 흡수된 영양소가 혈관을 통해 머리에 있는 咽頭腺 인두선에 운반되어 로열젤리로 저장된 후 여왕벌에게 공급된다. 로열젤리는 일벌이 분비하는 영양물질로 호르몬성분을 지닌 자양강정 효과가 뛰어난 건강식품으로 평가되고 있다.

로열젤리는 수분함량이 ~66% 높은 흰색의 젤라틴성 물질로 시간이 지나면서 농도가 짙어진다. 로열젤리에는 양질의 단백질/지방산/비타민/무기질.. 40여종 수십 종의 생리활성물질이 들어 있는 영양 보급, 건강 증진 및 유지에 도움이 되는 고단백식품이다. 상처의 치료효과, 피부의 세척효과, 조직의 회복 등과 연관된 많은 보고가 있다. 비타민, 아미노산, 지방산 등의 성분이 풍부한 생리활성 촉진물질로 노화방지를 도와주고 순환계와 호흡계 질환에 효과가 있다. 로열젤리와 그 지방산은 강한 항균 및 항곰팡이작용이 있고, 또한 어떤 종류의 종양을 없애기도 한다. 그러나 이러한 모든 작용특성은 pH 5.6↑ 올라가 중성화될 때는 사라져 버린다. 그래서 로열젤리는 혈관이나 근육에 주사하거나 복막에 들어가거나 복용할 때 기대하는 치료효과가 나타나지 않을 수 있다. 로열젤리에는 양질의 생리활성물질 외에도 항암물질이 함유되어 있으며, 아직 밝혀지지 않은 R-factor R물질이라고 부르는 것도 포함되어 있다.

로열젤리는 꿀에 비해 100～200배 정도 강력한 혈류량 증가 → 신진대사 촉진 → 빠른 피로회복 → 활력을 제공하는 것으로 로열젤리의 혈류량 증가에 관한 1978년/일본 연구에서 나타났다. 로열젤리는 생체저항력↑, 성장촉진, 항암, 항균작용, 내분비 · 순환계통 · 조혈기관 등에 영향을 준다. 또한 노약자의 건강유지, 고령자의 식욕부진, 신경증 환자에 효과가 있으며, 혈중 콜레스테롤 수치를 낮추기 때문에 동맥경화 예방에도 좋다. 신경장애 특히 우울증 환자에게 도움이 되고, 수술 후 회복기 환자에게도 유익하다. 더욱이 타액선 호르몬인 parotin 파로틴과 유사한 물질이 다량 함유되어 있어 노화방지에 효과가 있는 것으로 알려지고 있다. 로열젤리는 화장품이나 항 미생물제로서 많이 개발되고 있어 이 분야의 활용가능성이 높다.

프로폴리스

프로폴리스는 벌집에서 추출한 천연의 항생물질로 기원전부터 사용 고대에 미라의 방부제로 사용된 성분이기도 하다. 일명 '천연페니실린' 프로폴리스는 꿀벌이 식물에서 채취된 수액을 벌집으로 물고 와 타액과 효소를 섞어 만든 천연의 항생물질이자 정화물질이다. 벌들은 이 성분을 벌집의 틈이 난 곳, 벌집 주위 및 출입구에 발라 외부 병원체 유입을 원천적으로 막아 스스로를 보호한다. 벌집 내부의 소독과 살균작용을 하기 때문에 벌집 안은 무균상태를 유지한다. 벌꿀과 밀랍으로 된 벌집을 깨끗이 하고, 말벌/쥐.. 적의 침입을 막아 산란과 성장, 꿀의 숙성과 보관 등에 알맞은 서식처를 유지한다. 특히 여왕벌 산란 시 일벌들은 그 산란장소 소독에 프로폴리스를 사용 청결하게 한다. 일반적으로 여왕벌과 유충이 있는 곳에 프로폴리스를 집중 도포하여 세균/곰팡이/바이러스.. 병원체로부터 이들을 보호하고, 유충이 자라는 동안 저장해 놓은 먹이가 상하지 않게 한다. 프로폴리스는 4만~5만마리 서식 벌집에서 년 간 40~50g 소량밖에 채취할 수 없는 귀중한 물질이다.

프로폴리스에 대한 다음과 같은 일화를 읽은 적이 있다. 우연히 벌통으로 들어갔던 다람쥐가 수많은 벌떼에게 쏘여 죽었으나 다람쥐 사체는 2년이 지났어도 부패하지 않고 원래 모습으로 발견되었다는 것! 어떻게 동물의 사체가 2년 동안이나 썩지도 않고 그대로 남아 있을 수 있었을까? 이런 일이 과연 가능한 것일까? 학자들의 연구에 의해 죽은 다람쥐가 썩지 않은 비밀은 벌집 내 벌들이 만들어 놓은 특수물질인 프로폴리스 때문이었다는 것이 밝혀졌다. 1965년/프랑스/의사/레미 쇼방 조사된 "Why no bacteria in the honeybee..?" 주제도 이를 뒷받침하는 계기가 되었다. 다른 생물체와 달리 왜 꿀벌의 몸에는 박테리아가 없는지를...

프로폴리스의 주성분은 유기물과 미네랄이며, 세포대사에 중요한 역할은 플라보노이드 등 아미노산/비타민/유기산/미네랄/지방.. 여러 성분이며, 특히 테르펜류 등은 항암작용을 한다. 프로폴리스의 효능은 주성분인 20~30종 플라보노이드의 집합체에서 오며 부작용이 거의 없는 것으로 알려져 있다. 플라보노이드는 비타민C가 파괴되지 않도록 항산화작용을 하며, 여러 가지 비타민과 무기질, 아미노산 등이 풍부하게 들어 있어 건강증진에 큰 도움이 된다. 주요 작용으로는 항산화, 혈액순환 개선, 면역증강 등이 있다. 또한 급격한 세포의 파괴를 억제하고, 병원체에는 항염/항균성 항생제로 작용한다.

플라보노이드의 성분은 알코올/아세톤.. 유기용매에 잘 녹아 비교적 추출되기 쉽다. 이들 추출물이 제품화 될 때는 주로 건강회복과 증진의 항균력/면역활성/활성산소제거.. 고기능성 자연 건강식품에 초점을 두고 개발되고 있다. 하지만 프로폴리스의 여러 특수효과에 대한 많은 부분이 의학적인 근거에서는 아직도 보충되어져야 여지가 많다고 본다. 수천 년 동안 민간요법으로 이용되던 프로폴리스가 20세기 후반에 들어와서 여러 나라에서 집중적으로 연구되어 그 효능이 구체적으로 계속 입증되고 있다. 2016년 얼마 전 우리나라 연구진이 성인병 가운데 고통 강도가 높은 편인 통풍에 효과적임을 밝혀낸 바 있다. 우리나라에서 프로폴리스가 건강보조식품으로 생산되어 판매되기 시작한 것은 1996년경이다. 화장품/치약.. 생활용품, 드링크제.. 음료, 대체 항생제로 용도의 다양화를 모색하는 연구가 활발히 진행중에 있다. 국내에서의 프로폴리스 추출액 제품의 시장규모는 2016년도 기준 100억 원 정도로 해외시장에도 진출하고 있어 향후 성장 여력은 충분한 것으로 전망되고 있다.

※ Storytelling: 프로폴리스에 대한 역사적 기록

1. BC 300년, 이집트에서 화농방지제로 사용했다는 기록 있음
2. BC 4세기, BC 384~322/아리스토텔레스/저서 '동물지' - 피부질환, 감염증 치료에 적합하였다고 기록
3. 1세기, 최초의 백과사전 'Historia Naturalis 박물지' - 로마병사의 상비약, 전쟁터에 가지고 나갔다고 기재
4. 11세기, 이란의 철학자 아비센나 - 상처에 바르면 덧나지 않고 통증이 진정된다고 함
5. 20세기 일본: 1990년대 암학회 중심으로 암 억제 프로폴리스요법 관련 연구 활발히 진행 中
6. 믿거나 말거나...: 장기간 복용 시 흰 머리 → 검게 또는 모발의 질 개선사례 종종 보고됨. 확실치는 않지만 프로폴리스 → 면역계 활성화 → T세포 일종 인터루킨 → 발모촉진(??) 추정

벌 화분

벌 화분은 벌이 꽃에서 채밀할 때 몸에 붙은 꽃가루를 모아 자신의 소화효소와 혼합하여 반죽처럼 뭉쳐 놓은 25만~650만개 꽃가루/직경~2㎜/평균무게17.5㎎ 화분덩어리로 되어 있다. 몸체에 붙어 있다가 벌집에 돌아오면 자연스레 쌓이게 되며, 이후 로열젤리를 만드는 원료로 사용되는 소중한 성분이다. 벌 화분은 꿀벌과 그 유충의 영양공급원으로 사용되며, 자연에서 순수하게 얻을 수 있는 식품가운데 가장 균형 있는 영양소를 갖춘 자연의 산물로 여겨진다. 꿀벌의 면역력 강화에 필요한 성장에너지 및 생식력이 왕성한 건강한 벌집 유지에 필수적인 물질로 생각되는데, 바로 꿀벌들의 먹이 및 유충의 성장과 발육에 필요한 단백질/비타민.. 각종 영양소가 들어 있기 때문이다.

그림 3-3 벌 화분

이와 함께 벌꿀에 있는 꽃가루의 영양가치도 연구에서 속속 인정되고 있다. 칼슘/인.. 미네랄, 비타민 등이 들어있어 피부의 활력과 노화예방, 염증완화, 빈혈개선, 뼈가 튼튼해지는 데에도 효과가 있는 것으로 알려졌다. 높은 영양가 식품인 벌 화분을 지속적으로 섭취하면 산성체질 → 알칼리성/중성화 → 각종 질병에 대한 면역력↑ 유도되고, 치료 목적으로도 이용될 수 있다. 일부의 경우 에너지나 체력향상과 기력회복에 도움을 준다고 한다. 사람들에게는 천연의 건강식품자원으로 각광을 받고 있는데, 인위적 성분이 아닌 자연의 영양을 그대로 간직하고 있는 장점이 눈길을 끌고 있다. 벌 화분은 주로 건강식품, 꿀벌의 먹이, 포유동물/새.. 동물의 사료로 사용되며, 화분정제/미립화분/액제/캔디바/강장제.. 다양한 상품으로 시장에 나와 있다. 최근에는 벌 화분을 원료로 한 크림/세럼.. 화장품도 등장하고 있다. 이처럼 다양한 화분 생산물의 가치는 빠른 속도로 증가하고 있으며, 미국/~500톤 화분가공 → 1.3억불 높은 수익률을 올릴 수 있는 분야로 전망되고 있다.

※ 벌 화분: BC 7,000년 전부터 스태미너 강화용으로 이용되었으며, 클레오파트라가 피부탄력을 위해 먹었다고 알려져 있다. '인류 최초의 건강식품'이라는 별칭도 갖게 되었다.

벌독

독침은 평상 시 벌의 복부말단 안쪽에 있으나 쏘려할 때는 튀어나와 가는 관으로 연결된 독낭에서 독액이 국부를 찌르며 주입된다. 독침을 쏜 후 벌이 날아가도 침은 떨어져 남는데, 침 끝에는 안쪽으로 향한 톱니모양의 균열이 있어 역행하기 때문이다. 꿀벌 1마리에서 얻을 수 있는 봉독 벌독은 극미량으로 pH 5.2 쓴맛의 물질로 약한 방향성을 띤다.

봉독의 75% 주성분인 알라닌/발린/트립토판/히스티딘.. 아미노산, 단백질, 칼륨/나트륨/마그네슘/인.. 미네랄 등 다양한 물질이 함유되어 있다. 민간요법으로 많이 이용되는 봉독은 신경통/류머티즘/요통.. 통증 제어에 특히 좋은 효과가 있다고 전해진다. 또한, 봉독이 개/고양이.. 반려동물 피부질환 개선에 탁월한 피부사상균/백선균.. 항균효과가 있는 것으로 나타나 2018년/농촌진흥청 얼마 전 봉독 소재의 반려동물용 세정제가 개발된 바 있다. 벌독의 약리 및 생리작용으로는 류마티즘, 혈압강하, 강력 살균작용, 림프 및 적혈구의 재생과 증가, 부신 아드레날린 분비촉진, 국소의 충혈작용 및 혈류 개선효과 등이 있다. 독액은 화장품 원료나 한의학 신경통, 관절염 등에 침이나 주사로 사용되며, 전문의약품으로 개발하여 수요 확대를 모색하고 있다.

II. 신개념 누에의 힘

누에와 그 산물 : 하나도 버릴 것이 없다!

Silkworm 누에는 누에나방의 유충 애벌레로, 알 → 1령~5령 누에 애벌레 → 누에고치 → 번데기 → 누에나방의 일생을 거치는 완전변태 곤충이다. 누에는 뽕나무 잎을 먹고 자라 튼튼한 고치를 만들고 번데기가 되는데, 이들의 고치에서 견사/silk 실을 얻기 위하여 5천~만년전 옛날부터 사육되고 있다. 견사 원료 고치는 누에가 입에서 실을 토해내 몸을 보호키 위해 몸을 둘러싸며 만들어내는 집이다. 알에서 깨어난 누에는 보통 4회 잠+탈피과정 허물을 벗으며 번데기가 된다. ~20일 경과 5령 끝날 무렵 뽕잎 먹는 것을 멈추고 입에서 실을 토하면서 고치를 짓기 시작한다. 5령 말의 누에는 ~70시간 번데기로 되기 전에 입에서 실을 토해 번데기를 보호하는 ~60시간/~2.5그램 고치를 짜고, 고치를 쪄내어 실을 만들면 명주실 실크가 된다. 고치 속에서 번데기가 된 후 12~16일 2주정도 되면 나방이 되어 타원형 고치를 뚫고 밖으로 나온다. 1개의 고치에서 풀려나오는 실의 길이는 1200~1500m에 이른다.

그림 3-4 뽕잎 먹는 누에

보통 누에는 뽕나무 잎만으로 기를 수 있다. 뽕잎만 먹은 누에가 아름다운 실크를 뽑아낼 만큼 뽕잎은 여러 가지 영양소가 듬뿍 함유된 완벽한 식품소재로 ~2,200년전 예부터 먹어왔다고 한다. 뽕잎의 주성분인 수분, 단백질, 탄수화물, 지방, 무기염류, 비타민 등은 누에의 발육에 필수적인 영양소들로 뽕잎 먹고 자란 5령 3일의 누에는 고단백질의 함량이 크게 늘어나는 것이 그 특징이다. ∴ 누에 = 고단백 식품소재

그림 3-5 누에 생장

그림 3-6 누에고치

※ 참고: 단계마다 이름이 붙여져 동일한 곤충에 그렇게 많은 명칭이 있는 것은 누에나방이 유일하다. 우리에게 친숙한 것만 예를 들어 보자면, 알에서 깨어난 새끼-妙 묘, 세 번째 잠자는 누에-三幼 삼유, 늙은 것-紅蠶 홍잠, 번데기-踊 용, 고치-繭 견, 똥-蠶糞 잠분이라 한다. 또한, 죽은 누에 말린 것-白蠶 백잠, 두 번째 기른 누에나방-原蠶蛾 원잠아, 누에알 낸 종이나 풋 고치에도 이름이 붙여진다. 이 모든 것들이 약용으로 쓰인다!

그림 3-7 누에 똥

그림 3-8 실크 누에 실

누에 이용의 주목적은 섬유자원으로서 비단 생산이다. 누에는 이러한 일차적 이용 외에도 식용이나 약용자원으로 많이 이용돼오고 있다. 식용되는 번데기는 고단백식품으로 값이 저렴하여 인기가 있고, 누에의 부산물들은 민간약으로 이용된 바 있다. 정력제 원잠아, 뇌졸중/악성부스럼.. 똥, 치질 고치, 백강균 감염누에/부인병 백강잠 등이 다양하게 쓰인다. 누에를 치는 과정에서 얻어지는 부산물도 적지 않아 여러 공산품의 재료로 사용된다. 누에똥은 가축사료와 활성탄/연필심/염료/발근촉진제.. 생활용품에 쓰이며, 실을 짜는 과정에서 나오는 번데기는 식용과 사료/식용유/고급비누.. 공산품 원료가 된다. 죽은 누에를 말린 것, 번데기, 누에나방, 누에똥, 누에알 낸 종이, 풋 고치 등은 한방 약재로 쓴다. 또한 누에분말은 전형적인 2차적 이용으로 그 수익이 높은 편이다.

우리나라를 비롯하여 전 세계에 널리 사육되는데, 특히 동양에서는 일본과 중국, 서양에서는 프랑스와 이탈리아에서 많이 사육된다. 이처럼 국내외 누에산물의 이용 및 산업적 이용은 매우 활발하다. 최근에는 먹이의 개량이 진보되어 뽕나무 잎을 사용하지 않는 인공적인 먹이도 만들어지고 있다. 휴면기의 알에도 약품처리하면 하시라도 부화시킬 수 있어 누에를 기르는 기술은 매우 발달되고 있다.

누에 산물을 현명하게 이용하다! – 이들 누에가 고부가가치 신소재 및 신산업 창출 기반을 구축하는 매개체로 활용되고 있어 주목받고 있다. 농촌진흥청 우리나라에서는 누에고치를 이용하여 인체에 부작용 없는 인공뼈, 인공고막, 외과용 실크 수술용 실을 개발하는 등 기능성 식품과 의약용 소재로 그 활용범위를 확대해 나가고 있다. 실크분말 및 뽕잎, 잠분의 기능성 이용도 관심의 대상이다. 누에고치 분말은 숙취 해소, 콜레스테롤 강하, 당뇨병 등에 효과가 있고, 피부단백질 구조와 유사 실크단백질에서는 피부의 보습과 상처회복에 효과 있음이 확인되었다. 또한, 뽕잎은 혈압↓/모세혈관 강화물질 루틴과 가바가 풍부하여 각종 성인병으로 인한 식단의 제약에서 벗어나게 해주기도 한다. 누에똥은 기능성물질/porphyrin 폴피린을 다량 함유하고 있어 암치료제로 이용될 수 있다.

누에는 인간에게만 유용한 곤충은 아니다. 누에를 이용한 가축사료용 천연항생제 생산에도 성공하여 상용화 단계에 있다. 고부가가치의 산업 소재로서 새로운 기능을 지속 발굴해 누에에서 천연 항생물질을 대량생산 가능한 누에 천연항생제 기술을 개발한 것이다. 이는 고령화 추세로 크게 신장하고 있는 반려동물 시장에 공급할 프리미엄급 기능성 사료첨가제 생산까지도 염두에 두고 있어 향후 그렇게 된다면 누에 천연항생제 기술이 가져다 줄 경제적 가치는 실로 엄청 커질 것이다. 하지만 아직은 기능성 식품원료와 의약용 소재에 국한된 기능성 양잠산업의 지속적 발전은 전반적으로 미미한 실정이다.

누에와 곤충의 몸, 공장이 되다!

누에와 곤충을 이용한 생체공장화: 누에와 곤충이 가지고 있는 신개념의 잠재력은 이들의 몸을 유용물질을 생산하는 생체공장으로 이용하는 것이다. 누에는 원래 실크라는 천연의 단백질을 생산하는 대표적 생체공장이라는 점을 누구나 잘 안다. 바로 이점을 이용하여 실크유전자 대신에 유용물질을 생산하는 유전자를 누에에 삽입하여 실크를 대체하는 고부가가치의 인터페론과 같은 유용물질을 생산할 수 있을 것이다. 향후 21세기 최첨단기술로 무장한 생명공학분야에서 누에와 곤충은 우리가 원하는 새로운 형질의 유전자나 값비싼 신소재를 제공해주고 필요한 유용물질은 값싸게 생산하는 도구나 자원으로서 각광을 받을 것이다.

바로 그런 신개념의 누에 활용사례를 우리나라에서 찾아보겠다. 2018년 최근 농진청은 미국/ 퍼듀대학 외국과 공동연구로 적색 형광실크와 금속나노입자가 하이브리드 된 천연의 나노신소재를 개발해 세계적으로 관심을 받았다. 아이디어는 실크섬유를 식물성/화학 용액에 혼합하는 19세기 고전적 가공법에서 착안했고, 이런 가공법이 향후 6차 산업에 부합하는 인체친화적인 물질개발로 이어진다는 점에 의의가 있다. 누에활용으로 친환경적 제작이 가능해져 복잡한 나노소재 개발에 드는 비용/시간.. 경비 절약의 이점도 있다. 다양한 나노소재와 실크섬유 결합으로 향후 광촉매/항균/항바이러스/방수/투습.. 다기능성 섬유 응용으로의 가능성도 있어 섬유/바이오/의료산업.. 고부가가치 시장 창출을 견인할 것으로 기대하고 있다.

첨단의 바이오기술로 형질이 전환된 신개념 누에는 많은 유용물질을 생산할 수 있는 가능성이 있어 누에생체 이용 고부가 유용물질 생산은 발전성 있는 분야로 전망된다. 형질전환누에를 이용한 단백의약품 및 생체활성 유용단백질 생산, 섬유 신소재 등의 개발을 통하여 생체공장화의 다양화를 도모해야 한다는 것이 전문가들의 견해이다. 아울러 곤충에 대한 생리생화학적 기초연구로 곤충 생체공장화의 실용화를 위한 연구의 병행도 강조되고 있다.

● 누에와 손잡은 동충하초

누에추출물을 이용한 분말에서 혈당↓작용 → 당뇨병 치료의 길 여는 신약개발 中 - 우리나라 2014년/농촌진흥청 연구팀이 뽕잎과 누에번데기 등이 당뇨병 소갈증에 효과가 있다는 고의서 기록에 근거하여 연구하기 시작하였다고 전해진다. 누에분말의 당 분해효소 억제작용으로 식후 혈당을 조절해주는 작용기작을 먼저 밝히고, 이를 이용하여 혈당강하제를 개발하려는 것이다. 여러 연구를 통해 누에로부터 혈당↓물질을 성공적으로 순수 분리한 바 있다. 또한, 버섯이라고 말하기엔 희귀한 동충하초는 그 이용에 제한이 많았던 균류이나 이들과 누에를 접목시키는데 성공했고, 그 항암/면역증강/항피로.. 기능성 효과를 확인 발표하였다.

누에-동충하초 형성에는 잠에서 막 깨어난 5령의 누에를 이용한다. 5령잠 직후의 누에는 표피층이 연약하고, 뽕잎을 먹지 않아 면역력이 약해져 동충하초균을 접종하면 접착/발아 → 누에 침입 → 감염확률↑ → 주요한 시기에 놓인다. 24±2℃/습도80~90% 적절한 조건에서 동충하초균의 누에 표피층 침입 가능한 시간은 약 24시간이며, 침입한 균사는 누에의 물질을 영양분으로 하여 내생 균핵을 만든 다음 밖으로 자실체인 동충하초를 형성한다고 한다. 연구팀은 이러한 재배법 및 대량생산, 입증된 기능으로 후속단계의 승인을 받아 당뇨병 치료제 개발을 위한 임상 2상에 진입하는 등 천연물 신약에 도전장을 내민 상태이다.

누에추출물 분말은 농산물에서 개발한 최초 천연물 신약소재이면서 동물성 소재이다. 이 물질은 동결건조 누에에서 추출해 혈당을 낮추는 물질을 주성분으로 하는 천연물 신약소재로서, 농진청/1995년 세계 최초로 개발한 '누에분말 혈당강하제'에서 시작됐다. 1998년 몇 년 후 누에분말은 일반식품으로 인정받았고, 동결건조 누에분말은 2009년 21세기에 건강기능식품 원료로 승인되었다.

누에그라... what is it?

누에 ♂나방과 번데기를 원료로 이용한 '누에그라' 개발: 누에나방 원잠아는 성 능력이 특별히 왕성하여 고치를 뚫고 나오기 바쁘게 암컷을 찾아가 교미를 하고 기력이 약해져야 멎는다. 한방에서는 이를 이용하여 예로부터 성기능과 스태미나를 향상시키는 약재로 써왔다. 이런 생물학적 특징을 기반으로 누에를 원료로 하는 한국형 비아그라라고 할 수 있는 2001년/농진청-농업과학기술원 '누에그라'가 개발됐다. 교미하지 않은 ♂나방만 사육하여 동의보감 설명대로 원잠아를 대량생산하여 동물실험을 수행한 연구는 매우 흥미로운 결과를 도출하였다. 작용 메커니즘은 밝혀지지 않았지만, 누에그라가 실험동물 대상 기능성 효과에서 남성호르몬 테스토스테론 ~30% 증가, 정자 ~41% 수와 ~60% 운동지구력을 모두 향상시켰다고 한다. 누에 ♂나방 추출물에 동의보감 처방대로 복분자/오미자/가시오가피 한약재를 첨가하여 개발한 건강보조식품으로 기술이전 받은 국내 제약회사에서 개발 시판하고 있다. '누에'와 발기부전치료제 비아그라 약품명에서 '그라'를 따서 붙인 합성어로 명칭에서 기능을 떠 올릴 수 있어 작명을 잘한 느낌이다.

III. 21세기의 곤충자원

곤충자원은 우리나라에서는 ~30년 얼마 전까지만 해도 가축 등 다른 동물군에 비해 사람들에게 거의 관심의 대상이 아니었다고 할 수 있다. 해충인가 익충인가로 정도의 관심을 받던 곤충들로부터 그 이상의 잠재력이 밝혀지면서 중요한 생물자원으로 주목받기 시작하였다. 관심 밖에 있던 이들이 4차 산업혁명의 진화와 함께 자원고갈이나 환경오염 등 인류가 직면하고 있는 지구상의 문제들을 풀어나갈 수 있는 대안 중의 일부로 떠올라 현재는 21세기 미래 산업의 블루오션으로 급부상한 상태이다. 인구증가, 식량부족에 대한 해결책으로 대체식량원, 항생제/치료제/백신.. 의약품 개발, 환경정화 및 제반관리 등 다양한 산업분야에서 응용 접목할 수 있는 자원으로 우리 앞에 성큼 다가와 있다. 2015년 농식품부 우리나라 곤충산업의 시장규모는 3,039억 원으로 2020년 5,363억원으로 확대한다는 방침을 발표한 바 있다. 곤충산업의 발전가능성을 인지한 정부는 국가차원에서 집중적으로 지원하는 추세이고, 산 · 학 · 연에서는 중요한 연구개발 및 산업화의 대상이 되고 있다. 대규모의 농업 경영이던 소농가이던 이들에게는 곤충이 새로운 생산 소득원이 되는 소중한 생물자원이 될 수 있다.

위의 설명은 곤충자원이 정부, 기업, 연구기관, 농가 등 어느 수준이던 각 주체에게는 새로운 산업 및 경제모델이 창출될 수 있음을 의미한다. 현재에도 약용곤충자원을 유용생물자원으로 인식 및 활용하여 생체공장화 추진키 위한 곤충자원의 탐색과 보전 및 이용개발 연구가 활발히 수행되고 있다. 그 증거는 우리 정부가 2015년 60억 원 정도에 불과했던 국내 식용곤충시장을 2020년 1,014억 원으로 늘린다는 것이니 실로 활성화가 이루어지는 시장이라 할 수 있다. 다양한 곤충자원의 상업화 또는 상용화와 관련된 발전계획에 대해서는 식용이나 약용곤충 또는 농업에 이용되는 것 외에 다음과 같은 특정 곤충의 확보 및 이용 방안들이 전문가에 의해 제안되어 있다; 1) 곤충세포 배양으로 유용물질생산, 2) 모기/진드기.. 매개 곤충을 통한 인체 감염성 질병연구, 3) 곤충의 구조/기능/감각능력.. 특성을 모방한 생물신소재 등 인공거미줄/인공피부/인공막/유기발광다이오드(OLED)/초고감도센서/곤충로봇/마이크로드론/나노카메라/나노접착제.. 산업공학적 이용, 4) 생명공학적 이용 등.

곤충 유전자수준의 다양성은 특히 수억 년 동안 수많은 환경변화에 적응한 결과, 매우 높은 편이다. 이런 장점을 갖추고 있어 곤충자원은 유전공학/분자생물학.. 기초연구 분야의 생물소재로 각광을 받고 있다. 바이오기술 발달과 생명공학의 진전으로 곤충유전자 분석 및 유용물질의 자원화 연구에 큰 진전이 있다. 그 대표적 예가 앞에서 설명된 특히 누에의 생체공장화 등이다.

곤충의 용도는 무궁무진하여 21세기 곤충산업의 규모는 계속 확대될 것으로 전망되고 있다. 일부만 열거하여도 다음과 같이 그 사례들이 줄을 잇는다. 먼저, 곤충의 화분매개 역할은 꽃가루 수분으로 이어져 식물종 유지 및 다양성에 절대적인 역할을 한다. 또한, 곤충의 역할은 환경적으로도 확장되어 해충에 대한 천적으로 활약하거나 분해되는 곤충의 부산물들이 식물이 뿌리를 내리는 토양을 비옥하게 만들어준다. 최근에는 식용이나 약용 곤충자원으로의 활용방안이 큰 관심을 받으며 미래형 성장산업으로 전망되고 있다.

식용곤충이나 약용 곤충자원에 모아지는 관심과 기대는 '미래의 슈퍼푸드'에 곤충을 이용한 식재료가 포함되는 상황에 이르게 하였다. 하지만 실제 인류는 오래 전부터 동물성 단백질의 공급원으로서 곤충을 식용으로 해왔고 그 종류도 ~1,000종↑ 상당히 많은 편이다. 근래에는 이들 식용할 수 있는 곤충들을 미래의 단백질원, 기호식품용, 애완동물 사료용으로 개발하려고 적극 추진하고 있다. 약용자원의 경우 또한, 예부터 곤충을 직접 이용하는 치료 등 의료용으로도 많은 사례들이 알려져 있다. 곤충을 약용으로 이용해 온 동양에서의 역사도 이에 못지않아 중국이나 한국 등 여러 나라에서는 이들이 각종 질병에 치료물질로 쓰였다. 중국 본초강목 의약서에는 106종이, 우리나라 동의보감 의서에도 95종 곤충이 약재로 기재되어 있음이 밝혀져 있다. 이와 같이 곤충자원은 전망이 밝은 생물자원으로 간주되어 각국은 많은 노력을 들이며 미래의 자원으로 준비해가고 있다. 아래에서는 전반적인 곤충산업의 흐름과 전망에 대해서 논하고자하였다. 관련 참고: https://cafe.naver.com/kjylom/17335

곤충의 산업화는 국내에서 보다는 해외에서 훨씬 활발하게 진행되고 있다. 곤충산업의 전망을 일찍이 감지한 일본은 발 빠르게 움직여 이미 1990년대에 곤충을 식용이나 약용소재로 활용하는 관련 법률을 정비한 바 있다. 미국/EU유럽연합.. 서양에서는 정부 차원에서 해충의 천적으로서의 곤충자원 활용 연구에 1991년부터 10년간 21세기 들어오기 전부터 집중 투자하여 성과를 보기 시작하였다. 반면, 우리나라는 곤충산업에 대해 늦은 감이 없지 않지만 그래도 2010년 곤충산업 육성+지원 관련 법률 제정 → 2011년 곤충산업육성 5개년 계획 발표 → 2012년 곤충자원산업화센터 센터 설치 등 그 계기를 마련하였다. 2015년 우리나라 곤충산업의 시장규모는 약 3,039원이었고, 현재 국내에서 정부가 지정한 식용곤충은 7종이다. 지금도 식용, 약용, 사료용, 천

적용, 화분매개용 곤충 관련한 연구개발에 지원을 하고 있다.

세계 곤충산업의 시장규모는 전에 비해 급성장하여 2007년/11조원 2020년대 초반 약 38조원으로 성장할 것으로 예측되었다. 현재 세계 각국은 곤충산업의 잠재성에 초점을 두어 미래를 이끌어나갈 국가전략 산업으로 지정해놓고 정책적으로 육성하고 있다. 중국의 식용 및 약용 곤충시장이 약 10조원 규모에 이르고, 미국은 천적 곤충시장만 연간 1,500억 원에 달한다고 한다. 중국 내 약용목적 사육곤충 10종 中 성공한 사료용 거저리 곤충 1종이 이미 미국으로 수출되고 있는 실정이다. 우리나라 곤충시장은 2015년 기준 3,000억 원 규모로 성장해 있고, 곧 5,400~5,600억 원 규모로 커질 것으로 전망되고 있다. 특히 크게 성장할 것으로 예상되는 곳은 사료용이나 약용곤충 시장이고, 그 다음으로 곤충 유래 바이오소재 개발, 화분매개용 곤충시장도 성장이 기대되는 분야이다.

약용으로서의 곤충 활용은 인류발전과 함께 뿌리 깊은 역사를 갖고 있다. 항생제가 개발되기 전 전쟁터에서는 병사의 환부에 구더기를 넣어 부상을 치료했었다고 한다. 물론 항생제 개발로 이런 곤충치료는 잊혀 갔지만, 최근 항생제 남용으로 슈퍼세균 항생제 내성균이 출현하고 치료율이 낮아지자 의료계는 다시 곤충을 직접 이용한 치료에 관심을 보이고 있다. 일부에서는 당뇨병/사고로 인한 절단수술.. 수술부위의 빠른 회복을 위해 구더기를 사용한다는 말이 전해지고 있다. 의료진들이 구더기가 괴사조직을 처리하면서 내놓는 분비물질에 약효를 발휘하는 어떤 성분이 있을 것이라 믿는 것 같다.

또 다른 약용곤충 산업화 또는 상용화 직전까지 도달한 성공 사례들은 벌, 거미, 전갈, 지네, 소똥구리 등 여러 곤충류에서 알려지고 있다. 특히,

일부 곤충의 독은 특별한 병에 효과적인 약 성분으로 쓰일 수 있어 이들의 독성분이 의약품 개발에 자주 이용된다. 먼저, 벌독의 주성분이 집중 연구되면서 차세대 항암제로, 거미독은 부정맥 치료제로 개발되고 있다. 전갈독은 뇌의 종양세포와 결합하기 쉬워 독이 종양세포가 주변조직으로 퍼지지 못하도록 막아 그 독을 이용한 신경교종 치료제가 머지않아 개발될 것으로 기대된다. 지네독 성분들로는 혈압약과 생물학적 살충제 등이 성공하였다. 또한, 지네독을 이용하여 만들어진 진통제는 모르핀보다 약효가 엄청나게 크면서 부작용은 특별하게 없는 것으로 나타나 차세대 진통제 개발에 기대가 모아지고 있다. 왕지네에서 추출한 물질은 동물실험에서 기존 치료제보다 15~42% 치료효과 아토피치료에 효과가 있는 것으로 밝혀진 바 있다.

독성분을 이용한 사례는 아니지만 농업진흥청 우리나라에서 곤충을 이용하여 약제 개발에 성공한 사례를 소개해보겠다. 먼저 차세대 항생물질로 기대되는 애기뿔소똥구리에서 추출한 성분은 곤충 생체방어물질로 연구에서 유해한 세균과 항생제 내성균에 대해 우수한 항균효과가 증명되었다. 이후 포도상구균 세균을 죽이는 코프리신의 원료로 활용되어 여드름균.. 피부감염균을 죽이는 재생연고제로 출시되었다. 또 최근에는 누에에서 천연 항생물질의 대량생산이 가능한 누에 천연항생제기술을 개발하여 고부가가치의 가축사료용 누에 천연항생제 수 톤을 생산하는데 성공하였다. 누에 천연항생제 개발은 가축 사료산업과 의약품 등 관련 산업의 동반성장을 이끌 수 있어 이로 인한 경제적 이익이 기대되고 있다.

여러 가지 견해가 있기는 해도 곤충산업에서 가장 주목을 받는 분야는 식용으로서의 개발이다. 2013년 몇 년 전 FAO가 곤충자원을 미래 2050

그림 3-9 사슴벌레

그림 3-10 딱정벌레류

그림 3-11 말벌

그림 3-12 특이 곤충

년/세계인구~90억명 예상 인구증가로 인한 식량문제 해결방안으로 제시하면서 식용곤충에 대한 관심은 한층 더 높아졌다. 가축에 비해 냉혈동물 곤충은 사료가 적게 소요되고 사육 시 질병으로부터 안전하다는 장점을 강조하였다. 그럼에도 불구하고 식용곤충 산업화에는 넘어야 할 장벽이 있다. 바로 이들에 대한 혐오감이 산업화 또는 개발에 방해요인이 되고 있다. 곤충자원의 산업화도 중요하지만 교육이나 홍보를 통해 이런 부정적인 시각을 먼저 떨쳐 버릴 수 있도록 노력하는 것이 곤충의 식품화를 위한 선행돼야 할 저변 확대라 생각된다.

Chapter

04

식물자원:

식물자원과 건강 upgrade - 약용식물, 아로마테러피 등

식물자원과 인류

식물은 인류보다 훨씬 긴 역사를 지닌 채 ~4.7억년 오랜 동안 지구상에 있어 왔고, 식물-인간 관계는 인류 역사 이전부터 형성되어 식물 자체 혹은 식물에서 얻은 물질을 사용해오며 이어지고 있다. 식물이 인류생존에 필수적인 물질들을 제공하기 때문에 인간은 식물에 의존하고 있다고 할 수 있다. 옛날부터 인류는 상처를 입거나 병들면 그 치료를 위해 주변에 있는 식물을 주로 사용하였고, 병 치료에 있어 식물의 사용은 인류 역사와 함께 하며 자연적으로 행해지며 오늘에 이르고 있다. 식물은 우리 주변 어디에나 있고, 인류는 이들이 만들어내는 열매+종자.. 생산물로부터 식량의 ~70%↑ 대부분을 충당한다. 물론 다른 동물에게도 먹이를 제공하므로 거의 모든 생물에게 매우 중요한 대상이라고 해도 틀린 말이 아니다. 가장 중요한 의식주뿐만 아니라 정서적인 면이나 직 · 간접으로 의료목적으로 자원식물로 활용되어 일상생활 속에서 식물이 인류에게 미치는 영향은 말로 다할 수 없는 중요한 역할을 하고 있다.

의료기술이 발달하고 건강에 대한 관심이 늘면서 사람들의 기대수명이 점차 늘고 있어 2016년 통계청 발표에 의하면 2016년생 평균 기대수명은 82.4세로 세계에서 오래 사는 나라가 되고 있다. 최근, 경제협력기구 OECD 회원국 평균수명에서 한국 남성은 79.3세, 여성은 85.4세 기록으로 여성의 평균수명은 전체에서 4위를 차지하였다. 21세기에는 생활수준 향상으로 건강이 우리 모두의 가장 큰 관심사가 되고 있다. 오늘날 건강 관련해서는 질병발생 후 치료 위주의 방법보다는 사전 예방적인 측면, 즉 '건강은 건강할 때 지킨다!'로 바뀌고 있다. 이러한 추세에 발맞추어 사람들의 관심은 노화지연, 면역력↑ 등 건강유지에 도움이 되는 대상으로 몰리고 있다. 인체 친화적 천연물성분이 많은 약용식물들이 그 대상이 되고 있고, 이것이 전 세계적으로 이를 이용하는 대체의학과 신물질탐색 분야에 막대한 예산이 투입되는 이유라 하겠다.

파이토케미칼 식물화학물질/phytochemical

식물은 위험에 대처하는 방법 중의 하나로 포식자를 물리칠 독성물질을 만들어 낼 수 있다. 이런 물질들은 인체에도 생리적으로 활성을 나타내거나 독성이 있을 수 있어 인류는 이러한 식물들을 독이나 약으로 이용해 왔다. 식물은 쓰임새에 따라 양면성을 발휘하는 무궁무진한 생물자원이라 할 수 있다. 최근, 식물도 공격을 받으면 방어시스템이 마치 두뇌가 있는 동물의 신경계처럼 작동한다는 신호체계가 구체적으로 규명되었다. 공격을 받은 식물이 식물체의 다른 부위에 포식자를 물리칠 독성물질을 만들어 낼 수 있도록 동물처럼 신경전달물질이 위험신호를 먼 곳까지 비교적

그림 4-1 파이토케미칼_대마초

빠르게 전달하는 기작이다. 식물이 자립적으로 만들어내는 물질은 동물이 합성하는 성분과 같거나 그들만의 독특한 물질이 되어 자신을 보호하는 성분으로 활용한다. 파이토케미칼이란 식물이 초식곤충/동물/미생물.. 외부의 공격으로부터 자신을 지키려고 만드는 천연물질로 미미한 인체작용에서부터 강력한 생리활성을 유발하는 성분에 이르기까지 많은 종류가 만들어진다. 식물은 부위에 따라 다른 종류의 물질을 가질 수 있으므로 특히 식물유래 알칼로이드/배당체/식물색소.. 파이토케미칼 성분이 약용식물에서는 매우 중요한 기준이 된다. 식물종에 따라 각기 합성되는 성분, 생성부위, 작용기작 등이 매우 상이하다.

다양한 종류의 파이토케미칼이 우리에게는 여러 질병의 예방에 도움을 주는 경우가 많다. 식단에 포함된 베타카로틴/안토시아닌/카페인/카테킨/캡사이신.. 색깔 짙은 과일이나 채소에 많이 들어 있는 성분들은 활성산소제거/세포손상방지.. 항산화물질로 작용한다. 반면, 인체에 강력한 생리활성을 부르는 모르핀/니코틴/우루시올.. 성분들도 많아, 바로 이 점을 이용하여 신약개발에서 천연의 원료물질로 사용된다. 파이토케미칼 유래 약재가운데 양귀비, 대마초, 코카나무 외

그림 4-2 천연의 식물색소

그림 4-3 포도_안토시아닌

에도 생활 속에서 우리에게 잘 알려진 것은 버드나무 수피 → 아스피린, 키나나무껍질 키나피 → 말라리아 특효약 키니네, 디기탈리스 잎 → 강심제 디기탈리스, 퍼시픽 주목나무 → 택솔 등등 그 예는 아주 많다. 특히 택솔은 이미 항암제로 개발되어 여러 암에 치료제로 사용되는 대표적인 약용식물이다. 하지만 식물의 유익한 천연물질들은 거의 대부분 식물이 위기상황에 대처하는 방어용 화학물질이므로 잘못 사용할 경우 치명적일 수 있다는 것을 명심해야 한다.

그림 4-4 양귀비

그림 4-5 디기탈리스

현재 사용되고 있는 수 백 가지의 중요한 약들이 파이토케미칼로부터 만들어졌다는 사실은 놀라운 일이지만, 아직 연구되지 않은 90~95% 미지의 식물들이 많아 신약개발을 목표로 하는 식물의 조사연구는 걸음마 단계라고 해도 과언이 아니다. 현재 식물 기반의 제약 산업에서 가장 활발하게 진행되고 있는 연구대상은 각종 허브와 파이토케미칼 등이다. 어려운 공정을 거치고 생산품이 성공적으로 세상에 태어난다면 값을 매길 수 없을 정도로 귀한 몸이 되는 경우도 간혹 있다. 다른 수준으로 넘어가 신분이 급상승하는 말하자면 신데렐라처럼 메가톤급으로 가치를 새롭게 하는 작업을 거쳤다고나 할까...

식물은 과연 노다지일까? -- 우리가 널리 이용하는 약 가운데 많은 것들이 식물에서 나온 것이고, 이는 세계에서 사용되는 처방약 ¼ 정도가 천연 식물성물질에서 유래한 것이라는 사실로써 증명된다. 인류는 1803년 19세기 초반 양귀비에서 모르핀을 추출하는데 성공하였고, 그 후 식물의 약효에 대한 학문은 급속도로 발전하였다. 학자들에 의하면 아직도 지구상에 살고 있는 26만~30여만 종의 식물 가운데 5~10% 극히 일부만이 조사되었을 뿐이라고 한다. 전 세계 ~30만종 수많은 식물 중 2,500여종이 식용으로 사용돼 왔고, 그중 150여종이 최근까지 상업적으로 이용되는 것으로 알려져 있다. 인류는 식물과 공존하면서 식물을 유용하게 사용하기 위해 해당 식물을 독특한 가공법으로 개발해 유용한 다른 것으로 만들어냈다. 변신 사례: 목화종자/털 → 섬유, 목재 → 종이원료/펄프, 커피나무 콩 → 커피음료, 밀 → 빵..

우리나라의 식물자원 수는 약 4,000여종 이상이다. 이중 약용식물은 적게는 200여종, 많게는 수 백 여종까지 알려져 있고 그 가운데 항암작용 있는 식물 40여종이 있다고 한다. 실질적으로 이용되는 약용식물의 수는 세계적으로 약 300여종, 우리나라에는 200여 종이 있다. 그러나 민간요법 등에서 사용되는 것까지 합치면 수백 종에 이른다. 우리나라는 국토면적 대비 많은 종류의 식물류가 자라는 좋은 조건을 가져 약용으로 사용되는 종류도 비교적 많다. 하지만 약용식물을 야생종에만 의존하는 시대는 지나가고 있다. 희귀하거나 귀중한 종류는 종자은행 등을 이용하여 보호 및 육성하고 순화 재배하여 국내 수요에 충당과 해외 수출로 외화 획득의 길을 열어 국가경제력 향상에 기여토록 해야 한다.

I. 약용식물 생활 속 약이 되는 식물들

인류의 조상은 아주 오래 ~20만년 전부터 식물 자체 또는 식물체에서 유래한 물질을 아픈 곳을 치료하기 위해 사용해 오고 있다. 이것은 식물에서 얻은 어떤 물질이 상처나 질병치료에 효과가 있다는 것을 시행착오를 거치며 알게 된 오랜 경험으로부터 얻은 소중한 자산이었을 것이다. 30,000년 전 선사시대 무덤에서 오늘날에도 치료효과가 있는 것으로 밝혀진 6종류 식물의 꽃이 발견돼 인류가 민간요법으로 천연물을 사용한 것은 적어도 3만 년 전의 일이라는 것을 짐작케 해주었다. Ebers papyrus/BC 1,500년 추정 '에버스 파피루스'는 질병과 상처를 치료하였던 방법에 관한 지식이 기록된 가장 오래된 문헌으로 치료법에는 식물성분 및 여타의 방법이 적혀 있다. 식물이 치료목적으로 사용되었다는 기록은 기원전 3,000년경부터 나타나고 있다. 하지만, 인체에 활성을 나타내는 성분을 과학적으로 분리하고 정제하게 된 것은 19세기에 이르러서의 일이다.

현재는 세계 인구의 70~80% 정도가 치료목적으로 식물을 사용한다고 한다. 첨단의 의학 및 과학기술이 발달한 오늘날에도 건강을 가져다주는 약용식물의 이용이 날로 증가하고 있다. 많은 사람들이 치료약 공급원의 상당부분을 식물에 의존하고 있고, 현대 의약계에서도 대부분의 공급원은 식물이 되고 있다. 과학적으로 확인된 이들 성분이나 화학적으로 유도된 화합물가운데 많은 것들이 약으로 개발되어 병 치료에 이용되고 있다.

식물은 서식지에 고착생활을 하여 움직일 수 없기 때문에 각종 위협적인 상황에 대처하며 살아가야 한다. 이에 식물은 살아남기 위해 생존을 위한 수많은 종류의 화합물을 자립적으로 생성하는 놀랄 만한 능력을 가지고 있다. 현재까지 연구된 ~10% 일부의 식물에서 무려 100,000종 이상의 유기화합물이 합성된 것으로 추정된다. 천연물 유래 신약개발의 선구주자인 미국의 경우, 의사 처방전에 사용되는 의약품의 20~25% 정도가 약용식물에서 추출된 물질의 생화학적 모델을 참고로 하여 신약으로 개발된 것이라 한다. 앞의 곤충자원에서 언급하였듯이 식물자원 또한 고도의 합성능력을 가진 생체공장이라고 할 수 있다. 이들이 복잡한 과정을 거치며 생성하는 화합물들은 여러 질병에 고부가가치의 의약품으로 이용될 수 있는 대단한 잠재성을 지닌다.

인류가 식물의 성분에 주목하여 식용 가능 및 약효성분 감별 → 질병발생 시 → 약용식물을 사용하기 시작한 이래 약용식물의 중요성은 날로 강조되고 있다. 약용식물은 인류의 건강유지 및 질병치료에 필요한 식물로 현재 우리가 사용하는 대부분의 약물의 원조는 자연계에서 얻어진다. 천연물탐색, 생리활성물질에 대한 연구와 합성, 의약품개발 등에 대한 약용식물의 연구도 절실히 요구되고 있다. 우리나라 연구진도 고혈압이나 암의 치료제에 쓰이는 약품을 우리의 약용식물 자원에서 개발하고 있으며, 특히 난치병 치료제/희귀질환용 백신/우주병 치료제.. 신개념의 약용자원 활용을 식물자원에서 찾으려고 노력하고 있다.

현재 우리나라에서 거래되는 약용식물은 200여 종류 이상이며, 대략 100여 종이 수출대상이 된다. 흔히 접하는 주요 약용식물의 예는 인삼, 구기자, 당귀, 맥문동, 백작약, 산수유, 감국, 강활, 감초, 율무 등 수십 종에 이르고, 재배되는 종류도 인삼/담배/도라지/귤/구기자/대추.. 적지 않다. 특이한 종류로는 건강식품/화장품 원료.. 여러모로 각광 받으며 대규모로 재배되는 알로에가 포함된다. 특히, 세계적으로 명성이 자자한 한국의 인삼 및 은행 잎 등은 서양에서도 중요하게 생각하는 약용식물 중 하나이다. 한국의 약용식물로 우리나라 식물자원의 자존심을 지켜주는 상징적인 대상은 인삼이라 할 수 있다. 하지만 인삼 외에도 우리에게 친숙한 약용식물의 예는 수없이 많다. 이에 다음 절에서는 생활 속에서 우리와 함께 하며 건강에 도움을 주는 식물 몇 가지를 간단히 살펴보고자 한다. 다분히 저자 판단에 의한 주관적 견해로 알로에, 마늘, 당근이 선정되었는데, 뛰어난 약리적 효능에 비해 구하기 쉽고 저렴하며 친구처럼 우리 옆에 있다는 이점으로 추천되었다. 알로에나 마늘처럼 경제적 가치를 지닌 자원으로서 뿐만 아니라 당근처럼 소리 없이 인체 건강 upgrade에 큰 공을 세우는 것도 선정 이유에 포함되어 있다.

생활 속 약용식물들 TOP 3

일상생활 속 대표적인 약용식물 3가지로 선발된 알로에, 마늘, 당근을 소개하자면, 먼저 알로에는 지극히 평범하던 식물이 우연한 기회에 신데렐라처럼 세계적인 약용식물이 된 경우이다. 반면, 마늘과 당근은 인류가 식용과 약용으로 수천 년의 세월에 걸쳐 사용하는 우리와 24시간 같이 하는 유익한 식물이다. 동서양을 막론하고 100세 건강을 논하는 건강식단에 빠지지 않고 하는 등장하는 대표적인 이들 약용식물에 대해 간단히 살펴보도록 하자.

1 알로에 - 우연한 기회에 평범하던 식물이 치료효과로 인해 급부상한 예가 바로 Aloe 알로에! 주위에서 흔히 볼 수 있는 알로에는 일본의 한 농부가 다친 비둘기의 알로에를 쪼아서 다리상처에 바름 행동에서 힌트를 얻어

그림 4-6 알로에

그림 4-7 알로에 잎

그림 4-8 알로에 화장품

치료용 소재로 소개되었다는 일화도 있다. 이후 과학적으로 입증된 약리적 효능과 산업적 가치로 인해 현재는 전 세계에서 가장 관심 받으며 재배되는 인기 있는 약용식물 중 하나가 되어 있다. 그러나 알로에는 실제 인류가 예부터 알고 있던 식물로 고대 이집트 왕조시대부터 이용되었고, 중세에는 병사들이 질병을 막기 위해 전쟁에 나갈 때 지참했다고 한다. 히포크라테스도 알로에를 임상치료제로 사용했다는 기록이 있다.

현재까지 약 80여 종류의 유효성분을 검출되었는데, 그 성분과 효능은 다음과 같다. ~12% 알로인과 에모딘 → 소화기계통과 내장에 작용, 알로에틴 → 항세균, 항진균작용, 알로에울신 → 산/알칼리/열에 강함 궤양에 작용, 알로미틴 → 항종양작용, 고분자 다당체 → 포도당/갈락토오스/만노스../강알칼리성 체액개선, 항암작용, 수지 → 완하작용을 하는 것으로 알려져 있다. 이 외에도 효소 및 비타민류도 포함되어 있다. 이러한 알로에는 살균, 통증완화, 해독작용뿐만 아니라 피부보습 및 탄력에도 효능이 있어 약 개발 외에도 화상이나 피부 관리 등 민간요법에서도 한 몫을 한다. 알로에 제품의 기능성은 면역력↑, 항균력↑, 해독작용, 위장 및 피부건강, 혈액순환↑, 배변활동 등에 도움이 된다. 하지만 이러한 다양한 효능이 있기는 하나 사용에 조심해야 할 경우가 있어 주의사항을 유념해야 한다. 임신부와 수유부-사용삼가, 생리에 과다출혈 우려, 혈우병-사용금지, 알로에 내복/외용-알레르기반응 가능성!

알로에는 무엇보다도 치료제/화장품/생활용품.. 상용화에 성공한 식물이다. 알로에 잎 등 생체조직 그 자체를 이용하든가 분말/겔분말/주사제/착즙액.. 다양한 형태의 공산품으로 생산되어 2017년 국내 건강기능식품 분야에서 시장점유율 ~2.5% 약 475억 원의 매출을 보이는 듬직한 식물자원이 되고 있다.

2 마늘 - 마늘에 대한 기록은 BC 2500년 무렵까지 거슬러 올라가 고대 이집트 피라미드 벽면에 마늘의 강장제 관련 기록이 상형문자로 새겨져 있다. 우리나라에서는 삼국사기에 마늘에 대한 언급이 있어 이미 식용 및 약용작물로 이용되고 있었음을 알 수 있다. 마늘은 전 세계에서는 물론 우리나라에서도 거의 모든 요리에 쓰이는 중요한 식재료로 음식의 맛을 좋게 하며 식욕↑ 효과가 있어 사랑받는 향신료이다. 마늘의 주성분은 20% 탄수화물, 3.3% 단백질, 0.92% 섬유질, 0.4% 지방, 13.4% 회분 등 다양하며, 알린, V.B1/B2/C.. 각종 비타민, 칼슘/철/인/아연/셀레늄.. 미네랄, 고농도 유황화합물이 함유되어 있다.

마늘의 주목할 만한 성분으로 특히 높은 농도의 유황화합물 알린과 각종 비타민을 들 수 있다. 인체 내에서 황은 병의 치료 및 예방에 유익한 원료물질로 알려져 있고, 이들이 지닌 항세균, 항곰팡이, 항기생충, 항바이러스 기능으로 인해 마늘은 항생제, 강장제, 항암, 혈압↓, 지질↓ 등의 역할을 한다. 마늘의 대표적인 성분 알린은 無香 무향이나 조직을 으깨면 알린 → 알리나제 효소작용 → 자기방어물질/매운 맛/냄새 알리신이 된다. 알리신은 강력한 살균과 항균작용을 하고, 소화를 돕고 면역력도 높이며, 콜레스테롤 수치를 낮춘다. 알리신이 비타민 B_1과 결합하면 → 알리티아민 → 피로회복/정력↑ 기능성에 도움을 준다. 알리신이 생성하는 2차물질인 sulfenic acid 설펜산이 현재까지 알려진 항산화물질 중 활성산소 제거 속도가 가장 빠른 것으로 2009년 외국의 연구팀에 의해 입증되었다. 알리신 외 다른 유황화합물질들도 항산화작용과 간암/대장암 항암작용을 하고, 토양에서 흡수 · 저장된 셀레늄도 암을 예방하는 것으로 알려져 있다.

마늘의 과학적 효능이 밝혀진 이후 건강한 인체 유지에 필요한 웰빙 식재료로 인정받고 있으며, 1992년/NCI 미국암연구소는 마늘을 '좋은 식품 섭취로 질병을 반으로 줄일 수 있다는 프로그램 Designer food'에서 최상위 순위를 부여한 바 있다. 현재까지 알려진 40여 종류의 항암성 식품들의 기능성에 근거한 피라미드형 배열에서 최정상을 차지한 것이다. 또한, 2002년/Time 타임지에 의해서는 알리신이 페니실린보다 강력한 항생제라 소개되고, '세계 10대 건강식품'으로 선정되었다.

세균을 죽이는 마늘은 민간요법에서도 대단한 평가를 받고 있고, 현재 항생물질로서 널리 이용되고 있다. 알린 산화물질 알리신은 냄새를 가진 항세균 화합물로서 마늘을 으깰 때 생성된다. 익혀서 알리신 냄새가 없어진 마늘은 미생물 죽이는 힘을 잃어버리나 다른 치료작용은 수행할 수 있다. 마늘을 먹으면 면역성이 높아지고, 하루 반쪽 정도만 먹어도 혈전 용해작용이 활발해지고 심장발작과 뇌졸중 예방에 도움이 된다.

우리나라에서는 매년 굉장한 양의 마늘이 생산되어 식재료는 물론 건강식품 원료로 사용되어 다양한 제품으로 시판된다. 2018년 국내 마늘 생산량은 약 326,000톤으로 한국농촌경제연구원 추정되어 주요 농작물 자원이 되고 있다. 물론 일부 지역농가의 주요 소득원이 됨은 두말한 나위가 없다!

※ 믿거나 말거나… 1970년대 초부터 매일 생마늘 두 쪽씩 먹기 시작한 사람이 지금까지 감기에 걸린 적이 없다는 일화가 있다. 강한 냄새 外 이로움이 100가지나 있다 하여 마늘을 일명 '一害百利 일해백리'라고 부르기도 한다.

3 당근 - 인류가 당근을 재배하기 시작한 것도 근 천년 이상의 역사를 지녀 유럽에서는 10~13세기로 거슬러 올라간다. 이후 16세기 우리나라에 들어와 식용과 약용으로 재배되기 시작한 식물로 저렴하나 기능성은 최고인 마음씨 착한 '국민채소' 중 하나이다. 적황색의 carotene 카로틴 색소가 함유되어 있는 어원: 캐롯/carrot 뿌리를 사용하며, 단맛과 함께 비타민이 많아 식단에 자주 올라오는 식재료이기도 하다.

그림 4-9 당근

오늘날의 농업에서는 비료를 사용하지 않는 유기농 외에는 비료, 농약 등 화학물질이 농작물과 토양에 유입될 수밖에 없다. 그 사용도 지나친 경우가 많아 이렇게 키운 농작물을 먹으면 다음과 같은 과정으로 우리 몸은 점차 산성화되어 간다; 농작물생산 시 비료 과용 → 식물체 질산 축적 → 농작물 섭취 → 인체 nitrosamine 해로운 물질축적 등. 이런 성분이 유입되어도 체내에 비타민 C가 있다면 이들 유해물질 해소에 큰 도움을 받을 수 있다. 적황색의 과채류에는 카로틴, 비타민

C, 유익한 미네랄들이 다량 함유돼 있어 신선한 채소와 과일을 섭취하는 것은 현대인들의 건강유지에 필수적이다.

그렇다면 당근에 풍부한 신비한 성분은 어디에서 오는 것일까? 천연의 색소 α-카로틴/β-카로틴 카로티노이드는 특히 껍질 부분에 많고, 눈의 피로개선과 혈중 콜레스테롤 수치↓ 혈액순환을 돕는 작용을 한다. 특히 베타카로틴은 각종 스트레스와 공해에 무방비로 노출된 현대인들 몸속 최대의 난적/파괴 일삼는 위험한 과잉산소분자 활성산소를 제거하는 데에도 효과적이다. 즉, 색소가 암과 각종 성인병의 원인이 되는 원인물질을 청소하는 역할을 하는 것이다. 당근을 꾸준히 먹으면 몸속에 축적된 노폐물 제거, 지방산화 등을 막아주어 동맥경화/심근경색/뇌경색.. 성인병을 예방할 수 있다. 당근은 이렇게 기능적 효과가 뛰어나 자연요법에서 흔히 사용되는 재료로 미국/유럽.. 해외에서는 자연요법을 적용할 때 대부분 당근을 가장 먼저 사용한다. 연구 발표에 의하면 매일 중간크기 2개 200g 정도의 당근을 먹었더니 콜레스테롤 수치가 평균 11% 낮아졌다고 한다. 가열조리해서 먹으면 2~5배 더 많은 베타카로틴을 얻을 수 있다. 또한, 배변활동에 도움을 주어 변의 부피를 ~25% 증가시켜 결장의 건강유지에도 도움이 된다.

특히, 당근의 적황색 성분은 흡연과 관련된 암에 가장 잘 저항한다고 한다. 당근에 다량 있는 비타민A 활성 카로티노이드 베타카로틴 → 체내 분해 → 비타민 A 생성하는데, 비타민 A는 특히, 시력회복에 도움을 주고, 이외에도 식욕증진, 피부개선, 모발 성장촉진 등의 효능이 있는 영양소이다. 항암효과를 최대로 하려면 식물성 기름과 함께 가열 조리하는 것이 좋은데, 이는 발암성 물질의 공격으로부터 세포나 조직을 지켜주는 활성물질 베타카로틴이 가열에 의해 방출되기 때문이다. 당근이 지닌 성분들을 이용하여 각종 암/심장병/성인병.. 유해인자로부터 오는 노화를 막고 스트레스와 피곤함으로부터 해방되는 것이 어떨지.... Nicotine 대신에 carotene! 이제부터 그 공은 여러분이 받기 바란다.

※ 당근사과 주스를 마시면 간의 노폐물이 조금씩 배출되어 가끔 피부가 노랗게 되기도 하는데, 이는 독소가 피부를 통해 배설되기 때문에 생기는 일시적 현상이다. 폐암 예방식품 삼총사: 고구마, 호박, 당근~!

인삼 식물자원 한국의 자랑거리!

그림 4-10 인삼

우리나라 사람들에게 면역력/체력증진.. 건강증진에 가장 효능이 있는 한국산 보약을 꼽으라고 하면 거의 대부분 인삼이 1위로 나온다. 인삼은 그만큼 우리와 친숙한 대표적 약용식물이다. 이에 다음 절에서는 먼저 자랑스러운 인삼에 대한 식물학적인 특징과 관련 내용들을 소개하고자 한다. 이어서 단일품이나 큰 경제적 가치를 지닌 인삼을 생물자원으로서의 잠재성과 산업적인 중요성에 초점을 두어 강조한다. 이후 부분에서는 생활수준 향상으로 근래에 들어 널리 응용되는 아로마테러피 및 허브에 대한 설명이 간단하게 이어질 것이다. (참고: 김인선, 2016)

인삼 : 신비한 효능

인삼은 다년생 반음지성 숙근초로 약효가 뛰어나 수천 년 전부터 중국 등에서 널리 사용돼 왔다. 고려인삼도 오래 전부터 민간 생약으로 원기보강,

노화방지, 면역증진 등의 목적으로 쓰여 왔다. 인삼은 복용 후 약 15분 지나면 혈액에 그 성분이 나타나고, 30분 후에는 간/신장: 多量, 뇌: 未검출 최고도에 달했다가 6시간 몇 시간 후에는 혈액에서 사라진다고 보고되어 있다. 인삼에는 수분 외에 각종 당질, 아미노산, 비타민, 미네랄 등이 함유돼 있지만 약효는 주로 사포닌 성분에 많이 있다. 사포닌의 화학구조가 밝혀진 것은 1960년대 초반이나 과학적 분석은 비교적 근래의 일이다.

※ 참고: 인류가 오랜 동안 인삼재배에 적극적이었던 이유는 그 효능 때문이라고 한다. 인삼을 연구하는 과학자들은 인삼의 학명을 '만병통치'를 뜻하는 '모든 것 Pan'과 '의학 axos'를 합쳐 *Panax ginsing* 이라고 했을 정도! 한국산 고려 人蔘 인삼의 '인人'은 인삼의 뿌리모양이 인체 사람의 형태를 닮았다 하여 그 이름이 유래되었다고 전해진다.

동일한 식물에 명칭이 많이 부여된 인삼은 생육환경에 따라서는 자생한 자연인삼 산삼, 밭에서 기른 인삼 재배삼, 산삼 씨를 산림에서 기른 것 장뇌삼으로 구분된다. 하지만 가공방법이 달라지면 쪄서 익혀 말린 수삼 홍삼, 생 인삼 수삼, 껍질을 벗기거나 그대로 말린 수삼 백삼으로 나뉜다. 인삼은 생장하는 동안 그 형태가 변하는데 종자발아 후 4~5년이 지나면 인삼 특유의 형상이 나온다. 6년근은 윗부분 뇌두의 형태가 견실하게 되고 길이 7~10cm/직경 2~3cm 동체는 몇 개의 지근을 갖는 약 30cm, 40~120g의 조직이 된다. 7년 이상 되면 불량해진 형체와 목질화된 표피로 인해 가공 시 속이 비거나 하얗게 될 수 있음 그 가치가 떨어져 6년을 결실의 적기로 본다.

인삼은 70~80% 수분이 많아 장기간 저장할 수 없어 수증기로 쪄서 말린 홍삼으로 가공한다. 4년생↑ 뿌리를 홍삼화하면 삼체가 견고해지고 산화효소가 파괴돼 장기보관이 가능해진다. 인삼 → 홍삼 제조과정에서 성분의 변환도 일어나 홍삼 특유의 새로운 수삼/백삼에 없는 약효성분들이 생성된다. 홍삼 제조과정에서 비효소적 갈색반응이 촉진되어 많은 갈색화반응 생성물이 형성되고 그 중 maltol 말톨 등의 항산화성분도 다량 만들어져 홍삼의 품질 안정성에도 크게 기여한다. 또한, 노화억제 효과도 증가되며, 암세포 증식을 억제하는 진세노사이드/파낙시트리올.. 새로운 활성성분도 생성된다. 홍삼은 인삼을 껍질 채 가공하므로 껍질 내부의 여러 유효성분들을 그대로 가지고 있어 수삼에 비해 효능이 더 좋다.

약효는 주로 사포닌에 많다! - 사포닌이란 그리스어로 '거품이 일다'는 뜻으로 소량을 물에 넣어 흔들면 거품이 생기고, 사포닌은 도라지/감초.. 다른 약초에도 있다. 인삼은 약용성분으로 ginsenoside 진세노사이드라는 백삼 24종/홍삼 32종 약 30 종류의 saponin 사포닌 성분을 1~3% 함유한다. 사포닌은 표피 부근에 다량 포함돼 있어 껍질을 벗긴 백삼보다는 홍삼이 더 효과적이다. 고려인삼의 사포닌은 14종 미국삼 혹은 15종 중국삼에 비해 훨씬 더 많은 양이 들어있다. 사포닌은 다량으로 사용하면 용혈작용.. 독성이 있지만, 인삼사포닌은 독성이 거의 없고 장기간 사용해도 부작용이 거의 없다. 인삼은 재배기간에 따라 사포닌 함유량이 다른데, 6년근에서 가장 균형이 있어 약효가 높다는 평가를 받는다.

인삼은 한국의 대표적 특산품으로 생활수준 향상과 건강기능식품에 대한 관심으로 그 수요가 늘고 있고, 해외수출 농산품 중에서도 인지도 높은 고부가가치 자원이다. 국내외에서 의약품과 건강식품의 상징이 되고 있다. 국내 인삼시장의 규모는 2015년 기준 1조 2,425억 원대를 넘어섰으며, 고려인삼에 대한 세계적인 인지도 또한 높아 년 1억 달러 이상을 수출하는 효자품목이다. 2013년~2015년, 3년간 농식품 수출액 1위! 앞으로도 건강에 대한 관심↑↑, 질병예방의 중요성에 대한 인식이 높아짐에 따라 인삼 제품의 수요가 계속 증가할 것으로 보고 있다. 참고: 전창곤(2013)

인삼은 고소득 밭작물로 수삼의 경우, 형태, 크기, 산지, 토양, 색깔 등 다양한 요인에 영향을 받는 것으로 나타난다. 김치와 함께 한국의 특산품 중 세계적 인지도가 가장 높고, 삼성경제연구소 '한국일등상품 10선'에 선정되는 등 대표 상품으로의 자리매김도 하고 있다. 그동안 오랜 재배역사와 축적된 재배 및 가공기술, 다양한 제품을 개발하여 인삼종주국으로서의 위상을 유지해왔다. 이러한 인삼은 조선시대 수백 년 전부터 국제 교역의 대표적 농산물로서의 가치뿐만 아니라 우리의 문화적인 상징성도 지니고 있다. 인삼이 지니는 세계적인 상징성과 이미지는 위 보고서에서 다음과 같이 요약된 바 있다; ① 한국을 대표하는 세계적인 건강식품, ② 해외 교역과 한국문화의 상징, ③ 대표적 수출상품으로 고소득 작물, ④ 의약품과 건강식품의 상징

현재도 농산물 무역 중 상대적으로 비중이 큰 농산물의 대표적인 수출효자 품목으로 자리매김하고 있다. 그동안 인삼은 농산물 중 대표적인 고소득 작물이면서 수출상품의 상징이 되어 왔다. 동양의학에서 가장 효능이 있는 '상약'의 상징이 되고 있으며, 대부분의 한의학 처방에서도 인삼이 포함되고 있다. 인삼은 농산품 단일품으로 수출 비중이 가장 높은 상품으로 인정받아 왔다. 인삼생산량은 1970년대 2천 톤 → 2009년 27,460톤으로 크게 증가하였는데, 주요 재배지역은 1 경기 → 2 충북 → 3 강원지역으로 이 3곳은 전체 재배 면적의 56% 정도를 차지한다.

인삼류 및 인삼제품류의 시장규모는 꾸준히 2011~2015년/연평균 4.4%↑ 성장

하는 추세에 있고, 마침내 2015년에는 1조 원을 돌파하는 기록을 세웠다. 이 통계에는 인삼, 수삼, 홍삼 등 모든 종류의 신선 인삼류와 인삼류를 원료로 하여 제조 및 가공한 일체의 공산품을 의미한다. 성장하는 시장의 추이를 잠시 살펴보도록 하자. 인삼 총생산액은 출하액 기준 2012년 1조 1,088억 원으로 국내농업 총생산액의 약 2.6%를 차지하였다. 그러나 2014년에는 약 8,764억 원으로 감소하였다가 2015년 1조2425억 원으로 급증하였는데, 그 이유는 2015년에 발생한 중동호흡기증후군 메르스 여파로 소비자들의 면역력에 대한 관심이 커졌기 때문으로 인삼류 · 인삼제품류 시장 보고서 분석되었다. 수출량도 비교적 규모가 커서 2010년에는 6,350톤이었고, 2012년에는 전체 농산물 수출액의 비중의 3.2%를 차지하여 상대적으로 높은 수준이다.

인삼류를 수출하는 국가 2012년 79개국에 이르고, 중국/홍콩/대만/일본 아시아 4개국 시장의 점유율이 전체 수출액의 78.1% 차지한다. 미국시장 포함 5개국 수출시장의 점유율은 85.9%에 이르고 있다. 2000년 이후 전체 인삼 수출액에서 홍삼류 수출액이 차지하는 비중은 60~80% 수준으로 나타나고 있다. 홍삼 중심의 수출은 중국/홍콩/대만.. 중국계 시장으로 전체 홍삼 수출액의 90% 이상이고, 인삼제품 중심시장은 일본, 미국, 캐나다, 베트남 등이다.

이상에서와 같이 인삼은 아주 중요한 자원으로 수삼 자체로 이용되는 경우 외 뿌리삼은 인삼차.. 식품, 인삼정.. 의약품, 캡슐, 인삼분, 액즙, 진액, 인삼음료 등으로 다양하게 개발되고 있다. 최근에는 인삼이 기능성 식품뿐만 아니라 기능성 화장품 원료로 이용되고 있어 고부가가치의 경제적 창출에 이바지한다. 인삼은 천연소재를 활용한 기능성화장품 개발에서 단연코 으뜸이 되는 핫한 재료이다. 인삼뿌리 발효추출물, 홍삼 가수분해 농축액을 주원료로 하는 항산화/항염증/양모효과.. 크림/마스크/팩.. 기능성화장품이 출시되고 있고 인삼의 성분이 첨단의약품 소재로 다양하게 활용되고 있다.

인삼 관련업계의 전문가들은 건강에 대한 관심이 증가하고 질병 예방의 중요성에 대한 인식이 높아짐에 따라 인삼 제품의 수요가 계속 증가할 것으로 내다본다. 하지만 국제 인삼시장의 구조변화가 빠르게 이루어지고 있어 향후 인삼시장의 미래가 그리 밝은 것만은 아니다. 홍콩.. 국제인삼시장에서 중국/미국/캐나다.. 외국 등과의 경쟁이 심화되고 있고, 가격경쟁력에서 열세로 나타나 시장점유율 확대나 새로운 시장개척에 한계가 나타나는 등 어려움이 예상되고 있다.

이러한 국제인삼시장의 구조변화와 함께 시장개방의 가속화, 중국의 인삼산업 육성정책 활성화 등 인삼산업의 대외적 환경변화가 일어나고 있어 이에 대한 대비를 하여야 할 것이다. 특히, 인삼산업에 대한 SWOT 분석에서 나온 최대의 장점이자 기회요인인 소비자의 건강, 웰빙에 대한 관심 고조와 향후 인삼소비량 증가를 잘 활용해야 할 것이다. 정부차원의 중장기 지원정책과 함께 인삼 원료의 고품질 건강식품 산업화와 최첨단 제약 산업화가 활성화 추세에 있어 인삼자원에 대한 수요와 시장이 확대될 것으로 전망된다.

II. 아로마테라피와 허브

아로마테라피 Aromatherapy

아로마테라피에서는 특정 식물자원이 지니는 향과 생리활성 성분을 이용한다. 이는 자연요법의 하나로 식물 고유의 향과 효능 있는 성분을 이용하여 심신의 균형을 꾀하고 치료효과를 유발하여 인체의 항상성유지를 목표로 한다. 많은 약용식물이 이용되는 아로마테라피의 역사는 석기/청동기 시대.. 고대로부터 지금에 이르기까지 인류문화 속에 동고동락하며 이어지고 있다. 아로마테라피의 기원은 자연의 식물로부터 시작하였는데 대부분 허브식물들이 지닌 독특한 향기가 특징적이다. 자연식물에 함유된 다양한 방향성분의 추출법이나 사용방법의 역사도 고대문명으로 거슬러 올라간다.

그림 4-11 에센셜오일

그림 4-12 에센셜오일

아로마테라피에서는 실제 에센셜오일이 직접 체내의 화학적 작용에 관여하는 생화학적 성분을 보유하고 있어 특정의 기관이나 시스템에 순차적으로 작용하는 것으로 판단한다. 이에 일부 학자는 치유효능을 가진 고농도의 천연 식물성 에센셜오일을 이용하는 아로마테라피를 생화학요법이라고까지 정의를 내린다. 에센셜오일이 인체에 작용할 때에는 약리적/생리적/정신적/심리적.. 여러 측면으로 작용하므로 에센셜오일과 신체의 상호작용 그리고 오일이 유발시키는 신체적인 변화를 중시한다. 하지만, 그 성분이 에센셜오일에 의한 것으로 어떤 식물에는 있고 왜 다른 식물에는 없는지에 대해서는 알려지지 않고 있다. 에센셜오일은 대부분의 경우, 농도가 매우 진하고 식물에 있어서는 없어서는 안 될 물질로 식물에센스 '식물호르몬' 또는 '식물혈액'으로 빗대어지며, 종자/잎/줄기/뿌리/꽃/열매/종자/수지.. 식물의 다양한 부분에 포함되어 있다.

※ *Wow*... 1920년대 투탕카멘의 묘 발굴당시 발견된 유향과 수지로 만들어진 kyphi 향의 냄새를 맡을 수 있었다고 한다. 투탕카멘 묘는 BC 1320년 세워졌으니 그 향이 무려 3천여 년 이상이나 유지되었다는 것!

※ 아로마테러피 어원: 향수업이 가업이었던 프랑스/화학자 가트포세가 1928년 처음 사용하였다. 화상 입은 손에 라벤더를 바르자 상처가 빨리 아물고 상흔이 거의 남지 않는다는 것을 알고, 에센셜오일의 치료효과에 관심을 가지게 되었음. 대부분의 에센셜오일이 화학합성이나 성분분리 없이 그대로 사용하는 것이 효과적이라는 사실을 발견한 사람이기도 하다.

또한, 아로마테러피에서 빼놓을 수 없는 주체가 바로 허브이다. 허브는 향기로 우리의 건강에 도움을 주는 식물자원으로 이들이 품어내는 천연의 향기는 단순히 코를 자극하는 것 이상으로 사람들에게 자신감을 갖게 하고 때에 따라서 순간적인 에너지를 발산하게도 한다. 특히 심리적으로 신경안정 또는 정신집중력 향상 등의 유익한 효과를 가져다준다. 방향성 성분은 단순히 기분으로 끝나는 것이 아니라 코.. 후각신경 → 변연계 뇌전달 → 감정/기억/호르몬분비.. 신체 직접적인 영향을 미친다. 이들의 사용은 단순히 향기를 맡는 행위로만 그치지 않는다. 향 성분이나 향을 생성하는 조직에는 병원체에 대한 내성이 있어 몸에 직접 사용하기도 한다. 많은 허브는 항세균성, 항바이러스성 특성이 있어 직접 사용하면 혈관확장이나 수축효과를 볼 수 있다. 즉, 인체의 기능 향상에 직접 또는 간접적으로 도움을 주는 효능이 있어 치료에 이용할 수 있다.

그림 4-13 허브

그림 4-14 허브류

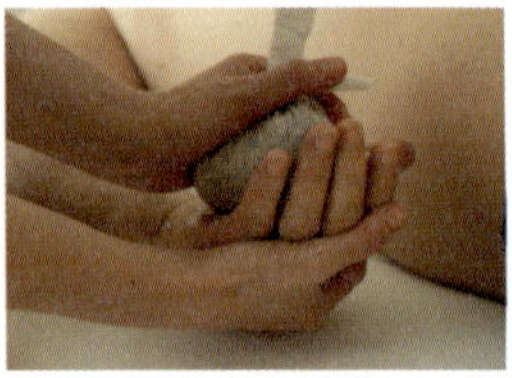

그림 4-15 허브마사지

이러한 아로마테러피에서 향기제품을 빼놓고선 발전방안이나 산업화를 이야기할 수 없을 것이다. 향기제품의 국내 시장은 자그마치 2조 5천억 원 규모이고, 매년 ~10% 크게 성장하고 있는 향 성분 활용분야이다. 얼마 전부터 힐링, 웰빙, 휴식에 대한 사람들의 인식이 재정립되고 보편화되면서 그와 관련된 시장도 활성화되고 있다. 아로마테러피-에센셜오일도 그 중에 하나로 세계적인 추세도 마찬가지이다. 전 세계 아로마테러피-에센셜오일 시장은 2017년 기준/~5조4927억 약 51억 달러 규모였고, 2024년에는 ~26조6천억 약 247억 달러 규모로 성장할 것으로 전망된다고 한다. 특히, 전 세계 시장의 35%를 점유하고 있는 아시아와 태평양 지역에서 40% 정도의 매출 상승이 있어 이 지역에 관심이 집중되고 있다. '워라밸'을 외치는 요즈음 잘 쉬는 휴식에 아로마테러피나 에센셜오일을 접목시키는 사람들이 점점 많아져 우리나라도 신장세를 보이는 나라에 포함되고 있다. 향 관련 시장은 국내에서 향후 더 커질 것으로 예상된다고 업계는 분석하고 있다. 하지만 고비용으로 수입되는 향 원료들도 적지 않아 외화가 낭비되는 측면도 없지 않다. 하루빨리 우리 고유의 향 좋은 특산 약용식물 종을 발굴하고, 지속적인 연구 개발로 새로운 컨셉의 향기제품을 출시하여 국내 소비는 물론 수출한다면 더할 나위 없이 좋을 것 같다.

허브 herb

그림 4-16 허브향신료

허브의 어원은 라틴어/herba '헤르바' → '푸른 풀'이란 뜻을 지니며, 그래서인지는 모르겠으나 허브를 연상하면 상쾌함, 건강에 유익함 등등의 긍정적인 단어들이 먼저 떠오른다. 하지만 허브의 중요한 자질은 뭐라 해도 그 기능으로 치료효과, 맛, 향기, 색채 등의 가치를 지니는 일종의 약용 식물자원을 의미하기도 한다. 웰빙 건강이 중시되는 오늘날 허브의 현대적 의미는 그 쓰임새와 특성에 따라 구분되어 약초용, 채소용, 향기용, 관상용, 독초 또는 마약허브 등으로 다양하게 나누어진다.

우리 주위에는 식물유래 향의 이름만 들어도 대략 우리에게 어떠한 영향을 미칠지 어느 정도 연상이 되는 허브식물들이 많이 있다. 유용한 방향성 허브식물들의 예를 들어보기로 하자; 라벤더-스트레스 완화, 장미-신경안정, 감귤류-상쾌함, 페퍼민트-기억력↑, 국화-숙면, 사과 향-혈압↓, 솔잎-편안함, 숲 향기-활력↑, 생강이나 마늘도 포함된다. 외국에서 언급되는 종류들로는 쟈스민, 시나몬, 로즈마리, 캐모마일, 타임, 세이지, 백단향, 몰약, 펜넬, 레몬밤, 마조람, 유칼립투스, 오레가노, 하이비스커스 등등 수없이 많다.

이런 허브식물들이 과학이 첨단으로 발달하고 있는 21세기에는 더 중요한 생물자원이 될 것이라는 전망이 대세이다. 첨단과학 및 의료기술의 결과물을 즐겨 사용하겠지만 그로부터 오는 심신의 폐해를 자연에서 찾으려는 인간 본연의 욕구를 천연의 허브식물에서 찾으려 하기 때문이다. 바쁜 일상으로 산이나 강으로 자주 가지 못한다면 손쉽게 접할 수 있으며 비싼 비용을 치루지 않아도 되는 대상이 바로 허브식물이나 허브제품들이 될 수 있다.

그림 4-17 라벤더화장품

허브식물들은 요즘 전 세계적으로, 그리고 우리 사회에서도 크게 사랑받으며 유행하고 있다. 이들을 이용한 허브제품 특히, 건강보조식품은 다양한 용도로 널리 판매되고 있다. 이중에는 단순히 건강증진을 위한 것뿐만 아니라 불안/불면증/우울증/알코올중독/치매.. 신경계 질환의 치료목적이 포함된 경우도 꽤 된다. 일부 허브제품은 만성피로, 비만과 같은 다른 질병의 치료에서 뇌 기능을 변화시키기 위해 쓰이기도 한다. 물론, 어떤 증상의 일부는 치료 없이도 시간이 지나면 회복되기도 하고, 또 많은 것은 심리적 요소가 다분히 개입되어 있어 병 치료에 허브제품의 효능을 입증이 어려운 경우도 많지만....

허브제품, 즉 건강보조식품의 종류와 대중성은 계속 확대되었고, 그 매출은 2009년도에 미국에서만 이미 50억 달러 이상에 달하였다. 가장 흔한 허브제품 중 하나인 은행잎 추출물은 다양한 질환의 치료에 추천된다. 특히 이 추출물은 기억 및 인지기능의 향상에 효과가 있는 것으로 보인다. 이 제품의 대중성은 은행나무 관련 제품의 여간 매출이 전 세계적으로 10억 달러 이상이고 미국에서만 1억 달러가 넘는다는 사실에서 알 수 있다.

최근에 편찬된 중국의 한방의서는 파킨슨병, 편두통, 죽상동맥경화증, 고지혈증 및 만성 기관지염을 치료하기 위해 은행잎이나 그 추출물을 복용하는 것을 권하고 있다. 서구에서 은행잎 추출물은 특히 노인의 기억 및 인지기능을 향상시키기 위해 주로 복용되고 있다. 은행잎 추출물이 원인에 상관없이 인지감퇴를 겪고 있는 사람과 노인의 기억 향상을 위한 건강보조식품이 되면서, 그 판매는 1990년대부터 크게 증가하였다.

그림 4-18 은행잎

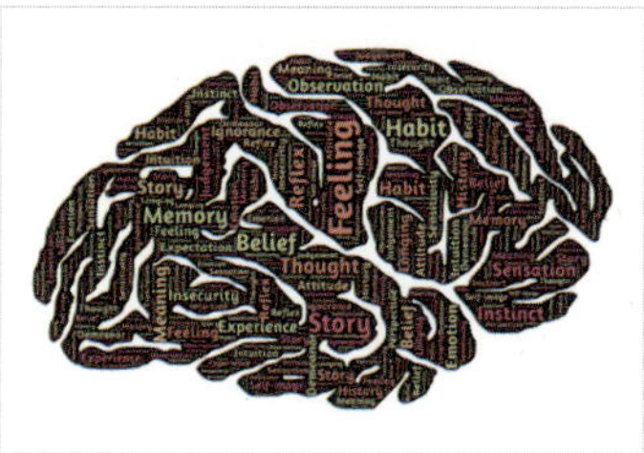

그림 4-19 뇌_기능

일본에서는 약용식물 재배가 산업으로 떠오르고 있어 농업현장에 활기는 물론 지역경제 활성화에 대한 기대감도 커지고 있다고 한다. 또한, 재배 장소인 허브농원은 관광객 유치에 도움이 되어 지역경제에도 도움이 되고 있다. 일본 의료계에서 한방약 수요가 늘어나면서 한방약 생산액은 2006년 1170억 엔 → 2015년/~1조6700억원 1670억 엔으로 증가하였다. 우리나라도 수준급의 약초원을 조성하여 이에 못지않은 가치를 창출하여야 할 것이다.

2018년 최근 우리나라의 화장품 제조업체인 2014년 설립된 신생기업 C 회사가 S대 약대와 업무협약을 맺고 1,300여종의 한국자생식물 천연 약용식물 DB를 활용한 화장품과 의약품 개발에 나선다는 소식이 들려 왔다. 산학 연계로 자생하는 식물자원 효능 발굴 및 향후 고부가가치 제품에 성공하여 경제적 가치 창출까지도 계획하는 협업체제이다. 이처럼 약용식물에 대한 관심이 지대한 요즈음, 각 국은 천연물의 탐색과 생리활성물질의 연구, 의약품 개발, 임상응용 등에 대한 연구에 많은 노력을 기울이고 있다. 이와 같이 의약자원으로서의 식물은 현대 약품의 제조 원료가 되는 식물을 포함하며, 식물성 생약의 기원이나 자원이 되는 식물 및 건강식품의 원료가 되거나 나아가 인류보전 향상을 위해서 이용되고 있다.

특정 치료효능을 갖는 기능성 약용식물들은 인류건강의 upgrade에 지대한 영향을 미친다. 최첨단 의료기술의 발달과 건강에 대한 사람들의 인식은 높은 차원으로 변화하고 있다. 더욱이 보건향상을 위한 약용식물의 수요 및 생산은 시대적 흐름에 부응하여 증가 추세에 있으므로 고부가가치의 특수 약용식물의 재배는 첨단의 과학기술과 손잡은 경제작물 분야로 적극 육성하여야 할 것이다. 일부 기관에서 진행하고 있는 비만/당뇨/고지혈증.. 대사질환에 치료효능을 갖거나 항체나 백신 생산용 작물에 대한 연구를 통해 4차 산업혁명의 핵심인 초연결성 시스템으로 스마트팜/smart farm 공장화된 미래형 약용식물 재배에 대비할 필요가 있다.

Chapter

05

버섯자원:

약용버섯과 유용성분 - 약용버섯이야기, 신비의 동충하초 등

21세기는 과학/공학/의학.. 첨단기술의 발달로 인류의 삶이 편리하고 풍요로워져 평균수명을 넘어 기대수명 100세 시대를 바라보는 시점이 되고 있다. 특히, 의학기술의 발달은 몇몇 난치병들을 치료 가능한 단계로 접어들게 하고 있고, 이를 위한 연구와 약 개발은 계속되고 있다. 그런 가운데에도 새로운 질병은 계속 출현하고 있고 인류는 여전히 수많은 질병과 싸우는 중이다. 공포의 대상은 바로 암이다. 전 세계적으로 암 정복을 위한 연구과 노력은 오랜 기간 이어져왔지만 아직 정복되지 않은 상태! 이에 사람들은 암세포증식 억제 또는 면역력증진을 비롯한 여타 효능의 유용물질을 지닌 생물자원을 찾으려 부단히 노력 중이다. 그 대상이 바로 생리활성물질을 지닌 버섯들로 사람들은 이들 약용버섯에서 그 답을 찾으려 하고 있다.

이러한 동향과 더불어 일반에서는 생활수준의 향상과 건강에 대한 관심이 높아지면서 건강기능 증진과 관련된 생물자원이 집중적인 조명을 받고 있다. 특히, 생물자원 유래 천연의 성분들이 큰 인기를 끌고 있는데 그 중 하나가 약용버섯이 갖는 유용한 물질이다. 버섯은 BC 오래전부터 식용 혹은 약용 등의 목적으로 사용돼왔으며, 한때는 식물로 취급되어 '음지식물의 여왕'이라는 별칭을 얻은 바 있다. 전 세계적으로는 ~5,000종 추정 몇천 종이 있고, 우리나라에는 1,150여종이 자생하는 것으로 알려져 있다. 버섯은 무기질, 다당류, 비타민 등을 다량 함유한 반면, 지질의 함량은 낮은데, 최근 일부 버섯의 면역증강, 항암활성, 항산화작용 등의 뛰어난 효능이 밝혀지면서 건강기능식품 소재로 큰 인기를 얻고 있다.

버섯은 고등한 균류에 속하는 곰팡이 일종으로 육안으로 식별할 수 있는 갓+자루 자실체를 갖는다. 대부분의 경우, 습하고 빛이 잘 들지 않는 어두운 곳이면 비교적 쉽게 자라고, 자실체에는 버섯의 증식에 관여하는 생식세포 포자들이 들어있다. 하지만 독립적으로 영양분을 만들지 못해 다른 생물체에 기생하거나 사체에서 분해자 역할을 하며 살아간다. 버섯의 생장에 필요한 양분은 영양기관 균사가 숙주에 기생하여 얻는 여러 유기물질을 효소로 분해하여 섭취한다. 또한, 버섯이 분비하는 섬유소/리그닌 분해효소.. 효소의 강력한 분해 작용은 자연계 물질순환에서 산림 생태계의 1차 소비자이자 분해자 역할에서 매우 중요한 위치를 차지하게 한다. 하지만, 일부는 동물 혹은 식물에 기생하여 질병을 일으키기도 한다. 예를 들어 동물의 각종 피부병, 벼/보리/밀.. 곡물의 붉은곰팡이병, 나무 기생으로 숙주 고사나 싱싱한 목재를 썩게 만드는 등 자연과 인간에게 큰 손실을 주기도 한다. 이처럼 분해자로 병을 일으키는 원인이 되기도 하지만 식용 및 약용의 가치도 많기 때문에 해로운 점보다는 유익한 점이 많아 인간에게 이로운 생명체이다. 버섯은 풀/초본/나무.. 식물체 분해 → 토양을 비옥하게 하거나 오물을 정화하기도 하고, 또 어떤 버섯은 다른 생물과 공생함으로써 서로 이익을 주고받는 관계를 형성하는 등 버섯의 역할은 그야말로 변화무쌍하다.

그림 5-1 독버섯

그림 5-2 송이버섯

인류는 기원전부터 버섯을 숲속의 산림자원이나 식량 및 약용자원에 이르는 용도로 다양하게 이용해왔다. 이들이 지닌 독특한 향과 맛, 영양가치 때문에 대부분 널리 상용되나, 일부는 목숨을 앗아가는 독버섯으로 두려움의 대상이 되기도 하였다. 버섯은 고단백의 저칼로리 식재료이면서 식이섬유, 비타민, 칼륨/인산/철/아연.. 무기질 등 유용한 성분이 풍부한 건강식품 자원이다. 종류에 따라 가지고 있는 성분도 가지각색인데 대표적으로 식이섬유와 비타민, 효소 등이 들어있어 옛날부터 건강식품으로 이름나있다. 특히, 높은 단백질과 적은 콜레스테롤, 낮은 포화지방을 지닌 버섯류는 고기 대체식품이 될 수 있어 식이요법 시 훌륭한 식재료가 된다. 이들의 풍부한 식이섬유는 과식을 억제하기 때문에 칼로리↓/포만감↑ 최적화된 다이어트 식품으로 평가된다. 식이섬유가 ~40% 다량 들어있으면 장내 유해물/노폐물/발암물질.. 찌꺼기 배설 및 청혈효과가 있고, 에르고스테롤이 있으면 햇빛의 자외선이 비타민 D로 바꾸어 腸內 장내 칼슘흡수를 돕는 작용을 한다. 또한, 버섯의 생리활성물질은 면역력↑ → 감염/암 예방, 혈행

개선 → 건강 증진/유지에 도움을 준다.

※ 버섯의 성분: 대표적 향 성분으로는 lenthionine 렌티오닌을, 맛 성분으로는 글루타민/글루탐산/알라닌.. 아미노산을 손꼽는다. 식용버섯의 주성분은 70~95% 수분과 5~30% 유기 및 무기성분이나, 건조시키면 15~30% 단백질, 2~10% 지방, ~50%/가용성 무기물, 5~10%/crude fibers 조섬유, 칼륨/인산/석회.. 무기질을 포함한다. 맛 좋은 식용버섯에는 대개 아미노산, 마니트, 트레할로오스 등이 많이 들어 있으며, 여러 V.B2/V.D 비타민류와 효소도 있어 대표적인 알칼리식품으로 인정받고 있다.

근래에는 가장 사랑을 받는 표고를 비롯한 일부 버섯류에 혈액 내 콜레스테롤 축적 억제성분이 있다는 것이 의학적으로 밝혀져 고혈압 예방효과가 기대되고 있다. 이와 함께 여러 종류의 버섯에서 항암 혹은 制癌物質 제암물질을 찾는 연구가 활발히 진행되고 있어 약용자원으로서의 가치를 갖는 잠재성 있는 미래의 자원으로 전망된다. 아래에서는 버섯의 많은 역할가운데 인류에게 유익함을 가져다주는 약용자원으로서의 역할에 초점을 두어 설명하고자 한다.

I. 약용버섯이야기

버섯은 아주 오랜 옛날부터 민간요법으로 사람들의 병 치료에 이용되는 자원이었음은 부정할 나위가 없다. 하지만 과학적인 방법으로 그 효능이 입증되거나 약으로 개발되어 암이나 치료하기 힘든 질병에 활용되기 시작한 것은 그리 오래되지 않았다. 일반적으로 버섯에는 항염증효과가 있는 베타글루칸이 풍부하게 함유돼 있어 여러 당뇨/고혈압/심장병.. 질병으로부터 인체를 보호해준다고 알려져 있다. 역사적으로 중국에서는 버섯을 불로장수의 영약으로 이용해 왔고, 고대 그리스와 로마에서는 '神 신의 식품'이라고 극찬하기도 하였다. 우리나라도 예외는 아니어서 예부터 버섯을 많이 이용하였고, 근래에는 식용 및 약용버섯의 인공재배가 크게 발달하고 있다.

일반적으로 버섯에 있는 베타글루칸은 면역기능 활성화와 항종양작용이 높고, 건강을 위해 섭취하는 약용버섯은 많은 경우 성인병 예방 또는 항암 및 면역증진 효과가 있는 성분들을 지닌다. 이들은 여러 가지 용도로 쓰였지만 주로 항암, 항염에 관련해서 큰 효과를 보이기 때문에 암 관련 약품으로 많이 만들어진다. 인체에 강한 활성이 있는 여러 유용성분을 함유한 대표적 약용버섯으로는 동충하초, 차가, 상황, 영지, 표고, 운지, 치마버섯을 들 수 있다. 이들 약용버섯의 영양가와 뛰어난 약리적 효능이 의학 및 과학적으로 속속 밝혀지면서 그 수요 또한 크게 증가하는 추세이다. 이들 약용버섯은 식품과 음료는 물론 약품 및 신약개발에서 훌륭한 재료로 이용된다. 약용버섯의 뛰어난 생리활성 항암/면역↑.. 효과는 대부분 그들이 지니는 다당류에 의한다. 예를 들어 동충하초-코디세핀, 차가 및 영지버섯-베타글루칸, 운지버섯-크레스틴, 표고버섯-렌티난, 치마버섯-시조필란 등은 항암제나 면역화학요법제 혹은 면역부활제 등으로 직접 이용된다.

동충하초

동충하초라는 버섯 명칭은 '겨울에는 벌레이던 것이 여름에는 식물처럼 된다'는 변화에 기인하여 이름이 붙여졌다. 귀한 약재로 쓰여 왔고 불로장수의 명약으로 취급하는 기이한 버섯이다. 각종 곤충에 기생한 동충하초균은 숙주를 죽이고 자실체를 낸다. 숙주 곤충의 사체에서 발달하는 자실체는 머리+줄기 2부분으로 구성되며, 머리 부분은 불룩해져 공, 줄, 원기둥, 곤봉모양 등이 된다. 숙주는 매미류, 나비류, 벌류를 비롯한 딱정벌레류/메뚜기류/거미류.. 다양한 곤충들에 기생한다. 이와 관련해서는 다음의 '신비의 동충하초' 부분에서 자세히 설명된다.

차가버섯

그림 5-3 차가버섯

'약용버섯의 왕'이라 불리는 차가버섯이 건강기능식품/의약.. 업계 및 세간의 주목을 받고 있다. 극한 자연이 빚어낸 천연의 항암제라는 말을 듣는 버섯으로 죽은 나무나 부식질 섞인 비옥한 흙 부식토에서 자라는 일반 버섯과 달리 유일하게 살아있는 나무에서 자생하는 버섯이다. 포자로 번식하는 보통 버섯과 다르게 자작나무가 외부에서 침투하는 바이러스와 싸우는 과정에서 생기는 독특한 버섯이다. 시베리아/북유럽.. 북위 45도↑ 극한 추운지방의 자작나무에 기생하는 약용버섯으로 암과 성인병 치료에 효능이 뛰어나다. 바이러스에 의한 숙주 착생으로 목질과 수액, 플라보노이드.. 영양분을 흡수하여 먹고 서서히 자란다. ~10년 성장 후 자작나무 껍질 바깥으로 돌출하고, 돌출 후에도 10~20년↑ 길게 더 성장하는 것으로 알려져 있다. 대개 15~20년 오래 자란 큰 자작나무에 기생하여 짙은 흑갈색 악성종양 자작나무혹을 생성하는데, 이 덩어리가 바로 차가버섯이다. 흑색 겉면의 열악한 환경에 견디기 위해 만들어진 균사의 딱딱한 덩어리 균핵은 검게 탄 모양으로 거칠고, 내부는 황갈색 목질로 코르크 비슷한 특징을 지닌다. 차가버섯에 영양분을 빼앗긴 자작나무는 그 수명을 다하지 못하고 죽어간다.

모든 차가버섯이 항암제로 쓰이는 것이 아니라 수령 15년↑/중심두께 10㎝↑/수분함량 14%↓/60℃↓건조 일정한 조건 갖춘 1등급만 약용으로 사용된다고 한다. 차가버섯은 높은 고도에서 서식할수록 혹독한 환경에서 성장하기 때문에 영양분이 응축되고, 인체 생리작용으로는 면역력↑ 및 항산화, 간 기능보호, 혈당완화, 항염증작용 등이 알려져 있다. 이런 약리적 효능의 핵심에는 다당류의 일종인 β-glucan 베타글루칸이 있다. 베타글루칸의 대표적 기능은 면역↑작용으로 버섯류를 비롯한 효모의 세포벽이나 곡류 등에서도 발견된다. 인체에서는 세포의 면역기능 활성화 → 암세포의 증식과 재발 억제, 혈당과 혈중 콜레스테롤↓, 지질대사 개선 → 체지방 형성과 축적을 억제하는 것으로 보고돼 있다.

함유 성분 중 특히 베타글루칸이 다른 버섯에 비해 월등히 많다. 풍부한 베타글루칸으로 최고의 항암효과를 자랑하는데 현재 많은 사람들이 암을 이겨내기 위해 차가버섯을 복용한다고 전해진다. 대표적으로 러시아에서는 ~16세기 수백 년 전부터 불치병을 치료하는 영험한 약으로 전해내려 왔으며, 현재 공식적인 암 치료용 약재로 인정받고 있다. 1955년/모스크바 의약청 이미 수십 년 전에 항암치료제로 공식 승인되어 모든 소화기암 치료에 이용하고 있다. 일본에서는 신뢰 있는 국립감염증연구소 국립기관의 연구에 의해 차가버섯이 항에이즈 작용과 식중독 O-157균도 제어할 수 있음이 밝혀져 있어 상황버섯의 7~8배 높은 가격으로 거래되는 버섯 종류이다. 차가버섯을 특수 천연물질로 분류한 미국에서는 미래의 식품으로 우주인들이 먹는 상비식품으로 이용하려는 계획을 가지고 있다.

베타글루칸 이외의 플라보노이드를 비롯한 다른 트리터피노이드/알칼로이드.. 유용한 함유물질들도 항궤양과 제암, 항에이즈, 소화기계 암의 면역활성↑ 기능이 있고, 카테킨 성분은 당뇨에도 특효가 있는 것으로 알려져 있다. 하지만 가장 관심을 받는 것은 베타글루칸 함량! 물질대사를 활발하게 하고 항암작용을 한다는 이들 저분자 다당체를 다량 함유하여 이들과 관련된 항암이나 항산화작용, 면역강화 등과 관련해 많은 연구가 진행 중에 있다. 특히 이들 다당류 성분은 부작용 없이 면역체계를 활성화시키고, 암세포의 cell death 자멸사를 유도하기 때문에 말기 암환자의 치료에 매우 효과가 높다고 한다. 풍부한 미네랄 성분 또한 강력한 항산화작용을 하여 활성산소 제거에 효과적이다. 차가버섯이 지닌 각종 미네랄 성분은 복합체 형성 → 세포 내 효소활동 활성화 → 肝 간 부담↓ → 간 기능강화에 탁월한 효과를 보인다고 한다.

영지버섯

그림 5-4 영지버섯

활엽수 뿌리 주변 혹은 나무 밑동에서 여름~가을 자라는 1년생 버섯으로 자실체는 니스 같은 분비물이 나와 광택이 난다. 광택이 없고 흙먼지를 덮어쓴 것처럼 보이면 포자가 표면으로 나온 것이다. 영지버섯은 세계적으로 분포하며 1970년대 일찍이 인공재배에 성공하여 1980년대부터 인공재배법 개발로 생산되고 있다. 자양강장의 효과가 있어 옛날부터 한방의 약재로 이용되어 왔으며, 근래에 밝혀진 우수한 약리적 효능으로 전국적인 재배가 이루어져 널리 퍼지고 있다.

영지버섯은 상황버섯과 마찬가지로 베타글루칸 및 테르펜 성분이 다량 함유 되어있어 기 언급된 항암작용을 한다. 여러 암과 관련된 연구가 진행 중에 있으며, 실제 동물실험 등에서 이미 영지버섯이 암세포의 성장 억제 및 증식 억제효과를 보인다는 결과가 보고된 바 있다. 그리고 성인병에도 탁월한 효과가 있어 혈압조절, 혈관청소, 세포재생을 도우며 병을 예방하거나 그 진행을 억제한다. 특히, 다량 들어 있는 불포화지방산이 혈액 내 노폐물 제거작용을 하여 고지혈증/동맥경화/고혈압/협심증.. 혈관계 질환 예방과 개선에 도움이 되는 것으로 알려져 있다. 이와 함께, 천연의 섬유질로 키틴질과 노화를 방지하는 핵산물질을 비롯한 유기산/아미노산/에르고스테롤/마니톨/베타인.. 여러 가지 유용한 성분들이 포함되어 있다.

주요 성분은 베타글루칸 복합다당류, 수용성 단백질, 알칼로이드, 핵산, 칼슘/칼륨/인.. 무기질 등으로 강한 苦味/고미 쓴맛이 각종 생리활성을 나타내는 성분이다. 영지버섯 복합다당류는 비특이적 면역↑과 암 억제작용을 하는 전문용어로 'Interferon Inducer 인터페론 인듀서' 라고 불리는 면역력↑ 리보핵산 활성성분이다. 영지버섯의 인체작용으로는 淨血 정혈, 해독, 항암, 심혈관질환 등에 약리작용이 있어 약제로 널리 이용된다. 시중에서는 음료, 인스턴트 식품, 건강기능성 보조제 등으로도 쓰이고 있다.

영지버섯의 장점은 여기에서 끝나지 않는다. 중량 당 ~35kcal/100g 열량이 낮아 버섯 달인 물을 꾸준히 마시면 신진대사↑, 기초대사량↑, 지방분해 효과가 있어서 다이어트나 비만예방 그리고 스트레스 완화에 일조를 한다. 끝으로 요즘처럼 공기의 질이 나빠 미세먼지 경보 또는 주의보를 자주 접하는 경우, 기침/천식/비염/기관지염.. 호흡기질환에 많이 노출될 수 있는데 영지버섯 달인 물을 꾸준하게 마셔주면 인체면역력이 높아져 질환 예방에도 도움이 된다.

상황버섯

그림 5-5 상황버섯_미성숙

그림 5-6 상황버섯_성숙표면(포자)

뽕나무/자작나무/참나무/밤나무.. 늙은 고사목에서 주로 기생하는 버섯으로 황색~갈색을 보이는 상황버섯은 다양한 모양으로 형성되며, 진흙 덩어리 같은 형태를 띠는 여러해살이 버섯이다. 야생에서는 오염되지 않은 지역에서만 자라는 희귀한 종류였으나 2004년 인공재배에 성공하여 시판되는 특용작물이다. 예부터 이로운 효능이 알려져 식용보다는 약용으로 많이 사용되며, 약으로 달인 추출물은 연노란~노란색 맑고 담백하며, 순한 맛에 향이 없는 것이 특징이다. 좋은 상황버섯은 조직이 단단하고 2년 이상 자란 것으로 수차례 우려내도 찌꺼기가 없는 것이다. 항암작용과 면역기능, 항산화효과가 뛰어난 약재로 여겨져 국내에서 대량 재배되고 있다.

약용버섯의 대부분에는 베타글루칸이 들어 있지만 식품의약품안전처 건강기능식품 원료로 인정한 것은 상황버섯, 영지버섯, 표고버섯과 효모의 베타글루칸으로 알려져 있다. 베타글루칸이 풍부한 상황버섯 또한 암세포의 성장을 억제하는 항암효과를 비롯해 NK세포 면역세포 활성화 → 면역기능 개선 → 암 증식/재발 억제 → 항암치료 중 생길 수 있는 부작용을 예방한다. 또한, 혈관 건강은 물론 혈압↓, 인슐린분비↑ 효능이 있어 당뇨 발병을 낮추고 그로 인한 합병증을 예방한다. 혈관의 저밀도콜레스테롤 LDL 수치↓ → 심장병 위험↓, 성인병 대사증후군 예방에도 비중 있는 역할을 한다. 이처럼 약리효과가 큰 것으로 알려져 다양한 요리에 이용되기도 하나 주로 쓰이는 것은 약재로서의 애용이다.

상황버섯의 풍부한 섬유질은 체내 장기들을 활성화시켜 소화가 잘되게 도와 한방의 동의보감/향약집성방 고서에서는 그 약용가치를 극찬한 바 있다. 하지만 자실체에 있는 agaric acid 독성물질이 중추신경계 자극 → 심한 구토/설사 유발할 수 있고, 함부로 먹으면 폐질환 원인 건강을 해칠 수 있어 식용은 삼가도록 해야 한다. 이런 상황버섯 추출물을 원료로 하여 약 개발에 성공한 사례도 있다. 바로 자실체 균사체를 대량 배양 → 단백다당체 성분 추출 → 상황버섯의 약리적 효능 제품화에 최초로 성공한 '메시마' 의약품이다. 이는 상황버섯의 함유 성분으로 하여금 인체의 면역계를 활성화시켜 암과 싸우게 하는 항암 면역기능 증강제이다.

흥미로운 것은 상황버섯의 베타글루칸이 암세포에 특히 독으로 작용 → 재생과 증식을 억제하며, 특히 간암과 소화기계 암에 효능이 있다고 한다. 일반적으로 대부분의 의약품은 경구섭취 시 체내 흡수된 후 혈관을 통해 운반되어 약효를 나타내나, 상황버섯의 고분자 다당체는 경구섭취 시 소장에서의 흡수가 불가한 거대 고분자이다. 그럼에도 불구하고 면역↑효과를 나타낸다니... 특이하게 활성화된 면역세포들이 체내를 돌아다니면서 면역증강 기능을 수행하는 것으로 보인다. 이와 관련된 흡수 및 작용기전에 대해서는 아래 참고를 보기 바란다. 이런 상황버섯을 섭취할 때 주의할 점이 있는데, 이는 바로 상황버섯 달인 물을 페트병에 담지 않아야한다는 것! 상황버섯이 암세포에 특이하게 작용하여 용해하는 것처럼 페트병/발암물질 플라스틱 용기의 유해물질도 녹여낼 수 있어 주의해야한다고 알려져 있다.

※ 참고: 소장은 대부분 microvilli 미세융모로 이루어져 흡수기능을 수행하지만 일부는 돔 형태의 Peyer patch 파이엘 판으로 되어 있다. 파이엘 판을 피복하는 세포는 흡수성 상피세포가 아닌 M cell Microfold cell로 이루어져 있다. 대부분 영양소는 미세융모를 통해 흡수되나 분자량이 큰 다당체는 융모를 통해 흡수되지 못한다. 그 대신 이들은 파이엘 판의 M cell을 통해 흡수되어 장내로 들어가게 된다. 인체의 면역세포들은 이렇게 흡수된 다당체들을 non-self 비자기 병원체로 인식하여 공격할 태세를 갖추며 이는 면역세포들의 활성화로 이어진다.

운지버섯

그림 5-7 운지버섯

침엽수/활엽수 나무 밑동이나 고목에 기왓장처럼 겹쳐서 무리지어 1년 내내 발생하며, 표면엔 흑색~녹색 등의 색을 지닌 고리무늬가 만들어진다. 죽은 나무에서 자라나는 목질의 버섯으로 구름의 형태를 띠어 운지버섯이라는 이름을 붙였다. 매우 단단한 질감의 버섯으로 식용에는 적합지 못하고 끓이거나 달여 섭취한다. 하지만 독성분이 들어있을 수 있어 자연에서 채취하여 식용하기보다는 유용성분 추출 가공한 것을 이용하는 것이 좋다. 여러가지 항암작용을 하는 성분이 있어 항암제 및 강장제로 만들어 사용한다.

최초로 발견된 항암버섯으로 바로 이 버섯에서 첫 항암물질인 글루칸 일종/krestin 크레스틴이 발견되었다! 일본에서는 운지버섯에서 추출한 성분으로 개발한 신약 '크레스틴'이 현재 항암치료제로 상용화되고 있다. 다양한 효능 가운데 특히 크레스틴의 항종양작용과 풍부한 인터페론 성분은 면역력↑ 작용에 도움을 주고, 종양세포 증식 억제율이 100%에 가깝게 높게 나타난 연구결과도 보고된 적이 있다. 운지버섯이 많은 효능을 갖고 항암치료에 좋은 이유는 바로 이들이 지니는 다량의 글루칸 다당체 성분 때문이다. 운지버섯 열수 추출물은 NK세포의 세포독성과 호중구를 활성화시킴으로써 암세포의 성장을 억제하는 것으로 알려져 있다.

운지버섯의 글루칸은 항종양제 주성분인 polysaccharide K PSK로 고가의 의약품으로 개발되어 있다. PSK는 암세포를 직접 죽이지는 않지만 간접적으로 면역력 증가 → 암세포 제거 → 부작용 없는 천연의 생체활성 조절물질로 여겨진다. PSK는 인체 면역력↑ 성분으로 정상세포에는 독작용이 거의 없고 암세포에 선택적 세포독성 작용 → 성장 억제하고, 대식세포 자극 → 면역체계 활성화시킨다는 것이 장점으로 작용한다. 버섯의 다당체는 대개 수용성이나 소화가 잘 안되어 위+장.. 소화기관에 오래 머물며 부교감신경계+면역계 인체 주요기관에 약리적 자극을 주는 것으로 추정된다. 이로 인해 T세포.. 림프구↑, 면역력↑ → 노폐물배출, 혈관정화, 변비개선 등의 결과를 불러온다는 것이 최근 연구에서 밝혀졌다.

운지버섯 추출물은 인체의 면역력↑ 작용으로 항암치료 부작용 후유증을 줄일 수 있을 뿐만 아니라 간세포 손상 억제작용으로 만성적 간질환에 우수한 효능을 보이는 등 간 기능개선에도 관여함이 밝혀지고 있다. 알려진 또 다른 기능으로는 혈중 콜레스테롤과 중성지방 제거로 혈관 관련 동맥경화/고혈압/협심증/심근경색/뇌졸중.. 질병 예방은 물론, 혈당↓작용으로 당뇨 예방도 있다. 최근, 국내의 한 H신약 제약회사는 운지버섯 등을 7종의 약용버섯 혼합한 면역활성 특허물질로 만든 아멕스7 신약을 상용화된 약품으로 출시하였다. 현재 구름버섯은 식용으로 차를 끓여 마시기도 하고, 식품으로 마시는 음료수로도 개발하여 시중에서 팔고 있다.

치마버섯

1년 내내 자라는 나무를 분해하는 성질 부후성 버섯으로 고사목 또는 살아 있는 나무에 무리지어 발생한다. 매우 질긴 조직으로 되어 있고, 부채꼴 또는 치마모양 갓의 일부가 기주에 부착한 상태로 생활한다. 대표적 효능은 항종양과 면역 활성작용이며, 항균기능과 만성피로증후군에도 효과가 있음이 알려져 있다. 중국과 멕시코에서는 전통의약 민간요법으로 이용되는 버섯이며, 식용 여부는 나라에 따라 상이하다. 생식을 하면 구강/목구멍.. 비정상적인 종양들이 생길 수 있어 삼가야 한다는 이야기도 있어 주의를 요한다.

치마버섯의 대표적인 성분은 베타글루칸 일종인 schizophyllan lentinan 시조필란으로 버섯 배양액에서 추출한다. 1986년 의약품 개발로 이어져 시조필란 이용 → Sizofiran Injection 항악성종양 주사약으로 제조되어 자궁경부암/위암/폐암.. 암 치료에 항종양제로 이용되고 있다. 기타 약리작용으로는 탁월한 면역력 효과로 자양강장을 들 수 있으며, 치마버섯의 글루칸 특허성분은 보습, 피부노화 방지, 손상된 피부치료, 피부미백 등의 기능성 화장품 원료로 쓰인다. 이외에도 산업현장에서 폐수 탈색과정과 관련 환경적으로 활용하려는 연구도 진행되어 향후 치마버섯의 활용은 여러 방면에서 기대되고 있다.

표고버섯

그림 5-8 표고버섯

우리나라에서 생산량이 가장 많은 버섯으로 열량이 비교적 높고 단백질과 비타민 함량이 많아 동양인이 선호하는 특산물 중 하나이다. 표고버섯의 남다른 풍미/식감/영양가치/효능.. 특징으로 인해 근래에는 서양인들도 많이 찾고 있다. 표고버섯은 20~25년생/밤나무/상수리나무.. 활엽수의 죽은 줄기나 가지에 자라는 것으로 야생에서는 물론 인공재배에 의한 생산량도 매우 많다. 인공재배 시 너무 어리거나 오랜 수령의 나무는 좋지 않다고 한다.

중국에서는 옛날부터 많이 연구되었고 오랫동안 불로장수의 비약으로 귀중히 여기는 버섯이다. 중국 고서에는 "표고를 먹으면 생기가 솟으며, ~ ~ 血行 혈행을 좋게 하며 전신을 힘차게 한다."는 효능이 기재되어 있다. 현대 들어 과학적으로도 약리적 효능이 증명되어 인기가 한층 더 높아지고 있다. 표고버섯에는 V.B1/V.B2 비타민이 채소의 2배가 될 정도로 풍부할 뿐만 아니라 혈중 콜레스테롤을 저하시키는 에리타데닌/eritadenine 성분이 있어 혈압↓, 고혈압, 동맥경화 등의 예방에 좋은 재료가 된다. 표고의 향미 감칠맛은 핵산계열 조미료성분 구아닐산에서, 향은 렌티오닌에서 오고, V.D 전구물질 에르고스테롤이 다량 있어 자외선 노출 → 비타민 D 전환 → 체내 칼슘흡수↑ → 튼튼한 뼈를 갖게 한다. 또한, 표고에는 칼륨 등이 많이 들어 있으며, 암세포의 증식을 억제하는 lentinan 렌티난이 들어 있다. 면역증강과 간 기능에 도움이 되는 2가지 기능을 인정받았으며, 특히 면역증강을 통한 항암효과로 가장 먼저 주목을 받았다. 1980년대 이미 일본에서는 표고버섯에서 정제한 렌티난 주사가 항암제로 개발되기도 하였다.

그림 5-9 건조 표고

육질이 질겨 건조 저장할 수 있고, 건조시키면 표고버섯 특유의 향미가 더 생긴다. 건조 표고버섯의 특징은 맛과 향이 일반버섯보다 증가하고 햇빛의 자외선에 의해 비타민 D 함량 증가하여 장기간 저장에 적합하게 된다. 건조 중량으로는 ~60% 당질, ~18.7% 단백질, ~1.7% 지질, ~4.8%/칼슘/인/칼륨/철분.. 무기질, 섬유질, V.B1/V.B2 비타민, 나이아신 등의 성분으로 다음과 같은 많은 효능이 잘 알려진 상태다. 여러 보고서 및 연구들에 의해 밝혀진 결과들을 정리하여 열거해보면, 1 항암/항종양(렌티난에 의한 작용), 2 혈압↓/혈중 콜레스테롤↓, 3 Interferon/면역증강물질 인터페론 생성 촉진, 4 당뇨/비만/동맥경화/고혈압.. 성인병 예방 및 개선, 5 튼튼한 장기, 6 그루병 예방 및 빈혈치료(∵ Ergosterol → 햇빛 자외선 → 비타민 D2 → 칼슘 흡수/이용 촉진, 튼튼한 뼈와 치아, 골다공증 예방), 7 항바이러스성(레티난: 면역세포 증식/분화촉진 → 면역력↑) 효능 등이다.

※ 참고: 미국심장학회에서 발표한 자료에 의하면 HDL 고밀도지방단백질 콜레스테롤↑, LDL 저밀도지방단백질 콜레스테롤↓ 작용의 10대 음식 가운데 1순위로 표고버섯이 선정된 바 있다.

II. 신비의 동충하초 vegetable worms

冬蟲夏草 동충하초라는 이름이 말하듯이 겨울에는 곤충의 몸에 있다가 여

름에는 풀처럼 나타난다는 독특한 형태의 버섯이다. 동충하초균은 곤충의 몸에 침입하여 죽게 한 다음 그 곤충의 영양분을 먹고 자라 자실체를 형성한 것이 바로 동충하초 버섯이다. 지금까지 곤충에 침입하는 동충하초균은 ~800종 추정 수 백여 종으로 세계적으로 널리 분포하며, 우리나라에는 누에/번데기/큰매미/나비/나방/노린재/잠자리/메뚜기/벌/개미/풍뎅이/벌동충하초.. 80여종 이상의 다양한 곤충에서 발생하는 것으로 알려져 있다. 오늘날, 동충하초란 명칭은 곤충이나 절지동물, 균류 또는 고등식물의 종자에 기생하는 모든 균류를 총칭한다. 기생하는 곤충에 따라 같은 곤충일지라도 유충과 성충을 침입하는 동충하초의 종류가 다른 경우도 있어 앞으로 연구할 점이 많은 신비로운 버섯이라 할 수 있다.

그림 5-10 동충하초_인공재배

예로부터 매우 유용하게 쓰이고 있는데, 한방의 약재로서의 이용은 특히 주목할 만한 일이다. 중국에서는 불로장생의 비약으로 동충하초+인삼+녹용 3대 한방약재로 취급되어 결핵/황달/아편중독.. 치료제로 다양하게 이용되어 왔다. 항암효과가 있는 성분을 함유한다는 사실이 밝혀져 있어 이에 대한 연구는 더욱 활발하게 진행되고 있다. 이들이 지닌 cordycepin 코디세핀은 가장 중요한 유효성분인데, 이것은 동충하초의 성장 도중에 생성되는 천연의 항생물질이자 면역↑물질이다. 코디세핀과 관련된 본격적인 의학적 · 생화학적 연구는 1951년 20세기 중반부터 시작하여 지금까지도 활발하게 진행되고 있다. 약용 외에는 자연생태계나 농작물 피해를 막는 해충방제에서처럼 곤충 집단의 밀도를 조절할 목적으로 응용 연구하고 있다.

동충하초 생활사

곤충에 침입한 동충하초균은 그 안에서 양분섭취 → 생장 → 균핵 형성 후 적당한 환경이 주어지면 곤충 체외로 나와 자실체를 형성한다. 자실체는 주로 6~9월 여름 장마철 전후, 높은 습도와 온도에서 가장 활발하게 자란다. 동충하초균이 곤충 체내에서 균핵으로 생존하는 기간은 1~수년에 이르기도 하며, 균핵 → 자실체 성숙 → 포자 방출하기까지의 기간은 각 동충하초균에 따라 다르다. 동충하초균은 흙 어디서나 살 수 있으며, 포자로 살아있는 곤충의 호흡기/소화기/관절.. 부드러운 부분으로 봄~가을 침입한다. 발아관을 형성한 포자는 곤충 체내 침입 후 영양분을 섭취하면서 균사를 뻗어나가며 곤충을 죽게 만든다. 곤충 체내를 완전히 메운 균사는 딱딱한 균핵을 형성하여 숙주곤충 형태를 그대로 유지하다 이듬해 동충하초를 형성한다. 침투한 곰팡이균은 병원성 포자 및 균사를 빠르게 많이 만들어 곤충의 면역체계 파괴 → 곤충 死 → 숙주곤충 없는 상태에서도 계속 생장할 수 있다. 곤충 死 → 균 생장종료 → 죽은 곤충 장내세균에 대항하는 항생물질 생산하며 살아간다. 적합한 환경조건에서는 주로 곤충의 입/가슴/머리/배 앞부분으로 동충하초의 자실체가 밖으로 나오고, 불리하면 휴면기관 생성 후 월동에 들어간다. 동충하초는 대부분 장기간에 걸쳐 생장하며, 종류에 따라서는 발생주기가 10~30년 매우 긴 것도 있다.

이들의 생육환경은 다른 버섯류에서보다 까다로워 흙이나 죽은 나무속에서 동충하초균 감염 곤충으로부터 형성된 버섯이 땅 지면, 나뭇가지 또는 잎 뒷면에서 발견되기도 한다. 수 ㎜~10㎝↑ 표면으로 나와 자라며, 동충하초 감염 곤충에서 발생한 경우 자실체 색깔은 홍색~오렌지색~적색/황색/검은색/자색/녹색/흰색/올리브색.. 화려하게 나타난다. 살아있는 곤충에 침입하여 곤충을 죽게 한 후 발생하는 버섯이므로 동충하초 발생 장소는 기주가 되는 곤충의 밀도, 종류, 사는 환경, 생활사에 깊은 관계가 있다.

곤충에 병을 발생시키는 곰팡이균을 최초로 발견한 것은 고대 중국인들로 미라처럼 된 누에 유충을 불로장생의 부적으로 여긴 풍습에서 유래하였다. 이 동충하초가 자연에서 생물종 간의 중재 기능을 수행할 수 있다는 장점도 발휘한다. 곤충 개체군의 밀도조절과 관련된 특성 때문에 여러 국가에서 그 특성을 이용해 농작물에 큰 피해를 주는 해충방제를 위한 천연생물농약 개발에 박차를 가하고 있다. 천연의 생물농약 개발은 해충↓, 유해화학물질 덩어리 농약 기인 환경오염 최소화 등의 목적에서 큰 의미를 가지고 있다. 프랑스에서는 이미 동충하초로 만든 생물농약이 개발되어 사용되고 있다.

동충하초 유용성분

동충하초는 ~11% 수분, 8~9% 지방, ~25% 단백질, ~29% 탄수화물, ~7% 코디세핀, ~4% 회분 등으로 구성되고, 지방성분은 대부분 ~82% 불포화지방산이나 일부 ~13% 포화지방산도 들어 있다. 비타민 가운데 비타민 B_{12}는 함량이 0.29㎎/100g 매우 높은 것이 특징적이다. 많은 약효 중 특히, 호흡기계통의 질환에 효과가 뛰어난 것으로 알려져 있다. 코디세핀은 숙주곤충에 독소로 작용하며, 항세균, 항진균, 항바이러스 및 항암작용을 하는 활성물질로 중국에서는 노환성 만성기침 및 천식치료, 정력증강과 조절제로 이용한다. 동충하초의 높은 암 억제작용, 마약중독 해독제로서의 효과도 보고되어 있다. 자연치유력↑ 기능이 있어 심한 운동으로 체력소모가 많을 때 회복시간을 단축시키는 효과는 중국의 육상선수들 사례에서 그 성과가 알려

진 바 있다. 아래 참고

동충하초의 효능

중국 한의학 "벌레이면서 벌레가 아니고, 식물이면서 식물이 아닌 선약"이라 할 정도로 신비한 힘을 가지고 있는 동충하초는 보통의 버섯이 아님은 틀림이 없다. 이들이 지닌 코디세핀 다당체는 해독의 효능도 있어 담배의 니코틴 등 독성물질에도 해독이 뛰어나 흡연자들에게 좋다고 전해진다. 기 언급된 동충하초의 효능은 다음과 같이 요약 정리될 수 있다.

- **항암성↑ :** 동충하초 연구에서 ~83% 매우 높은 항암물질을 발견하였는데, 일본과 중국에서는 이미 많은 효과를 입증하고 있다. 주된 항암성분은 코디세핀으로 동충하초의 성장 도중에 생성되는 천연의 항생물질이자 면역↑물질이다. 부작용 無, 저항력↑은 물론 항세균성/항바이러스성도 보였음이 밝혀져 있다. 위 설명되었듯이 주된 유효성분과 관련된 연구는 1951년 시작 지금까지도 활발하게 진행되고 있다. 최근 진행된 코디세핀 복용 흑색종 암 유발 쥐 실험에서 연구자들은 종양세포에 대한 뚜렷한 억제작용과 종양의 성장 억제를 확인할 수 있었다. 현재, 백혈병에 대한 희귀의약품으로 미국 FDA 승인되어 있으며, 항혈전제 등 천연물 신약개발에 사용되고 있다.

- **면역성↑ :** 동충하초 함유물은 NK세포의 세포사멸 촉진 → NK세포의 살해활성↑과 대식세포의 탐식력↑ 유발됨이 mouse 동물실험에 의해서 입증되었다. 특히 주성분 코디세핀의 면역력↑ 작용에 주목하여 향후 에이즈치료에 쓰일 수 있는 유망한 후보물질로 집중 연

구되고 있다.

- **항염증↑:** 염증억제의 기능이 있어 천식/폐질환.. 호흡기계통 이상에 약효가 있다. 특히, 발작적으로 일어나는 천식 진정 시에는 크나큰 체력소모가 발생하므로 이를 막기 위해선 염증억제용 약제를 써야 한다. 동충하초 함유물질에는 이를 극복하는 성질이 있어 복용 시 체력↑/면역력↑/혈액순환↑.. 인체 개선작용으로 염증을 억제하는데 동물실험에서 큰 효과가 있었다. 인공배양한 동충하초균 분말 수용액을 COPD 만성 폐쇄성 폐질환에 걸린 쥐에게 먹인 경우에도 COPD 염증의 정도를 경감시킨 결과가 보고된 바 있다.

- **해독성↑:** 마약중독 해독제로서의 동충하초 효능은 미국/스위스.. 해외의 임상실험에서 입증된 바 있다. 중증 중독에 ~2주일 복용 시 → 심각한 부작용과 마약의 유혹에서 벗어나게 하였다고 발표해 향후 이에 대한 동충하초의 응용 연구에 전망을 밝히고 있다.

- **영양 강장:** 천연의 성분인 동충하초 추출액은 호르몬 無, 방부제 無 → 중년/노년 이상적 영양성분으로 체력↑ 및 피로회복에 탁월한 효과가 있다. 영양 강장제로 폐 보호/건강한 신장.. 효능이 뛰어나 1990년대 당시 장수했던 중국의 유명한 등소평(1904~1997) 정치인이 평소 즐겼던 보양식으로도 유명하다.

- **자연치유력↑:** 인체의 O_2 소비량 억제 → O_2 활동범위 확장 → 호흡기계 질병에 약리효과가 뛰어나다. 인체의 건강 유지에는 혈액의 정화, 즉 깨끗한 O_2가 얼마나 체내에 유입되는가 하는 O_2 공급능력이

중요한데 동충하초가 그 역할을 돕기 때문이다. 말하자면 동충하초가 지닌 여러 기능성 물질은 21C 오늘날 우리가 필요로 하는 형태의 생약이라고 할 수 있다.

※ 동충하초의 놀라운 피로 회복시간 단축효과! 1992년 히로시마 올림픽에서 세계 기록을 세운 중국 육상의 비밀이 밝혀졌다. 당시 '마군단'이라 불렸던 이들 중국 육상팀은 동충하초의 전통적 효능을 근육↑과 체력회복을 위해 운동 시 적절히 이용하여 큰 효과를 보았다. 해당 육상팀의 코치는 인터뷰에서 선수들이 동충하초 추출물로 만든 용액을 마시고 있다고 말해 마군단의 비법으로 알려졌다. 이후 더 확실하게 동충하초가 '신비의 약' 성분이 될 수 있음을 전 세계적으로 알리는 계기가 되었다.

- **기타:** 동충하초 및 그 추출물은 또한, 중추신경계통이나 심혈관계에 대해서도 영향을 미치는 것으로 동물실험에서 나타나 있다. 이외에도 혈당↓, 항노화, 항스트레스 등의 작용이 알려지고 있다.

동충하초와 손잡은 해충방제

세계는 계속되는 인구증가로 식량자원 생산량 증대에 화학합성한 유기농약을 사용해오고 있다. 하지만 이들 농약의 과다한 사용의 폐해는 많은 문제점을 가져와 지난 수십여 년 동안, 화학농약의 방법이 자연생태계의 균형을 깨고, 잔류농약의 독성 및 피해 등의 문제점으로 나타났다. 이에 해충의 종합적 관리와 해충의 방제재로서 곤충병원성 균 이용에 관한 관심이 다시 커지게 되었다. 이로 인해 자연분해의 생물농약 개발이 시급하였는데, 그 대안으로 떠오른 것이 바로 무공해 농약인 미생물 살충제이다. 미생물 살충제란 미생물을 직접 이용하거나 미생물을 포함한 제재를 이용한 해충의 방제를 의미한다.

동충하초는 곤충에 발생하는 병원균으로서는 수백 종 가장 큰 그룹으로 알려져 있다. 이들 균과 곤충의 상호관계는 다양하나 대개의 곤충들은 어떤 조건하에서 특정 종류의 균의 침입을 받는다. 이처럼 곰팡이의 곤충병 유발 사실이 알려지자 이들 균을 이용한 농업해충 방제법 관련 의문이 제기되었고, 이것은 동충하초균 연구에 주요한 동기가 되고 있다. 세계적으로 널리 분포하는 *Cordyceps* 동충하초속 진균은 방제재 이용 가능성을 지닌 균으로 특히, 누에/꿀벌.. 상업 곤충과 관련한 병원균이 관심의 대상이 된다. 성공 여부는 아직 미지수이나, 전문가들은 곤충병 유발 동충하초균이 갖는 몇 가지 장점을 다음과 같이 들고 있다; 1 안전성, 2 생태계 미치는 영향 少 생태계 균형유지 가능, 3 비교적 긴 대상해충 방제효과, 4 다른 방제수단과 병용 가능, 5 해충의 종합관리 계획에 쉬운 적용, 6 대상해충이 저항성 가질 가능성 낮음, 7 용이한 유전적조작 등이다.

우리나라를 비롯한 여러 나라에서 동충하초 살충제 개발에 주력하고 있어 동충하초를 이용한 해충방제가 성공적으로 이루어지리라고 생각된다. 앞에서 언급하였듯이 동충하초의 종류는 곤충 종에 따라 상이하나 대개 대상곤충의 신경을 조종하여 움직이게 할 수 있다고 한다. 우리나라에서는 보통 누에에 동충하초균을 심은 누에동충하초로 재배하여 기능성식품 소재로 이용되며 해충방제용으로 쓰이지는 않는다. 동충하초 형성에는 5령 잠에서 깨어난 직후 누에가 쓰이며 표피층이 연약하고 뽕잎을 먹지 않아 누에의 면역력이 약해져 있을 때 균을 접종하며, 균은 먹이를 주지 않은 누에의 표피층을 통하여 ~24시간 이내 침입할 수 있다. 침입한 균사는 누에 안에 있는 물질을 영양으로 하여 내생 균핵을 만든 다음 밖으로 자실체인 동충하초를 형성하게 된다. 동충하초에 누에를 이용한 대량생산법의 개발로 시중에서 쉽게 구입할 수 있으며, 누에동충하초에서도 항암,

면역증강, 항피로작용 등의 기능성 효과가 확인되었다.

- **누에동충하초 효능**

누에를 이용한 동충하초 재배법 개발 : 우리나라에서 식품원료로 인정된 동충하초는 누에동충하초와 번데기동충하초로 생누에와 식용번데기가 재배 시 사용되는 배지이다. 살아있는 누에에서 자람 누에동충하초에도 다음과 같은 우수한 약효가 있음이 동물실험에서 알려져 있다;

1 면역↑ - 동충하초 투여 시 합성된 면역활성물질 투여 때보다 ~2배 강한 활성이 관찰되었고, 병 예방과 방어력↑ 그리고 빠른 회복속도 등이 나타남

2 노화방지 - 활성산소 억제와 노화물질 생성↓ 등이 확인됨

3 항암↑ - 암 발생 실험동물의 평균 생존일보다 ~2배 긴 수명연장과 ~59% 암 억제효과 보임. 발암성 물질에 의해 손상된 세포 유전자를 정상화시켜 암세포를 제거하는 항암작용과 증식 억제효과 추정됨

4 피로감↓ - 운동 시 피로축척을 막아주고 활력↑ 및 신체 스트레스 억제효과 있음

5 스트레스↓ - 스트레스에 강한 저항력이 있고, 영향을 받더라도 이전상태 또는 정상으로의 회복이 빠르게 진행 → 인체 유해성 영향 최소화 → 성인병 예방을 돕는다.

약용버섯자원의 잠재성

이상에서와 같이 동충하초, 차가버섯 등 각종 약용버섯이 지닌 유용한

성분들은 향후 생물 산업의 원료물질로 쓰이는데 전혀 손색이 없는 값비싼 고부가가치의 재료가 될 것이다. 그리고 위에는 소개되지 않았지만 항암효과가 뛰어나다고 알려진 또 다른 버섯 하나를 소개하면 이는 꽃송이버섯이라 할 수 있다. 이 버섯의 가장 주목할 만 한 점은 이들의 인체 내 헤모글로빈 수치↑ 기능과 비타민 D 함유량이다. 꽃송이버섯의 비타민 D 함유량은 다른 버섯들에 비해 상당히 0.17mg/kg 높은 편으로 비타민 D는 암세포제거, 칼슘/인.. 무기물 체내흡수 등을 촉진하는 등 골다공증/임산부/유아성장.. 인체 발달에서 필요한 성분이다. 이는 꽃송이버섯도 못지않은 잠재력 있는 약용버섯 자원임을 의미하며, 이 장에 포함되지 않은 많은 또 다른 버섯들도 그 효능이 밝혀지면 향후 더 우수한 약용자원이 될 수 있을 것이다.

현재 암세포증식 억제효과가 있는 여러 약용버섯류에 대해 항암제 연구 및 약 개발이 진행되고 있고, 항암효과 없는 버섯류들은 건강기능식품, 한약재 등으로 판매 또는 사용되고 있다. 약용버섯에 대한 연구는 각국에서 활발히 진행되고 있으며, 항암 및 면역↑기능을 지닌 다당류 베타글루칸에 대해서는 1만↑ 엄청난 수의 논문이 발간됐을 정도로 전 세계적으로 그 관심이 뜨겁다. 약용버섯의 함유성분들을 신약으로 개발하여 상용화하고 있는 나라들도 점차 늘어가고 있다. 우리나라에서도 2017년 얼마 전 노랑느타리버섯에서 혈당상승억제 → 혈당수치↓ 기능의 항 당뇨성 물질을 추출하는 특허기술을 개발하여 이를 입증한 바 있다.

위에서 언급되었던 약용버섯 추출물들의 항암활성은 대부분 베타글루칸의 면역기능↑ 효과에서 기인된다. 베타글루칸 항암효과는 암세포사멸의 직접적인 작용보다는 대식세포/T세포/NK세포/항체생산/인터페론/인터류킨.. 면역력

활성화 → 인체 면역성↑ 기작 → 암 증식억제를 유발한다. 현재 의약계에서는 베타글루칸의 새로운 약리기전에 대하여 연구가 진행되고 있으며, 체내에서의 기능이 구체적으로 밝혀지고 있어 이를 이용한 치료 가능한 질병들이 더 늘어날 것이라 전망되고 있다. 국내의 한 제약회사는 베타글루칸을 활용하여 항암작용 이외의 결핵/과민성대장증후군/패혈증 치료제를 개발 중에 있다. 이전에 설명한 사례들과는 좀 색다르기는 하지만 베타글로칸이 hyaluronic acid 히아루론산으로 된 기존의 필러의 부작용을 개선하기 위한 대체 방안으로도 개발되고 있다. 최근 β-glucan Hydrogel 베타글루칸을 넣은 필러 개발에 대해 의약원료 허가를 받기위해 과정이 진행 중인 것으로 보도된 적이 있다. 제조 시 다른 화학물질이 첨가되지 않고 독성의 유해물질도 없어 β-glucan Hydrogel은 현재 차세대 필러 제형으로 평가받고 있다.

1970년 버섯추출물이 항암작용에 효과를 나타낸다는 발표이후 이를 바탕으로 한 건강보조제, 의약품이 많이 생산되어왔다. 버섯추출물이 항암작용을 일으키는 기작은 다당체 투여 시 암을 예방하거나 면역력↑ 작용을 통해 종양세포에 대한 대항력↑과 직접적인 종양세포 억제작용으로 볼 수 있다. 최근에는 신약개발에 버섯추출물이 더 각광을 받고 있는데, 특히 암 치료제 개발에서 기존의 외과수술+방사선조사+항암제투여 3대 치료법에 이은 '제4의 암 치료법' 면역력강화 요법으로 큰 주목을 받고 있다.

이상에서 논의한 것처럼 버섯 관련 영역은 함유 약용성분을 추출하고 약제개발 기술 최적화를 위한 생명공학기술 발전으로 인해 향후에도 높은 성장을 보일 것으로 예상된다. 하지만 버섯이 저지방의 글루텐 없는 식품으로 비타민/칼륨/구리.. 다양한 영양소로 구성돼 있다는 장점만 있는 것은 아니고, 버섯시장의 성장을 저해요인들도 있다. 일부 버섯류는 단단하지 않고 연한 조직으로 되어 있어 수명이 짧기 때문에 상품으로서의 수명이 길지 않다는 점이다. 보존기술이 사용되면 버섯의 상품비용↑ 결과를 초래할 수도 있으나 이런 단점들을 개선하면 향후 버섯자원의 가치는 더 증가할 것으로 예상된다.

전 세계적으로 증가하는 인구와 건강인식의 증가는 2018~2027년 10년 예측기간 동향분석에서 버섯시장의 성장을 촉진하는 요인으로 전망되고 있다. 인구증가에 따른 건강인식 증가로 인해 예측기간동안 버섯에 대한 수요가 증가하는 것으로 나타나고 있다. 이는 저지방 및 콜레스테롤 함량 포함 건강식품에 대한 사람들의 선호도가 높아짐에 따라 결정되는 것과 무관하지 않다. 지역적으로 보았을 때 유럽은 인구 중 많은 사람들이 건강한 식습관에 대한 높은 인식을 갖고 있기 때문에 전 세계 버섯시장을 장악할 것으로 예상되는 곳이다. 세계 버섯시장의 규모는 약 26조원을 상회하고, 2023년 ~54조원 452억 달러를 초과할 것으로 예상되고 있다. 2016년~2021년에는 매년 ~9.2%↑ 성장을 보일 것으로 전망하고 있다. 아시아에서는 인구증가 및 건강식품 소비로 인해 중국 및 인도에서 버섯 수요가 증가하고, 우리나라와 일본도 건강에 대한 높은 인식으로 버섯시장이 크게 성장할 곳으로 내다보고 있다.

생활수준의 향상과 건강에 대한 관심이 높아지면서 건강기능 증진과 관련 시장의 지속적인 성장이 이어지고 있다. 이런 추세에 영향을 미치는 주요 요인 중에는 21세기 미래형 사회 메가트렌드인 인구고령화와 함께 기대수명 증가, 질병 예방과 웰빙건강에 대한 실천 등이 거론된다. 사회적인 차원에서의 웰빙 건강 중시 트렌드는 건강기능식품에 대한 관심과 해당 시장규모의 확대를 부르는 계기가 된다. 이에 힘입어 우리나라 건강기능식품 시장의 규모는 3조 원대를 눈앞에 두고 있으며, 매년 2014년 이후 ~10%/년 높은 성장률을 기록하고 있다. 그 가운데 규모 1조 원대에 이르는 식용 및 약용버섯 자원시장이 있다는 것! 특히, 최근 생물자원에서 유래하는 천연성분을 이용하려는 바람이 계속되고 있는데 그 중의 한 분야가 바로 본 장에서 다룬 약용버섯의 유용한 물질임을 상기하기 바란다!

Chapter

06

실험동물자원:

걸어 다니는 동물 약 공장 – 실험동물이야기

인간이 동물을 실험에 이용하기 시작한 것은 아주 오래된 일로 그 역사를 추적할 수 있는 것은 고대 그리스까지 거슬러 올라간다. 기원전 4세기 아리스토텔레스의 문헌에 이미 동물실험과 관련된 내용이 있고, 고대 로마에서는 돼지/염소.. 동물을 대상으로 생체실험을 하였던 기록이 남아있다. 중세 및 그 이후 오늘날에 이르기까지 동물실험은 현대의 과학발전에 지대한 영향을 미치고 있다. 수많은 사례 중 인류의 역사를 바꿀 정도로 획기적인 것을 들라면 우리를 전염병에서 구해낸 백신의 개발이 아닐까 생각된다. 그동안 개발된 여러 백신은 다양한 동물을 매개로 실험하였기 때문에 개발 가능하였다. 동물실험은 19세기부터 현재까지 신약개발에 반드시 거쳐야 하는 필수적인 과정이 되었다.

I. 실험동물이야기

실험동물이란 야생동물이나 가축과는 달리 의학/약학/생명과학/수의학.. 생물학 관련 연구나 교육용으로 사용되기 위해 인위적인 지식이 가해져 생산되는 동물이다. 이들은 다음의 과정을 거치며 야생동물/가축 → 검정/진단/제조.. 실험동물화 과정 → 연구용 동물로 개발 또는 개량된다. 넓게는 하등한 원생동물에서부터 고등한 포유류까지 포함되나, 일반적으로는 실험목적에 맞고 주어지는 조건에 대해 유전적으로 균일한 반응을 하는 동물을 말한다. 목적하는 동물이 만들어지면 생육된 후 번식을 거쳐 유용한 생물자원으로 다시 태어나는 것이다.

최근 생명과학 및 biomedical 생체의학 발전과 더불어 각종 연구에 사용되는 실험동물자원의 중요성은 날로 높아지고 다양해지고 있다. 20세기 초 시작된 실험동물분야는 1950년대 청정 동물의 개발 → 1970~1980년대 질환모델동물의 개발 → 1990년대/분자생물학 발전시기 형질전환동물 부흥 → 2000년대 유전자도입 동물이 다양하게 개발되고 있다. 실험동물 영역의 학문은 이제 종합적인 과학의 한 부분으로 간주되며, 질병에 대한 치료법, 의약품제조, 동물개량, 식품생산 등 다양한 영역에서 활용이 가능해지고 있다. 특히, 21세기 첨단과학의 급격한 발전과 함께 실험동물자원의 학문적, 산업적 중요성은 한층 더해가고 있으며, 선진 각국에서는 지속적인 투자로 다양한 실험동물 DB가 구축되어 활용되고 있다.

대표적인 실험동물로는 마우스, 랫트, 햄스터, 미니돼지, 토끼, 개, 고양이, 기니피그 등이고, 이외 원숭이, 돼지, 염소 등도 포함된다. 2017년 기준 동물 종류별 자주 사용된 순위는 1위 ~3290계통/마우스+~750계통/랫트.. 91.9% 차지 설치류이고 이어 어류, ~2.3% 조류, ~70계통/1.2% 토끼 등이다. 이외에도 ~15계통 개, ~36계통/원숭이.. 영장류 등 20여 종류 이상이 사용되고 있다. 특정한 병원체의 감염이 전혀 없는 것이 증명된 SPF동물/specific pathogen free animals 동물을 육성하여 공급하기도 한다. 하지만 실험동물 분야의 급진전을 불러온 계기는 무엇보다도 20세기 말부터 1990년~2003년 십 수 년에 걸친 휴먼게놈프로젝트 인간유전체 연구이다. 그 결과를 이용한 연구 및 응용을 통한 눈부신 발전으로 사람을 위한 질병치료 약물이나 유전자치료 또는 연구에 직접 활용되는 자원으로 다양한 실험동물 관련정보가 활발히 제공되고 있다. 수많은 실험에 이용 → 정보 대량 확보 → 가장 널리 활용되고 있는 것은 마우스 관련 정보이며, 여기에서 얻어지는 각종 정보는 Human-Mouse-Homology를 통해 사람의 정보를 얻는데 전 세계적으로 아주 유용하게 사용되고 있다.

사람유전자를 갖는 동물들

가축으로부터 맛 좋고 영양가 높은 고기와 우유를 생산하는 일은 축산업에서 늘 바라던 바로 예전에는 전통적 교배방법이나 인공 수정된 수정란을 초저온 냉동상태에 보관 후 필요 시 대리모 자궁에 이식하는 방법을 사용하였다. 그러나 오늘날에는 기술이 발달하여 일반 가축도 유전자변형을 통해 조금의 변형만으로도 우수한 품종이 되는 세상이 되었다. 유전적으로 조작된 또 다른 양/돼지/고양이.. 동물들은 사람에게 필수적인 특정효소를 만들어 내거나 질병치료를 위한 형질전환체가 되어 생물학적 치료제 연구를 위해 적극 이용되고 있다. 오메가-3-지방산 생성 돼지, 모유 같은 우유를 분비하는 젖소, 빈혈치료제 생산 돼지, 항응고제 만드는 염소,

소변에서 혈액성장 보조인자 생산하는 쥐, 거미줄 섬유를 젖과 함께 분비하는 염소 등이 바로 그 주인공들이다. 이런 실험실 성공 기술들이 유용물질 대량생산의 산업적인 응용으로 이어진다면 획기적인 일이 되며, 고부가가치의 생체물질을 얻을 수 있는 가능성이 열리게 된다. 그리고 지금까지 난제로 남아 있는 중증 질환에 대한 치료법이나 치료제 등의 개발에 큰 기여를 할 수 있게 된다.

하지만 인간의 유전자를 이식받은 형질전환동물들이 우리에게 위와 같은 장밋빛 미래를 열어만 주는 것은 아닐 것이다. 인체의 질환과 같은 병을 유발토록 유전자변형을 거친 실험동물도 다양한 연구의 실험에 사용된다. 그러나 실험상으로 질병 유발을 위한 유전자변형에도 똑같은 병을 앓지 않는 경우도 많다고 한다. 특히 이러한 인간유전자+실험동물유전자를 합친 'chimera embryo 키메라 배아' 연구에 대해서는 과학자들 사이에서도 논란이 되고 있다. 결과에 긍정적인 연구자들은 사람과 동물의 유전형질이 섞인 배아가 난치병 치료에 답이 되어 사람 생명을 구할 수 있을 것이라 생각한다. 당뇨병을 앓는 사람에게 이식할 수 있는 췌장을 만드는 것에 목표를 둔 연구에서는 실험동물을 이용한 인간장기 생산이 가능한 시대가 올 것이라는 희망을 가지고 있다. 이 작업으로 어떤 결과가 나올지 모른다는 점을 염려하는 또 다른 과학자는 2016년 인간 본연의 관념을 파괴하는 불안한 영역에 들어선다고 부정적인 견해를 피력하기도 했다.

그러나 해당 미국+일본 공동연구팀은 2018년, 사람의 줄기세포를 접목한 양과 염소 배아를 3주간 키우는데 성공하여 향후 실험동물을 이용한 인간 장기생산의 길이 열릴 수 있음을 예고하였다. 즉, 실험동물의 줄기세포를 혼합 이용한 hybrid embryo 혼합배아로 사람의 장기를 생산할 수 있는 새로운 장이 열릴 것이라는 전망을 내놓았다. 인간과 동물 사이에 혼합배아를 얻어냈다는 것은 이종 간 장기이식을 가능케 하는 시대로 향하는 새로운 장을 여는 것이다. 연구진은 인간세포+양의 배아 → 접목 → 3주간 육성 → 하이브리드 췌장세포 → 이식 → 생쥐 → 큰 쥐를 만들어냈다. 다음 큰 쥐 이용으로 생쥐 췌장을 키우는 데 성공했고, 큰 쥐 몸체에서 자란 생쥐의 췌장을 당뇨병을 앓고 있는 큰 쥐에 이식했다. 이식된 췌장은 아무런 거부반응 없이 인슐린을 분비하면서 큰 쥐의 당뇨병이 호전되었음을 발표하였다. 돼지/염소/양.. 실험동물 이용으로 인체 심장/콩팥.. 장기를 생산할 수 있음도 소개되었다.

그림 6-1 유전자편집

연구진은 면역체계에 거부감 없는 이종 간 설치류 이용으로 면역체계에 부담을 주지 않는 이종 간 장기이식의 가능성을 입증한 것이다. 연구에서는 인체 줄기세포 → 실험동물 배아 삽입 → 췌장/심장.. 특정 장기를 만들어내는 방법으로 DNA절단+삽입의 유전자편집기술/Crispr 크리스퍼 기술이 이용되었다. 필요한 DNA 부위를 잘라 삽입하는 이러한 유전자편집기술은 인간을 비롯한 동물의 장기생산에 쓰일 핵심 실험기술이다. 이를 계기로 연구자들은 염소/양/돼지.. 실험동물 → 인체 심장/콩팥.. 장기 생산 가능한 이종 간 장기이식기술의 인체 적용방법을 집중연구하고 있다. 특히, 실험동물 가운데 돼지와 양이 인체 면역시스템에 거부반응 유발치 않는 장기 생성에 적합한데, 이들의 장기가 인체장기와 크기/모양... 유사하고 장기 완성: ~9개월 소요 성장속도도 빠르기 때문이라고 한다. 다음 단계는 더 큰 동물의 장기이식에 도전하는 것이라고 밝혔다. 물론 실험동물을 이용한 인체장기 생산 및 안전한 환자치료 적용까지는 많은 시간이 더 필요하지만 관련 연구는 빠른 진전을 보이고 있다고 한다. 연구진은 멀지 않은 장래에 실험동물을 이용한 인간의 장기 생산이 가능한 시대가 올 수 있을 것이라 예측하고 있다.

II. 대표적 실험동물들

● 마우스 mouse/생쥐

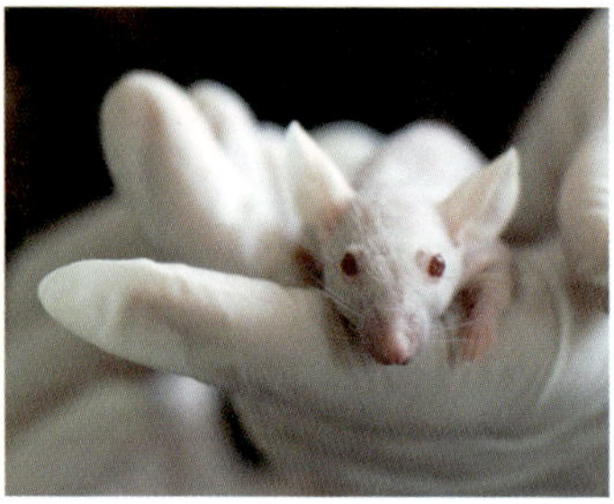
그림 6-2 실험쥐

현재 실험용으로 사용되고 있는 마우스는 소위 말하는 *Mus musculus* 생쥐로 세계적으로 30여종이 있다. 17세기부터 비교해부학 실험에 처음 쓰이기 시작하였으나 본격적으로 연구에 이용된 것은 19세기이다. 몸집이 25~30g 작아 키우기 쉽고 경제적이며 관리가 쉽다는 점 그리고 빠른 생식주기로 여러 세대를 짧은 기간에 관찰 가능함에 주로 사육되어 오늘날 연구와 실험 및 검정에 가장 많이 쓰이는 실험동물로 발전하였다. 실험동물화된 마우스는 얌전해서 사람 손이 닿아도 저항하거나 방어적이지 않아 실험쥐로 많이 이용한다. 연구용 마우스는 SPF동물 무균마우스, GEM 유전자변형마우스 등으로 구분할 수 있다. 이들이 지닌 실험동물로서의 장점은 다음과 같이 요약될 수 있다;

1 다양한 계통: 유전자변형으로 유전적 특성이 다른 많은 계통이 만들

어져 유지되고 있어 연구 목적에 적합한 계통을 선택할 수 있다.

2 생활주기: 성체: 생후5주 생활주기나 수명이 2~3년 짧기 때문에 세대교체를 빨리 진행할 수 있다.

3 번식능력: 임신기간 3주, 자손의 수 7~15마리 등 번식능력이 높다.

4 사육관리 용이: 사육관리가 용이하며 유지에 드는 비용도 비교적 저렴하다.

5 결과이용: 다수의 동물을 일시에 실험할 수 있어 통계적 분석 및 결론 도출이 가능하다.

6 유전적 특성: DNA 염기쌍이 사람과 거의 같음 약 32억 개로 사람에 있는 거의 모든 유전자를 생쥐에서 발견할 수 있다. 유전적, 생리적, 세포/조직/기관.. 구조적인 측면 등이 사람의 이러한 측면과 매우 유사하다.

오늘날 마우스가 실험동물 이용도에서 1순위인 가장 큰 이유와 장점은 유전자변형이 가능하다는 것이다. 인체에서 나타나는 질환과 같은 질환을 앓는 쥐를 유전자변형을 통해 만들어낼 수 있고, 일부 유전자를 다른 것으로 교체도 할 수 있다. 유전자변형 쥐는 소위 말하는 질환모델 실험동물로 사람과 유사한 암/치매/고도비만/우울증.. 상태의 질환을 나타내도록 만든 실험쥐이다. 현대의학, 약학, 생명과학, 영양학 등 거의 모든 분야에서 인체질환 관련 의학적 연구 및 신약개발 영역에서 필수적인 실험자원이 되고 있다.

※ 녹아웃 마우스 knock out mouse : 배아줄기세포를 통해 유전자변형으로 만들어낸 쥐로 체외 DNA 삽입을 통해 유전자의 발현을 억제한 실험쥐이다. 예: 1994년/유전자 1개 고장 뚱보 쥐, 치매 쥐, 암유전자 기능 활성화된 쥐, 암 억제유전자 기능 상실 쥐..

※ 유전자변형 쥐(genetically engineered mouse/GEM) : 유전자 하나를 변형시켜서 만든 쥐. 어느 특정 유전자 1개 변형 → 해당 유전자의 기능을 알아낼 수 있다.

※ 왜 실험동물 1순위인가?

동물실험에서 가장 폭넓게 쓰이는 쥐 - 현재 세계에서 가장 널리 사용되는 질환모델동물은 단연 쥐! 갖가지 연구마다 빠지지 않고 등장하여 '살아있는 시약'이라고까지 불린다. 질환모델 실험용 동물로는 인간과 가장 유전자 구조가 비슷한 고릴라/침팬지/원숭이.. 유인원 종류가 더 바람직하지만 그 사용에는 적합하지 않거나 어려운 점들이 많다. 반면, 위에 언급한 대로 쥐는 출생 1개월 후 성체가 되고 3주마다 8~10마리씩 새끼를 낳으며, 작은 몸, 짧은 세대주기, 뛰어난 번식능력, 강한 환경적응력 등의 장점을 지니고 있다. 이에 유인원에 대신할 차선책으로 등장한 것이 면역체계나 장기 및 체내구조, 36.5℃ 체온 등이 인간과 유사한 쥐! 쥐는 유전적으로도 85% 정도 비슷하고, 인간에게 나타나는 고혈압/비만/당뇨/암/면역결핍.. 이상증상도 거의 대부분 발견된다.

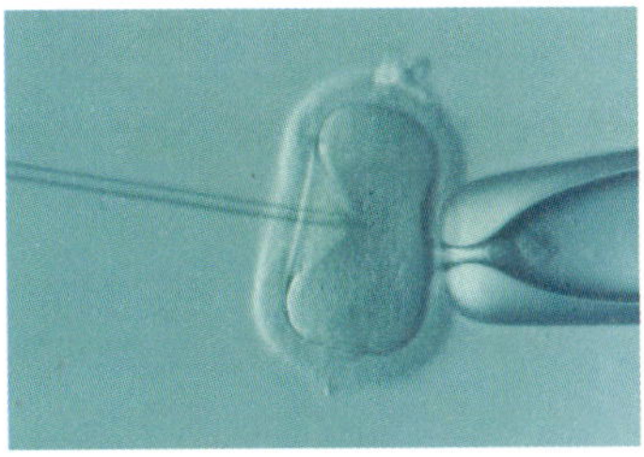

그림 6-3 형질전환기술

실제 질환모델용 쥐는 원래 우연히 발견됐고, 1963년/면역력결핍 누드 쥐, 당뇨병 뚱보 쥐 등이 그 예로 초기에는 이들을 자연적인 교배로 그 혈통을 보존하였다. 이후 형질전환기술이 1980년대 개발되어 원하는 유전형질을 수정란에 삽입할 수 있게 되었다. 쥐는 실험용 및 백신 등의 약품개발에도 절대적으로 필요한 동물로 상당수의 백신은 실험쥐에 그 질병을 앓게 한 뒤 얻은 항원을 모체로 만들어진다. 사람에게 나타나는 각종 암/알츠하이머/치매.. 난치성 질병유발 유전자 → 쥐 난자 → '질환有' 난자 → 정자+인공수정 → 질병 앓는 쥐 탄생의 과정을 거쳐 만들어진다. 만들어진 실험쥐 사례들에는 스스로 빛을 내는 형광 쥐, 사람 유전형질 가진 키메라 쥐, 생체시계 발광 쥐, 난치병 앓는 누드 쥐 등이 있다. 특히, 누드 쥐 면역기능 = 제로! 특정 병균이 어떤 메커니즘을 통해 질병을 유발하는지 알아내는데 최적의 조건을 갖추고 있다.

쥐의 뇌는 인간 유전자 95.5%를 가지고 있어 연구자들은 유전자변형의 돌연변이 쥐를 통해 뇌 관련 기능의 규명 및 질환치료의 단서를 찾아내고자 노력하고 있다. 파킨슨병.. 운동신경 관련 질환의 메카니즘 규명 및 질병치료 응용에 목적을 두고 쥐 뇌에 유전자변형으로 온도에 민감한 이온채널有 뉴런을 삽입한 모델을 활용한 연구가 있었다. 2018년 가장 최근에는 뇌졸중으로 손상된 뇌조직의 재생가능성을 보여주는 bioengineered gel/신생혈관자극물질+염증억제물질有 생체공학젤이 개발되어 쥐 실험에 쓰인 적이 있다. 쥐 이용 실험에서 생체공학젤이 죽은 조직의 빈 공간에 새로운 신경망 뇌조직 형성 → 재생유도에 성공하였음이 보고되었다. 역할을 다한 젤은 체내에 흡수되어 사라졌다고 한다. 아직은 쥐 실험에서의 성공적 결과이지만 이후 뇌졸중의 새로운 치료법 개발로 이어질 수 있을 것이라는 희망을 품는 계기가 되고 있다.

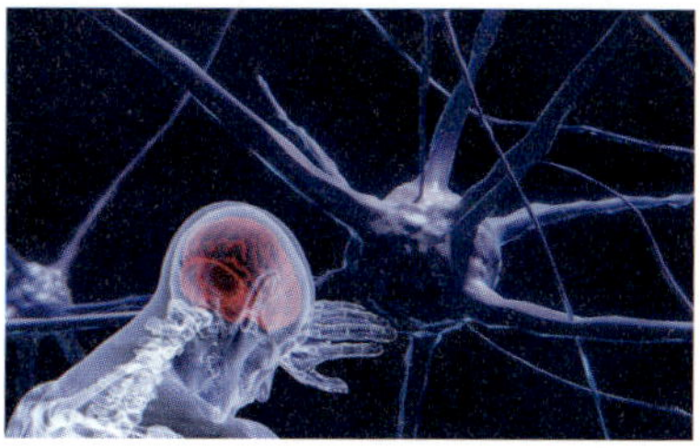

그림 6-4 뇌신경

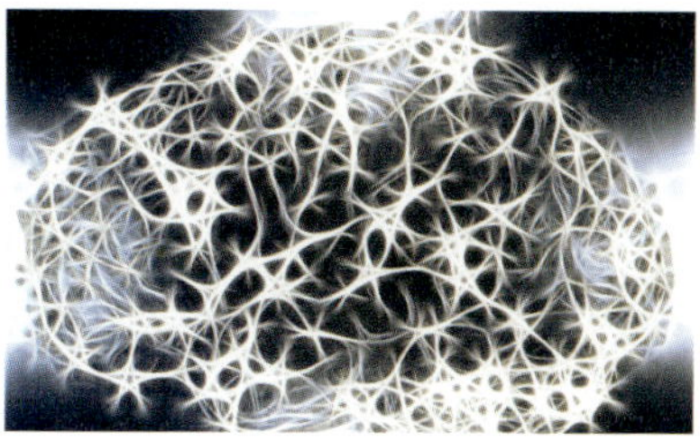

그림 6-5 뇌_신경망

실험용 쥐는 생쥐, 랫트, 햄스터 등이 쓰이고, 이들은 유전적으로 특정 질병을 갖도록 변형되고 병원균에 감염되지 않도록 유지되는 쥐들이다. 국내에서도 동물실험이 필요한 연구의 ¾ 정도에서 쥐를 이용했으며, 기초연구에서는 86%를 차지할 정도라 한다. 국내에서 사용되는 실험용 쥐는 연간 실험용+백신용/4백만마리 수백만 마리로 추산된다. 수입되는 일반 질환 모델 쥐는 십만~이십만 원에서부터 특수한 유전자가 도입된 경우에는 한 마리에 몇 백만 원을 호가할 수 있다. 토끼/개/고양이/원숭이.. 다른 동물들은 기초연구에서 실험동물로 불과 몇 만 마리도 쓰이지 않는다. 최근에는 유전자를 직접 조작해서 실험목적에 따라 인간유전자를 가진 쥐들도 탄생하고 있다. 그동안 국내에서는 기술부족/시설/특허문제.. 어려운 점으로 인해 유전자변형 쥐를 만들 수 없어 미국/일본.. 수입에 의존하였으나 2016년 근래 국내 의료진이 유전자변형으로 질환모델 일으킨 생쥐 생산에 성공한 바 있다.

● 랫트 rat/큰쥐

몸체가 마우스에 비해 훨씬 큰 몸체22~30cm/꼬리17~20cm/*Rattus novergicus* 랫트는 2~4년 생존하며, 보통 ~500g 수컷이 300~400g 암컷보다 무겁다. 이들을 연구용으로 처음 사용한 것은 1856년 부신 기관 적출효과를 알아보는 연구였고, 1900년대 이후에는 지금까지 의 · 약학, 생물학 등의 영역에서 널리 사용되고 있다. 세계 쥐 64종 수십 종류가운데 가장 잘 알려진 것 중의 하나로 현재 실험동물 가운데 마우스 다음으로 사용되는 숫자가 많다. 실험쥐로 쓰이는 부분도 다양하여 유전적으로 당뇨병이 발생한 쥐를 만들어 당뇨병 연구를 하고, 중독치료, 습관성 약물남용, 유전자분석 등 현대인들이 겪는 일부 질환 규명 및 해결에 실험도구로 이용한다. 주요 실험동물인 랫트의 특성과 실험 이용 시의 장점을 알아보도록 하자.

1 생리특성: 영양학적으로나 대사생리적 측면이 인체와 유사성이 높다. 또한, 생장과정에서 요구되는 영양적 필요량 추정이 가능하다. 체내 근육과 장기의 중량 비율이 사람과 비슷하며, 암컷은 수컷보다 작고 지방이 많다.

2 번식능력: 출산은 1년에 3~5회 가능, 임신기간 약 24일, 자손의 수 4~10마리

3 생식특성: 규칙적인 성주기를 가져, 그 판정이 내분비적 · 생식적으로 마우스보다 편리하다. 성주기와 월경주기 관계가 사람과 유사하다.

4 실험용이성: 짧은 성장기/높은 번식능력.. 마우스와 거의 비슷하나 큰 몸체로 인해 외과적 수술조작이 더 용이하고 시료 채취에도 더 많은 양 확보 가능 유리하다.

5 실험적 이점: 기초적인 자료가 확립돼 있어 기초종양학 연구에 쓰이고, 종양실험에도 많이 사용된다.

햄스터 hamster

야생이던 것을 애완용 또는 실험용으로 기르는 몸체12~15cm/꼬리2cm내외/중량130~180g 중간 크기의 설치류이다. 마우스나 랫트보다는 적게 쓰이나 여러 실험에 여전히 이용되고 있다. 현재 육성되고 있는 주된 종류는 golden hamster 골든 햄스터인데, 이들은 바이러스에 대한 특이하고 예민한 반응을 보여 바이러스 연구용 실험동물로 많이 이용된다. 또 다른 Chinese hamster 종류는 돌연변이나 암 유발연구에 많이 이용하는데, 골든 햄스터보다 방사선에 더 저항을 나타내 위/식도.. 일부 암의 모델동물로 사용된다. 이들의 생식적인 측면에서 보면 배란/수정.. 성주기가 안정되어 있어 동물발생학/생리학.. 기초학문 연구에 유용하다. 또한, 방사선/화학물질.. 환경변이원이나 염색체이

상을 유발하는 기능적 연구에도 사용된다.

● 미니돼지 pig

그림 6-6 미니돼지

미니돼지란 생리적 특성이 인체와 흡사해 질병치료나 난치병 연구용으로 쓰기 위해 무균 처리된 돼지이다. 성장 후 중량 60~65kg 정도이고, 인체와 장기의 크기/형태/치아갈이.. 해부생리학적 특징이 아주 비슷하여 형질전환도 많이 진행되고 있다. 인체와 관련된 장기생산/장기이식/신약개발.. 다양한 연구에 쓰이고 있는데, 미니돼지가 실험용으로 사용하기에 좋은 점을 열거해보면 다음과 같다.

1 소화계, 순환계 및 생리적 측면이 인체와 유사하다.

2 짧은 임신기간/자손수 ~10마리까지 다산성에 최소형으로 유지 및 관리가 용이하다.

3 순환계, 소화계, 영양학, 치학 등에서 각광받을 실험동물로 전망이 있다. 이들 분야에서 주요 실험에 사용된 예를 살펴보면, 특히 관상동맥의 혈액 공급율이 사람과 비슷한 미니돼지의 개발로 순환기계 연구가 활성화되었다. 어린 아이는 6개월 만에 출생체중의 2배가 되나 돼지는 1주일정도 걸려 소아 성장촉진 관련 영양학적 연구에 큰 도움이 된다. 그리고 돼지는 유치 치아가 빠지며 교환되는 유일한 실험동물로 치학 연구에 있어 없어서는 안 되는 실험자원이 되고 있다.

• **실험동물로 활용된 예**

- **돼지 + 산양 :** 돼지가 잘 자랄 수 있게 수정란에 산양 성장유전자를 이식한 경우. 일반 돼지에 비해 ~20% 더 잘 자라고 체내지방 적은 고품질 돼지로의 우량종 개량과 축산농가 수입 향상이 그 목표!
- **돼지 + 인간 :** 유도만능줄기세포 사람 DNA → 돼지세포 → 인간+돼지 잡종배아 실험실 성공. 잡종배아 DNA: 97% 인간세포핵형질+3% 돼지세포핵형질 잡종배아가 과연 생명체가 될 수 있을까..? 실제로 잡종의 '돼지인간'이 태어나지는 않았다. 실험의 목적이 생물학적으로 이종간 잡종배아 가능성, ♀돼지 자궁착상 및 임신가능성 여부 그리고 돼지배아에 삽입된 사람세포가 사라지지 않고 유지되는지 관찰한 실험으로 착상 이후 4주간 관찰하고 임신상태를 종결시켰기 때문이다. 연구를 수행한 이유는 인체 장기이식에서 수요-공급의 불균형, 특히 이식용 장기부족의 문제를 해결하고자 하는 자구책 방안의 일환이었다고 밝혔다.

※ 유도만능줄기세포: 성체의 피부세포 → 특수처리 → 줄기세포로 변화시킨 세포

※ 참고: 서로 다른 동물의 세포를 섞어 잡종배아를 만들어 이식에 사용하는 것은 이미 동물실험에서 성공한 바 있으며, 국내에서 돼지 심장을 이식받은 원숭이가 50일 이상 생존한 성과가 나오기도 했다.

※ 미니장기: 일명 '오가노이드'. 인체 장기와 비슷하게 만든 3차원 세포구조체로 이들을 이용하여 신약개발, 질병 발생원리 등을 연구하면 불필요한 동물실험을 줄일 수 있음은 물론 더 분명한 결과의 도출이 가능하다고 예측한다. 선진국에서는 이미 동물 대체 실험법 연구를 시작해 이 분야의 연구가 한창 진행 중이다. 최근 4차 산업혁명과 함께 부각되는 3D 바이오프린팅 기술을 접목한 인공장기 제작 관련 연구에도 관심이 쏠리고 있다. 실제 이 기술로 2019년 혈관과 조직세

포를 갖춘 인공심장을 만드는데 성공한 비 있다(이스라엘 연구팀).

토끼 rabbit

그림 6-7 토끼

야생의 토끼가 가축화되어 동물실험용으로 사육되었으며, 여러 종류 중 실험동물로 사용되는 종은 일부이다. 몸집이 그리 크지 않은 3~4kg 중형의 New Zealand White 품종이 흔히 의·약학 및 생물학 분야의 실험에서 중요하게 쓰인다. 이들은 대개 피부반응 실험이나 일반연구에 주로 사용되나 양질의 털을 가지고 있어 모피용이나 식용으로도 이용되는 주요 종이다. 또한 큰 귀를 갖고 있는 5~7kg 대형의 Flemish-giant 품종은 항혈청 제조에, 또 다른 중형의 Japanese White는 일반연구용으로, 2~3kg 소형의 애완용 Dutch 품종은 진단용으로 사용하는 것으로 알려져 있다. 이처럼 토끼는 실험동물로서 외과적/순환기/약리적/면역성/세균성/대사적/내분비연구.. 다양한 연구 분야에서 이용되고 있는데, 실험 시 장점으로 작용하는 특징에는 다음과 같은 것들이 있다.

1 일반 특징: 온순한 성격/적당한 크기 → 이식실험.. 외과수술 시 장점
2 샘플 채취: 혈관주사, 채혈, 연속채혈, 다량의 항혈청 획득 용이
3 안구 구조: 안전성테스트.. 안과연구에 적합한 해부학적 구조
4 생식 특성: 정확한 배란시기 ♂교미자극 → ♀배란유도 결정 가능 → 동물발생학/번식생리학/내분비학.. 특정 연구에 적합
5 질환 특성: 高콜레스테롤혈증 출생 토끼 → 인간 高콜레스테롤혈증의

모델동물 → 지질대사이상/동맥경화.. 지질대사 관련 연구에 많이 사용

III. 걸어 다니는 동물 약 공장

살아있는 약 공장 – 앞의 3장 곤충을 이용한 생체공장화에서 언급하였듯이 유전자변형으로 형질이 전환된 실험동물들은 잠재력 지닌 곤충자원처럼 각각의 개체가 걸어 다니는 동물 약 공장이 될 수 있다. 과학기술이 발달함에 따라 많은 난관에도 불구하고 연구자들은 첨단의 바이오기술로 형질전환동물을 만들어내고자 하는 노력을 아끼지 않았다. 우수한 품질의 가축생산은 물론 소량으로도 엄청난 부가가치를 창출하는 난치병 치료물질 등을 얻을 수 있기 때문이다. 이에 형질전환동물이 얻은 또 다른 이름은 '살아있는 약 공장'! 지금부터 실제 이들 동물이 만들어낸 유용물질의 국내 · 외로부터의 사례를 각각 알아보도록 하자.

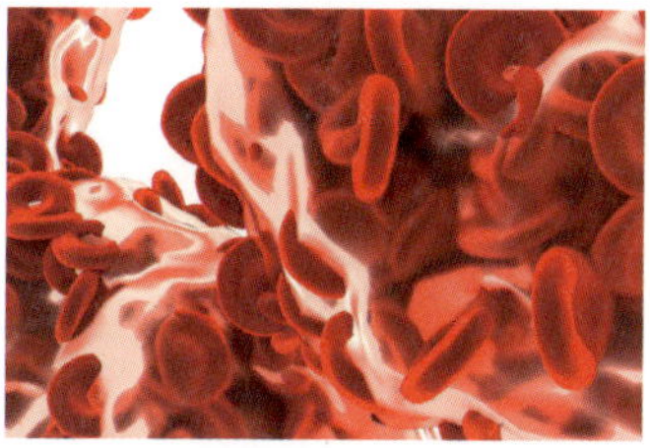

그림 6-8 출혈 상황

- **혈우병 치료제:** 이전에는 인간의 혈액응고성분 생성유전자 → 대장균.. 미생물 → 대량생산 시도했지만 양이 적어 환자 치료에는 부족하였다. 하지만 유전자변형을 거친 염소로부터 분비된 젖에 함유된 선천성 항트롬빈결핍 치료물질 혈액응고 성분을 이용하여 혈우병 치료제가 미국+유럽/2006년 해외에서 개발되어 2009년 시판되었다. 실험동물의 진가가 발휘되어 인류를 난치병으로부터 구하고 있는 것이다.

- **백혈병 치료제:** 한국도 외국과 비슷한 연구 수준에 있어 백혈병을 치료할 수 있는 물질을 만들어내는 흑염소 메디가 그 주인공이다. 메디는 인간의 백혈구 증식단백질유전자 증식인자를 가진 1998년 탄생 토종 ♀흑염소로 젖으로 이 물질을 분비하므로 젖 함유물질 확인의 시간이 길지 않고 짧았다. 백혈구 증식단백질은 면역세포인 백혈구 생성촉진 단백질로 백혈병/빈혈.. 백혈구 부족 시 필수적으로 쓰이는 그램당 9억 원! 젖 성분을 정제하여 고부가가치 신약을 만들 것으로 기대했지만 2006년 5세대까지 증식에 성공한 것 이외에는 아직 그 이후의 소식이 없는 상태이다!

  또 다른 실험에서 빈혈치료제를 생산할 수 있는 형질전환 ♂돼지 새롬이를 1999년 개발하였다. 새롬이도 인간의 혈액형성 조혈촉진호르몬 생성유전자를 갖게 되어 이론적으로 사람의 빈혈치료제를 만들어낼 수 있다. 만일 새롬이+♀돼지 → 교배 → ♀새끼돼지 낳으면, 돼지 젖에서 천연의 빈혈치료제가 대량 생산의 길이 열릴 수 있다. 2006년부터 빈혈치료제를 분리 및 정제하는 과정 등이 연구되고 있다. 형질변환 새롬이로부터 3세대까지 육성된 40여두의 돼지를 농진청이 보유하고 있다.

이와 같이 질환모델동물은 인체의 질환과 같은 병을 유발토록 유전자 변형을 거친 실험동물로 다양한 연구의 실험에 사용된다. 하지만 형질이 전환되는 실험동물들이 모두 좋은 결과로 이어지지는 않는다. 또한, 질환모델동물에 질병 유발을 위한 유전자를 주입해도 사람에게 나타나는 똑같은 병을 앓지 않는 경우가 발생한다고 한다. 이에 대해 국내의 한 연구팀은 일종의 특정유전자의 발현/억제 기능수행 유전자 스위치가 질환모델동물 질병 유발의 성공여부를 결정한다는 것을 2018년 밝혀낸 바 있다. 위 메디에 앞서 국내 최초의 형질전환으로 1996년/세계 2번째 보람이가 개발되기도 하였으나 산업화로 이어지지는 못했다. 인간유전자를 가진 ♂젖소 보람이가 태어나 락토페린 함유 모유 같은 우유를 대량 분비할 것으로 예상했으나 그 양이 너무 적어 경제성이 없었기 때문이다. 이런 예에서 보듯이 보람이, 메디 등 큰 기대를 걸며 개발되었으나 성과는 기대에 미치지 못하고 끝나는 경우도 적지 않다.

그럼에도 불구하고 이에 굴하지 않고 형질전환동물을 통한 유용물질 개발 연구는 전 세계적으로 활발하다. 돼지나 산양을 이용한 의료물질 생산이나 미국/네덜란드/호주/중국.. 해외 여러 나라에서의 락토페린/알부민/성장호르몬.. 유용물질 생산 형질전환소 개발 등 활발히 진행되고 있다. 이들 동물은 젖에서 인체 유용물질을 얻기 위해 만들어진 동물은 대량으로 고가 의약품을 얻을 수 있지만 젖이 나올 때까지 1~2년↑ 긴 기다림, 젖 분비의 제한성, 필요 성분추출에 드는 노력과 경비 등의 제약이 있다. 그 대안으로 제한 없는 소변에서 치료물질을 얻고자 실험동물의 형질을 전환시키기도 한다. 그 예는 태어나면서 평생토록 필요물질을 소변으로 생산하도록 쥐를 형질전환으로 개발하였다. 혈액 성장보조인자를 소변으로 생산하는 형질전환쥐로 ♀♂구별 없이 출생하면서 평생 생체물질을 분비한다는 것이 큰 장점이다. 이를 다량의 소변을 보는 가축에게 적용된다면 경제성 있는 생체물질을 얻을 수 있을 것이다. 지금도 실험동물은 인간에게 유익함을 주기 위해 형질이 전환되어 갖가지 실험에 이용되고 있다. 외국 사례는 고사하고 국내에서 개발되고 있는 형질전환동물의 이름을 말해 보면 보람이, 새롬이 뿐만 아니라 지노, 소망이, 믿음이, 나동이, 형광이, 영롱이, 새빛, 진이... 등 많은 동물들이 실험실에서 탄생하고 있다.

IV. 질병연구에서 최상의 재료

그림 6-9 새끼돼지

그림 6-10 돼지

- **이종장기 이식 기술에서** - 실험동물이 의료용으로 활용되는 또 다른 분야는 장기를 사람에게 이식하는 분야이다. 인류 최초 인공심장이 1963년 만들어진 이래 인체 장기를 대체할 수 있는 인공장기가 꾸준히 개발돼 왔으나, 여전히 다른 사람의 장기기증 시까지 일시적으로 생명을 연장시켜주는 인공장치 수준에 대부분 머무른다. 더욱이 수요-공급의 불균형으로 미국 보고에 의하면 심장 이식의 경우 대기자 ⅓이 기다리다 사망한다고 한다. 이에 과학자들이 가장 주목하고 있는 장기이식용 동물은 돼지! 돼지 장기의 크기가 인체와 비슷하고, 한 번에 최대 새끼 10 마리↑ 생산 가능하기 때문에 개발에 성공하면 장기의 수적 확보에 유리해진다.

무균돼지 사육기술도 개발되어 있지만 돼지조직 → 인체이식 → 인체면역시스템 작동 → 돼지조직 2~3시간 內 급격한 괴사에 들어간다. 장기간 무균실에서 이식조직에 면역적 공격방지용 사이클로스포린.. 면역억제제를 주사해야 한다. 하지만 근본적인 치료는 될 수 없었으나 2012년부터 미국을 필두로 면역 거부반응을 일으키는 유전자를 제거하는 기술까지는 개발되었다. 이종장기 기술 중 미니돼지를 이용한 세포 및 조직 이식은 전 세계적으로 임상시험 또는 그 직전 단계에까지 도달해 있다. 미국의 한 제약회사는 2015년 연간 1000개의 돼지 폐를 생산하기 위한 기업형 농장을 설립하겠다고 밝히기도 했다. 이외에 키메라 장기 또는 초소형 인공심장 제조성공 3D 바이오 프린팅을 이용한 장기 생산도 관심을 받고 있다. 최근 우리나라도 이 분야에서 매진하고 있는데, 특히 형질전환 미니돼지를 이용한 신약개발 및 바이오 인공장기 개발에 분주하게 움직이고 있다.

- **생물학 · 의학 분야에서** - 사람에서 나타나는 거의 모든 질병이 유사하게 실험동물에서도 나타나 사람의 질병연구에서 무엇에다 비교할 수 없을 필수불가결한 도구! 이러한 질환모델동물의 이용은 인체 대상으로 실험하지 못하는 질환기전 규명/치료법 개발.. 각종 난치성 질환에서 최상의 연구 재료가 된다. 1980년 이후 다양한 질환모델동물이 인체 질환과 거의 같은 수 혹은 그 이상의 모델동물들이 개발되고 있다. 최근에는 다양한 유전자도입 동물의 개발과 함께 더욱 다양하게 발전하여 체계적으로 유지되고 그 관련 정보를 제공함으로서 생물 · 의학 분야의 초석이 되고 있다.

- **신물질 개발에서** – 인체 약 투여 전 동물실험의 약물테스트 선행 이유는 사람의 DNA 구조와 동물의 구조가 서로 유사한 점이 많기 때문이다. 특히 GEM 유전자변형 마우스는 원하는 대로 특정 유전자를 변형

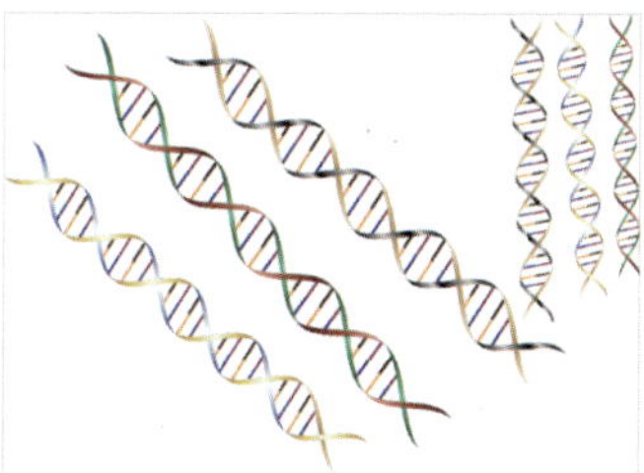

그림 6-11 DNA

시켜 유전자 하나 또는 몇 개의 조합이 갖는 기능을 알아낼 수 있다는 특징이 있다. 이 과정에서 얻은 GEM은 사람과 유사한 상태의 질병을 나타내도록 만든 질환모델동물로서 인체 질환의 의학적 연구 및 신약개발에 필수적인 실험자원이 되고 있다.

선진 각국은 인간게놈프로젝트 연구에 대한 해석으로 다양한 유전정보를 수집하여 집중적인 연구와 투자를 해왔다. 이에 20세기 말엽부터 주요 실험동물인 마우스, 랫트에 대한 다양한 DB 구축과 그 활용체계가 시스템화 되어 체계가 잘 이루어져 있다. 최근에는 침팬지.. 영장류나 그 외 생물종에 대한 유전체연구가 국가 간 공동연구로 진행되고 있다. 여기에서 멈추지 않고 각종 실험동물들은 새로이 얻어지는 신물질의 유효성이나 안전성을 검정하는 분야와 21세기 화두로 떠오르는 각종 백신개발을 위해서 연구의 중심에서 이용되고 있다. 이 분야도 국내에서는 뒤지지 않고 선진국들과 어깨를 나란히 하며 열심히 정진하는 영역이다. 1990년대 보람이, 새롬이, 메디 등 실험동물을 만들어내면서 빈혈치료제, 백혈병 치료제 등 개발에 세계 선두를 왔다 갔다 하며 활발하게 연구를 수행하고 있다.

최근에는 여기서 한 걸음 더 나아가 약물테스트를 할 수 있는 인공 생체조직 플랫폼을 만들겠다는 계획을 국내에서 발표해 실험동물이 중요한 실험대상이 되는 주체에서 변화가 예상되는 전기를 마련하고 있다. 인공 생체조직 플랫폼이란 인공 배양한 인체조직을 플라스틱 칩 위에 올린 organ-on-a-chip 인공생체 칩과 인체장기를 배양한 organoid 오르가노이드를 의미한다고 제안한 과학자는 밝히고 있다. 이러한 인공 생체조직 플랫폼이 성공한다면 동물실험을 대신할 수 있기 때문에 신약개발에 드는 시간과 경비를 절감할 수 있을 것이라는 예측이 나온다. 하지만 그 실현에는 상당한 시간이 걸리거나 우리가 원하는 대로 성과가 나오지 않을 수 있다. 어떠한 경우라도 한참 동안은 신약개발에 있어 질환모델동물들, 즉 실험동물들이 절대적으로 중요한 위치를 차지하며 다양하게 이용될 것이다.

Chapter

07

해양생물자원:

바다 속 생명창고 – 플랑크톤, 해조류의 힘, 심해 생물자원

과학자들은 지구상의 생명체가 물에서 기원하였고 아주 오랜 동안 물 속에서 수생의 상태로 생명을 유지했다고 밝히고 있다. 이처럼 지구 생명체의 탄생은 물과 직결돼 있고, 오늘날에도 지구 생태계를 구성하는 생물종들은 대부분 물 없이는 잠시도 살 수 없는 특징을 지닌다. 인간도 그 중 하나로 탄생에서부터 죽음에 이르기까지 물과는 떼래야 뗄 수 없는 관계를 유지하고 있다. 특히, 바다는 수중 생물들의 호흡작용.. 대사 작용으로 지구에 O_2를 공급하고 대량의 CO_2를 흡수하여 공기 중의 O_2 농도를 안정적으로 유지한다. 또 바다에서 증발되는 수분은 강우 → 담수자원 → 지속적인 물 공급으로 이어져 육상생물 생존에 근간이 된다. 이처럼 지구 표면적의 ~71% 상당한 부분을 차지하는 바다는 수많은 생물들이 기원하고 삶을 영위하는 역동적인 장소이다.

인류는 바다 그 자체를 터전으로 하거나 그 안에 담겨있는 자원들을 이용하여 발전 및 경제적 번영뿐만 아니라 사회문화적으로도 크게 번창할 수 있었다. 바다에서 얻는 생물자원의 대부분은 먹거리로 이용되어 어획량의 약 70%가 식용으로 직접 공급되며, 일부 어류에서 추출되는 성분은 훌륭한 영양원으로 오랫동안 중요시되어 왔다. 이처럼 바다 및 그 자원의 영향력은 인류에게 있어 말로 다 표현할 수 없을 정도로 막대하다. 바다의 자원은 크게 생물자원, 광물자원, 석유 · 천연가스, 에너지 분야로 나누는데, 각 분야의 산업적 중요성은 실로 엄청나다. 특히, 바다의 생물자원은 기 언급하였듯이 옛날부터 인류의 먹거리를 큰 비중으로 책임지고 있는 경제적으로 중요한 분야이다. 여기에 21세기 첨단의 바이오기술 접목 → 활용 → 기능성식품/신약개발.. 산업화로 이어지면 상상 이상의 시너지효과를 가져올 블루오션이 될 수 있다. 본 장에서는 전 세계적인 관심이 집중되고 있는 해양의 생물자원에 초점을 두어 그 중요성을 알아보고자 한다.

그림 7-1 바닷물

방대한 양의 ~14억㎦ 바닷물에는 지상에 있는 92개 원소의 대다수 종류가 존재하며, 주성분인 나트륨과 염소 외에도 몰리브덴/마그네슘/칼륨/우라늄/리튬/금/백금/은/브롬.. 다양한 원소가 용존되어 있다. 최근 많이 거론되는 ~40억톤/원자력발전연료 우라늄과 ~2,300억톤/전지연료 리튬은 막대한 양이 보존되어 있는 것으로 추정된다. 또한, 해저에는 석유 및 여러 가지 망간/니켈/망간/철/구리/코발트/아연.. 광물자원이 엄청난 규모로 매장되어 있기 때문에 그 개발 가능성도 크다. 이처럼 바다는 풍부한 지하자원 매장뿐만 아니라 식량으로 쓰이는 생물자원을 끊임없이 생산하고 있다. 이들 자원은 인류의 탄생에서부터 지금까지 전통적인 식량자원으로서 전 세계에 걸쳐 중요한 역할을 하고 있다. 바다와 공생의 관계를 맺고 있는 인간은 바다에서 수많은 산물과 자원을 얻으며 삶을 영위한다. 자료에 의하면 인류가 소비하는 동물성 단백질의 ~16.7% 상당량이 바다에서 오고, 연간 1억 톤 이상의 어류자원의 재생산이 가능하다고 한다. 실로 바다는 재생능력이 육지 생산성의 5~7배 뛰어난 엄청난 잠재력의 살아있는 공간이다.

그림 7-2 바다 속

그림 7-3 해저

전 세계 바다에는 ~338,600종 33여만의 생물종이 서식하는 것으로 알려져 있고, 동물은 약 18만종, 식물은 2만종으로 추정한다. 동물의 경우에는 육지에서보다 더 많은 동물들이 있어 원생동물에서 해면동물, 해파리/산호/말미잘.. 강장동물, 갯지렁이/개불.. 환형동물, 새우/게.. 절지동물, 성게/해삼.. 극피동물, 원색동물, 고래류 척추동물에 이르기까지 그 다양성이 높다. 해양식물에는 식물성플랑크톤이 그 수나 양에 있어 압도적이고, 녹조류, 갈조류, 홍조류도 많다. 하지만 바다 고유의 특이 생물종들도 많아 아직 보고되지 않아 실제 해양생물의 종류는 수십만 종 이상이 될 것으로 생각된다. 해양에는 지구 생물의 80% 정도가 있을 것으로 추정되기도 하나 전체 생물종의 수 자체가 수백만~수천만~1억種? 추정치이므로 어떤 사람들은 발견되지 않은 종들을 포함 정작 우리가 알고 있는 해양생물은 불과 1% 정도라고까지 말한다. 비록 그 수가 어느 정도일지 정확하게는 모른다 할지라도 해양에 서식하는 생물은 미세한 ㎛ 크기 박테리아로부터 집채만 한 고래나 수십 미터 이상의 해조류에 이르기까지 그 종류는 무척이나 다양하다.

해양생물들 중에는 폐쇄적인 물속 환경에 적응 생존하기 때문에 몸체에서 만들어내는 대사물질도 육상의 것과는 다른 특이한 구조의 화학성분을 가지는 것들이 많다. 최근 이들로부터 특수한 대사기능과 여러 가지 생리활성물질 등을 찾아내 산업화 공업용/신소재물질/의약품.. 원료로 개발하여 이용하려는 연구가 활발히 진행되고 있다. 이들 대사물질은 유익한 의약품이나 산업용 물질로 활용될 수 있어 해양생물자원은 미래지향적 고부가가치 산업원료로 그 이용가치를 더욱 높일 것이다.

먹거리나 양질의 영양원을 이용하는 것 외에도 해양의 자원은 다방면에서 없어서는 안 되는 중요한 원료물질이 되고 있다. 녹조/갈조/홍조.. 해조류 등 일부 자원은 식품으로서 뿐만아니라 동물의 사료, 공업제품의 원료로도 활용된다. 해조류 추출 콜로이드 가운데 홍조류 한천이나 갈조류 알긴산은 공업적으로 중요해 이들의 합성물은 여러 증점제/팽창제/응집제/습윤제/청정제/고화제/항생물질 담체.. 공업제품으로 이용되고 있다. 특히, 해조류의 주성분인 셀룰로오스/라미나린/알긴산/만니트/푸코산.. 탄수화물 중합체에서 분리된 성분들이 각종 의 · 약학/미생물학.. 실험에서 요긴하게 쓰인다. 또한, 해양의 산물을 이용한 공업용 약제와 의약품제조의 활성화는 해양의학/해양약리학.. 새로운 학문분야의 출현으로 이끄는 계기가 되었다. 의약품의 제조에는 해양의 다양한 생물종들에서 추출한 성분이 사용되어 균류 강력한 항생물질, 복족류 바이러스 사멸작용 물질, 연체동물 항암제 원료, 해삼/해면 우수한 항균제 등의 연구가 성공하였거나 그러한 것들이 개발되고 있다. 게다가 많은 해양의 동물에서 볼 수 있는 독소는 특히 제약 산업에서 중요한 원료물질이 된다. 위 언급한 산업적인 활용 외에도 해양의 산물들은 산호 보석.. 공예품이나 양식장 건설의 해면: 해면질조직 시설로도 유용하게 쓰인다.

21세기 들어 육상의 석유/석탄.. 지하자원이 빠른 속도로 고갈되면서 대체에너지 해결 방안으로 바다를 지목하고 있어 바다의 가치는 더욱 높아지고 있다. 이처럼 해양자원 중요성에 대한 인식이 한층 높아짐에 따라 바다를 면하고 있는 선진국들은 해양의 활용과 국가의 이익을 위해 기술개발 및 투자에 적극 나서는 중이다. 이에 바다의 해상자원은 물론 매장되어 있는 지하자원 채굴 등 해저자원의 확보를 위한 국가 간 경쟁은 점점 더 치열해지고 있다. 그렇다면 삼면이 바다로 둘러싸인 우리나라에서는 이들 해양자원을 어떻게 활용하고 21세기 미래를 준비하고 있을까? 지금부터 해양의 중요한 생물자원인 플랑크톤, 해조류, 심해자원 등과 관련된 전반적인 내용과 우리나라에서의 상황을 알아보도록 하자.

I. 플랑크톤이야기

해양생물은 수중생활에 적응하기 위해 독특한 특징들을 갖는다. 물은 부력이 있어 해양생물의 크기와 상관없이 모든 생명체가 물속에서 자유로이 떠다니며 살아갈 수 있게 한다. 가장 큰 동물인 25미터↑/~150톤 흰수염고래에서부터 미세한 유생이나 플랑크톤에 이르기까지 자유롭게 활동하며 서식할 수 있는 이유이다. 또한, 물의 흐름은 물질이나 생물체를 운반 · 이동시킬 수 있으므로, 운동능력이 전무 또는 거의 없는 여러 종류의 플랑크톤들을 이동시켜 물속에서 서식 가능케 한다. 단위부피에 비해 표면적이 커지면 세포와 외부와의 물질교환↑ → 영양분흡수↑, 노폐물배출↑ → 효율적인 대사기능의 수행으로 이어진다. 특히, 작은 플랑크톤의 경우, 크기가 작아질수록 부피당 표면적↑ → 마찰저항↑ → 침강속도↓ → 빛多量 표층에 오래 머무를 수 있다.

● 플랑크톤(plankton)

바다생물들은 food chain 먹이사슬 등을 통하여 서로가 서로에게 직접 또는 간접적으로 영양을 주고받는 환경에서 서로가 밀접한 관계를 가지며 살고 있다. Plankton 플랑크톤은 그리스어원의 '방랑자' 'planktos'에서 유래하였으며, 이동력이 없거나 있어도 매우 약해서 수중에 부유 생활하는 생물군이다. 대부분 수㎛~수㎜ 정도로 크기에 따라 거대나 대형에서부터 극미세플랑크톤에 이르기까지로 구분된다. 일반적으로 해양세균과 cyanobacteria 남조류는 0.5~5.0μm 초미세플랑크톤이다. 미세한 경우는 보통 0.5~0.005㎜ 크기의 부유생물군들로 대부분이 식물성이고, 5㎛ 이하이면 대개 극미세종류들이다. 미소부유생물은 1~0.5㎜ 생물체로서 대부분 동물성, 특히 각종 해양무척추동물 및 어류들의 알과 치어 및 유생들이 해당된다. 크기가 작은 플랑크톤들은 물속에서의 생존에 적합한 위치를 유지하기 위해 소형화, 큰 표면적, 섬모/편모/자모/돌기.. 복잡한 표면구조 발달 등으로 물의 저항을 크게 한다. 플랑크톤은 죽으면 분해되거나 작은 덩어리가 되어 해저로 내려간다.

플랑크톤은 대표적인 부유생물로 헤엄능력이 없거나 아주 약해 해류에 따라 움직이는 해양의 작은 동식물체에 대한 총괄적인 명칭이다. 크게 식물성과 동물성으로 나뉘는데, 식물성플랑크톤은 엽록소 등의 색소로 광합성 수행 독립영양을 하고, 동물성플랑크톤은 다른 생물이나 그 파편을 섭식하여 종속영양을 한다. 독립영양 플랑크톤들은 낮에는 광합성을 하기 위해 위로 움직이고 밤에는 영양소가 풍부한 아래로 내려간다. 특히 식물성플랑크톤은 운동력이 없거나 약하고 크기도 매우 작지만 바다의 먹이사슬에서 가장 기본이 되는 중요한 에너지 공급원이다. 대부분 광합성을 통해 필요한 에너지를 자급자족할 수 있어 깊은 바다에는 살 수 없고 제한된 깊이에서 부유한다. 크기가 작아 광합성에 필요한 빛이 들어오는 수심에 머물러 있기가 유리한 것이다. 이들은 바닷물의 흐름을 이용하여 살고 있는 깊이를 조정하고, 새로운 영양분과 먹이를 찾아가며, 포식자를 피하는 등 생존에 대한 다양한 생태적 적응을 발달시켜 왔다.

※ 참고: 2017년, 스위스 취리히연방공대 환경공학연구소 연구팀은 난류와 와류 등 바다 속 환경을 그대로 재현한 microchamber 마이크로 챔버에서 관찰한 플랑크톤의 움직임 연구에서 플랑크톤의 이동비밀을 규명하였다. 와류 유무에 따라 위나 아래로의 행동패턴이 달랐으며, 난류 발생 시 이들은 몸체 모양을 바꿔 이동한다는 사실을 발견했다. 위로 움직이는 난류에서는 비대칭적인 배의 형태, 아래로 움직이는 난류에서는 계란의 형태로 몸을 바꾸는 것이었다. 1 마이크론 변화에도 모양을 바꾸며 물의 흐름에 대응하여 바다에 완벽하게 적응한 것으로 보이는 놀라운 일이라 밝히고 있다. 오늘날 지구온난화 등 기후변화가 바다의 난류에도 영향을 미치고 있어 의미 있는 연구결과가 되고 있다.

식물성플랑크톤

지구 생태계 광합성의 대부분은 식물성플랑크톤이 담당하며, 이들이 만든 에너지는 먹이사슬에서 다시 해양의 많은 다른 생물들로 이동된다. 식물성 플랑크톤은 햇빛이 유효하게 도달하는 표층에 분포하며 200m보다 깊은 곳에서는 거의 볼 수 없다. 육상의 식물들이 하는 일을 바다에서는 식물성플랑크톤이 하고 있다. 규조류/남조류/편모조류.. 몇몇 그룹이 식물성플랑크톤의 주를 이루는데, 초미세 및 미세한 식물성플랑크톤은 매우 다양한 종류로 구성되어 있다. 이들은 녹색, 황색 등의 색소를 이용한 광합성을 통해 물과 이산화탄소로부터 용존 영양분을 만들고 무기염류를 생성해 동물성플랑크톤에 먹이를 공급한다. 식물성플랑크톤은 1일 정도의 짧은 세대시간을 가진 1차 생산자로서 해양의 동물성플랑크톤/어류.. 모든 소비자에게 기본적 먹이를 제공하므로 생태학적으로 매우 중요하다.

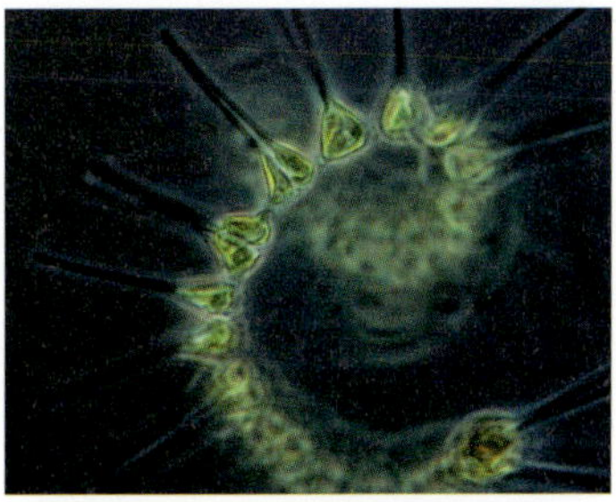

그림 7-4 식물성플랑크톤

식물성플랑크톤은 매우 다양하고 막대한 양을 지닌 생물자원으로 대부분은 식품 및 사료제조 그리고 생물비료 등에 이용된다. 증식이 매우 빠르고 많은 단백질/탄수화물/비타민/무기질/식이섬유.. 영양소가 포함된 영양균형이 뛰어난 식품으로 건강보조식품의 산업화 대상이다. 최근에는 이들의 응용 측면을 강조하는 생리활성물질, 에너지생산, 폐수처리 분야에서의 연구들이 점점 부각되고 있다. 특히, 전 세계에 걸쳐 연간 건조중량 기준 약 1백억 톤 플랑크톤이 생산되므로, 이를 에너지전환에 사용하면 에너지 문제를 크게 걱정할 필요가 없게 된다. 미국과 일본이 플랑크톤의 에너지자원으로서의 응용에 심층적인 연구를 하고 있다. 환경오염 문제해결에도 이용되고 있는데, 오염원의 영향에 대한 자료 획득 혹은 유해물질에 의한 汚染度 오염도 감정 가능한 시험생물로서의 식물성플랑크톤을 찾는 연구가 이루어지고 있다. 최근 많은 의약품들이 해양생물로부터 얻어지고 있는 시점에서 의약품 개발로도 연결될 수 있는 미래자원이 될 수 있다.

동물성플랑크톤

물에 떠서 사는 동물플랑크톤은 단세포성의 크기 20㎛ 미만 작은 것부터 해파리.. 수 미터 길이까지 크기가 다양하다. 대부분은 수십㎛~수㎜ 크기로 흔히 볼 수 있는 동물성플랑크톤으로는 원생동물, 해파리, 요각류 등을 꼽을 수 있다. 부유생활을 하는 종생플랑크톤과 바닥에 사는 저서동물의 유생처럼 어린 시기에 일시적으로 부유생활을 하는 것도 있다. 동물성플랑크톤은 심해까지 분포하며, 특징으로 낮에는 중층에 밤에는 표층에 수직이동이 가능한 생물군이다. 플랑크톤 분포를 결정하는 요인으로는 수온, 염분, 밝기, 수심, 물의 흐름, 영양염류, 먹이 및 포식자의 양 등이 알려져 있다. 해양 관측에서는 플랑크톤 채집을 하는 경우가 많은데, 그 이유는 이들이 물의 흐름에 따라 움직이므로 그 종류가 언제 어디서 증식하는가를 알아내 해류의 이동과 혼합, 흐름의 변화 등을 알 수 있는 지표가 되기 때문이다. 또 연안이나 담수에서는 플랑크톤의 종류와 양의 변화에 의해 물의 오염이나 적조의 발생을 알 수 있다. 열대지역에는 적은데, 이는 식물성플랑크톤의 증식에 필요한 질소/인/규소.. 영양염류의 양 때문이며 어장 형성의 중요한 요인이 되고 있다.

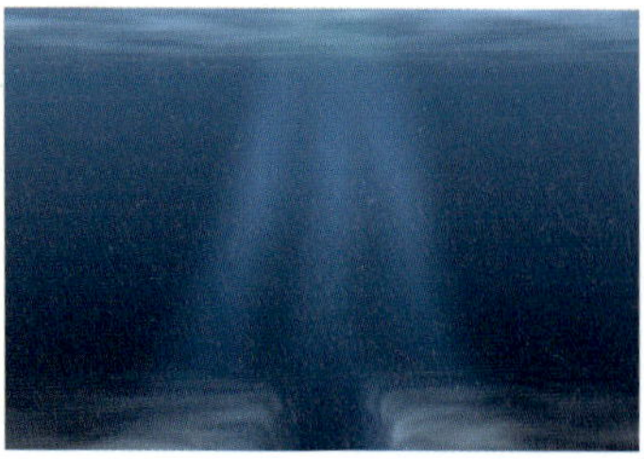
그림 7-5 플랑크톤 이동

전 세계 바다에서는 플랑크톤들의 대규모 수직방향으로의 이주가 매일 일어난다. 2017년/요각류 최근 동물성 플랑크톤 연구에서 이들이 내부의 유전자 시계 시스템을 사용하여 외부 자극에는 독립적으로 매일 같은 행동을 한다는 연구결과가 나왔다. Daily system 일주기성 시스템이 동물성 플랑크톤의 신진대사 리듬에 작동하여 밤마다 표층으로 떠오르고 동트기 전에 다시 깊은 바다로 내려가는 수백 미터에 이르는 이주 행동을 유도한다고 한다.

인간에게 주는 폐해

가장 중요한 플랑크톤의 역할은 모든 수산물의 기초 생산자로서의 역할이나, 때때로 이들이 크게 번식을 하여 물색깔이 푸른색/홍갈색/황갈색 변해버리는 적조현상이 일어난다. 적조를 일으키는 플랑크톤은 식물성플랑크톤이 가장 일반적이다. 적조는 주로 여름에 물의 움직임이 적으나 영양염류가 많은 수역에서 규조류/남조류/편모조류.. 플랑크톤이 급속히 번창하면 발생한다. 바다에서의 적조현상은 '죽음의 바다'라고 불릴 정도로 해양생태계에도 미치는 피해가 엄청나게 크다. 적조가 일어나면 물속 용존산소를 플랑크톤이 대량으로 소비하여 산소 농도가 낮아지기 때문에 심각한 악취는 물론 어패류를 폐사시켜 양식장 등 수산업에 큰 피해를 입힌다. 적조 유발 플랑크톤 중 독성 조류가 있으면 그 독소로 인해 다른 생물들이 폐사하기도 한다. 만약 사람이 독성물질 축적 어패류를 섭취하면 중독증상이나 치명적인 결과가 나타날 수 있다.

해양미생물

해양미생물이란 바다에 서식하는 일체의 세균/진균류/단세포 조류/원생동물/바이러스.. 작은 생명체이나 일반적으로 세균, 진균류 및 바이러스로 제한된다. 바닷물에는 육상과 다른 독특한 저온성/친압성/호염성/빈영양성.. 특성을 지닌 해양미생물이 서식하는데, 이들은 해수와 퇴적층에서의 물질순환에 아주 중요한 역할을 한다. 해양 고유의 세균은 2.5~3.0% 호염성으로 최적의 성장에는 염분이 필요하며, 보통 20‰~40‰의 염분농도에서 최적의 성장을 보인다. 해양 용적의 ~90%↑ 대부분을 차지하는 심해는 수온이 -1~5℃ 낮기 때문에 해양의 세균들은 낮은 온도에서도 성장할 수 있어야 한다. 대부분의 해양세균은 성장속도가 매우 느리고 친냉성 또는 냉온성이며, 수압이 높은 심해에 적응해 대개 친압성이다. 일부 질화세균 세균은 질소의 순환에 있어서 중요하다. 대표적 해양세균으로는 *Vibrio*, *Pseudomonas*, *Flavobacterium*, 방선균, 발광세균 등이 있고, 이 중 발광세균은 물속에서 화학에너지 → 빛에너지로 전환시켜 녹색/푸른색 특유의 빛을 낸다.

그림 7-6 심해발광

그림 7-7 발광_해양생물

발광세균 대부분은 *Photobacterium*, *Vibrio* 등에 속하며 자유로이 부유하거나 다른 오징어/심해어.. 생물의 발광기관에 붙어 공생한다. 세계 각 국은 이러한 해양미생물의 특수 기능에 관심을 갖고 그들이 만들어내는 유용물질을 자원화하려고 노력하고 있다. 근래에는 해양오염, 魚病/물고기병 어병 문제, 바이오기술 활용 등의 측면에서도 해양미생물의 물질대사를 심층적으로 연구하고 있다. 우리나라에서는 2017년 한걸음 더 나아가 화석연료를 대체할 차세대 연료로 수소에너지를 해양미생물에서 얻는 기술을 개발하고 있다. 기술 산업화에 핵심이 되는 미생물은 NA1 원시 해양미생물로 물과 일산화탄소의 화학반응을 촉진해 많은 양의 수소를 분리해낼 수 있다고 한다. 정부는 해양생물자원을 활용한 에너지와 신소재 개발을 적극 지원해 앞으로 해양바이오 산업을 혁신적인 성장산업으로 육성하겠다고 밝힌 바 있다.

II. 해조류의 힘

해조류는 양질의 식이섬유를 지니는데, 해조류의 세포벽은 육상식물의 세포벽보다 두꺼운 편이다. 이들의 세포벽에는 식물세포벽 성분인 셀룰로오스가 대부분 발견되기는 하나 그 양은 많지 않으며, 홍조류나 녹조류 세포벽에서는 만난/크실란.. 점질성 다당류가 발달한다. 점질다당류는 해조류가 함유하는 주요 식이섬유로 세포-세포 사이에 분포하며, 종류에 따라 상이한 성분들이 들어있다. 잘 알려진 점질다당류로는 홍조류의 한천과 카라기난, 갈조류의 경우에는 사람 소화효소로는 분해되지 않는 저장다당류 라미나란과 알긴산 식이섬유, 녹조류에서는 수용성 우론산과 황산다당류 등이 발견된다. 해조류의 식이섬유는 육상식물의 조직에서는 볼 수 없는 한천/카라기난/알긴산.. 성분들이다. 세포벽에 이런 성분들이 발달하는 것은 아마도 염 농도 높은 해양의 환경에서 성장 및 생존하기 위해 세포 간 이온출입을 조절할 수 있는 특별한 구조로 분화하였기 때문이라고 추측한다.

해조류가 또 관심의 대상이 되는 이유는 이들의 암 발생 억제기능과 관련이 있고, 해조류의 항암효과는 많은 연구에서 밝혀지고 있다. 실제로 해조류 섭취가 많은 식단은 그렇지 않은 경우에 비해 여러 나라에서 암 발생의 빈도가 낮은 것으로 보고돼 있다. 이런 결과는 해조류 성분의 생리활성작용과 밀접한 관계가 있음은 두말할 나위가 없다. 해조류 항암작용과 연관된 각종 활성물질 탐색 연구에서 다양한 다당류/지질/저분자물질.. 물질들이 항암활성이 있는 것으로 확인되었다. 연구의 일예로 다시마+생쥐 동물실험 결과, 항암활성의 작용기들이 초기단계에서 발암을 억제하거나 면역회복에 작용하는 성분들이 다량 함유되어 있음이 밝혀져 있다. 식이섬유도 발암물질 흡수처리 유해물질 제거에 그 역할을 하여 발암 억제기능을 하는 것으로 나타났다. 우리의 식탁에는 옛날부터 해조류가 많이 올라왔고, 이는 한국인의 암 발생억제에 직·간접적으로 영향을 미친 것으로 생각된다. 하지만 근래엔 해조류 생산과 소비가 감소 추세에 있어 암 발병 증가와 무관치는 않을 것으로 보는 사람들도 꽤 된다.

주요 해조류

- **녹조류:** 육상의 식물과 유사한 엽록소a,b/크산토필/카로티노이드.. 색소를 지닌다. 우리나라 연안에서 발견되는 녹조류는 80종 이상이고, 생물량은 파래나 갈파래 종류가 가장 많다. 파래는 영양 만점의 해조류로 칼륨/칼슘/철분/요오드.. 무기질과 섬유소가 골고루 들어 있어 성인병과 비만방지 식품으로 크게 부각되고 있다. 특히, 낮은 열량과 풍부한 식

그림 7-8 녹조류

그림 7-9 녹조_청각

물성 섬유소 성분은 이들을 최적의 다이어트 식품으로 만들어주고 있다. 칼슘이 많아 골다공증에 좋으며 조혈작용에도 효과적이다. 특히, 비타민을 다량 함유한 일명, 청태 갈파래 → 가축사료, 화장품 원료로 인기가 높다.

- **갈조류:** 우리가 즐겨 먹는 미역, 다시마, 모자반, 톳 등이 해당되며, 대부분 크기가 크다. 갈조류 특유의 색깔은 녹색 엽록소보다 푸코잔틴 갈색소가 상대적으로 많기 때문이다. 미역과 다시마에는 섬유소와 알긴산이 다량 함유되어 있고, Fe/I/Ca.. 미네랄이 풍부하여 신진대사 촉진 및 조혈작용을 한다. 또한 피를 맑게 하는 라미닌/후고이단.. 정혈성 분들도 들어있다. 톳은 특히 빈혈예방에 효과적이다. 모두 식이섬유가 풍부하고 칼로리가 낮아 다이어트에 최상의 재료이다.

그림 7-10 다시마

그림 7-11 미역+홍조

그림 7-12 홍조_우뭇가사리

- **홍조류:** 종류가 ~4,000종 매우 다양한 해조류로 피코에리드린 홍색의 광합성색소를 갖는다. 우리나라 연안에 분포하는 ~600종 해조류의 70% 정도를 차지하는 김은 대표적 홍조류이다. 하지만 그 색은 대체로 일정하지 않아 녹색~갈색 다른 색깔을 띠기도 하는데, 홍색이 없는 것이 아니라 다른 광합성 색소에 덮여 특유의 홍색을 나타내지 않기 때문이다. 단백질 함량이 매우 높은 김은 우수한 고단백 식재료로

많은 사랑을 받고 있는 한국을 대표하는 슈퍼 푸드! 우리나라는 김의 생산과 수출에 있어 세계 1위 국가로 2017년/4,120억원 2018년 4170억 원의 시장규모를 갖고 있는 식재료로서의 역할이 남다른 해양자원이다.

● 해조류의 산업적 이용

해조류는 상당한 양의 단백질과 비타민, 미네랄 등을 함유하는 자연식품으로서 김, 파래 등에는 레몬에 함유된 비타민C의 양과 거의 맞먹는 양을 갖고 있다. 우리에게 익숙한 해조류는 김, 미역, 파래, 다시마 등에 국한되어 있으나, 고대로부터 많은 종류들이 식품이나 사료, 비료 등에 사용돼 왔다. 최근에는 천연물 추출기법을 이용하여 공업원료, 의약품으로 개발되고 있고, 해조류 고분자 추출물질인 phycocolloids 파이코 콜로이드를 원료로 한 상품은 전 세계 시장규모가 1,700억 원이나 된다. 해조류의 생산량은 연간 2천만 톤에 이르는데, 거의 대부분이 식량으로 사용되고 일부만이 화학과 공업용 원료, 의약품 등으로 이용되고 있다. 근래 바이오기술을 토대로 한 생물 산업이 활발히 전개되어 해조류에 대한 광합성 엔지니어링 기술과 유전자변형을 통한 유용물질 생산기술 등의 실용화 단계에 이르렀다.

해조류는 의약품으로서도 광범위하게 사용되어 갈조류에 많은 요오드는 갑상선종 치료에 효험이 크며, 해조류의 종류와 성분에 따라 감기나 폐 및 위 질환, 괴혈병의 예방에 좋다. 화학 · 공업용으로 이용되는 아가, 카라기난, 알긴은 다당류로 agar 아가는 특유의 점성으로 제빵, 제과업, 통조림업계와 미생물의 배양배지로 이용된다. 그러나 독점과 초과수요로 인한 남획으로 생산량은 줄어들고, 이용가치 또한 다른 원료에 의해 줄어들고 있다. 반면, 카라기난과 알긴의 이용범위는 한층 증대되고 있으며, 생산량도 매년 증가 추세에 있다. 카라기난, 후셀라란, 후노란 등은 식품, 약품, 화장품, 도료 등으로 이용되고, 최근에는 메탄이나 알코올 같은 연료공급원으로 연구되고 있다. 미국에서는 대형 해조류에서 메탄가스를, 미세 해조류에서는 유용한 유지 및 청정에너지인 수소를 생산하려는 연구가 실행 또는 계획 중에 있다.

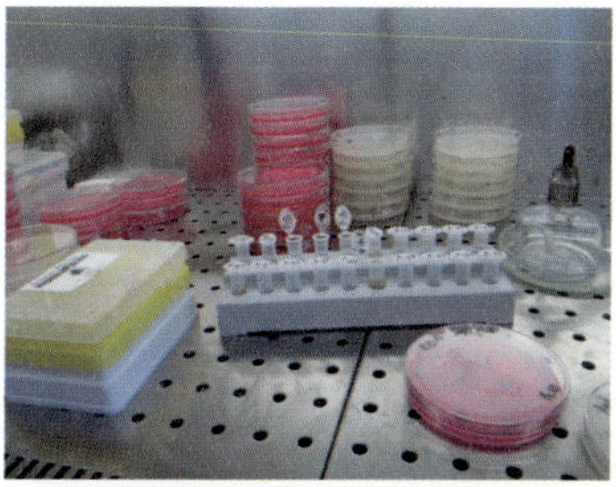

그림 7-13 한천_배양배지

세계적으로 상용되는 해조류 시장의 규모는 매우 커서 2018년 약 141억불에 이르렀고, 계속 성장하여 2023년에는 211억불을 상회할 것으로 전망하고 있다. 시장 성장의 큰 요인이 되고 있는 것은 해조류의 기능적 특성을 살려 새로운 시장으로의 기회 모색이라고 분석된다. 즉, 해조류 진액으로 만든 겔화제/결착제/증조제.. 식품산업 및 섬유산업용 제품 개발이 시장 성장의 큰 요인이 되고 있다. 이 외에도 갈조류를 이용한 고칼륨 비료와 바이오플라스틱 원료로서의 수요도 증가하고 있다 하지만, 해조류 효능을 과신하여 과잉섭취하면 이들에 포함된 중금속이나 독소 등이 인체 축적으로 이어질 수도 있다. 이는 향후 해조류 시장 성장에 있어 발전 억제 요인이 될 가능성이 있어 유의해야 할 점이다. 세계의 commercial seaweeds 상용 해조류 시장에 대한 자세한 내용은 참고문헌 내 웹사이트를 참조하기 바란다.

그림 7-14 향유고래

현재 지구상에는 양서류/파충류/조류/포유류.. 다른 동물류를 모두 합한 종의 수 보다 많은 약 32,000여종의 어류가 살고 있다. 척추동물 가운데 약 5억3천만 년 전 가장 먼저 지구에 나타난 것으로 추측되는 어류는 척추동물 중 하등한 무리에 속하고, 수온은 이들이 살 수 있는 서식 범위를 결정하는 가장 중요한 요인이 된다. 앞에서 언급하였듯이 어류자원은 세계 동물성 단백질의 주요 공급원으로 산업화되어 오래 이용되고 있다. 종의 수준에서 오랜 기간 이용되어 온 경우의 예는 길이 21m/몸무게 50톤/머리는 몸길이1/3 거대한 몸체의 향고래에서 찾아 볼 수 있다. *Physeter catodon* 향고래는 오징어/문어/상어/물고기.. 다양한 어류를 먹는데 머릿속 기름과 장뇌가 정밀한 기계장치의 윤활유로 쓰여 예부터 사냥의 목표가 되었다.

내장에 있는 용연향은 고래가 잡아먹은 오징어부리 먹이가 소화되지 않고 창자에 모여 발효된 것으로 고급향료의 원료이다. 오늘날에는 이러한 이용뿐만 아니라 심해 등 극한의 환경에서 살고 있는 생물종들에 많은 관심을 가진다. 특히, 심해자원의 잠재력을 대상으로 한 신물질탐색 연구에 많은 나라들이 착수하여 적극적으로 유용물질 개발에 박차를 가하고 있다. 최근 미국+영국 국제공동조사를 통해 세계에서 해저 8143m/태평양 마리아나해구 가장 깊은 바다 서식 심해어 꼼치류 2종을 새로 발견했는데, 전에 보지 못했던 완전히 새로운 어류였음이 밝혀졌다. 흐물흐물한 몸체와 큰 날개 형태의 지느러

미를 지니고 헤엄치는 모습은 종이가 떠다니는 것과 같았고, 또 다른 수심 7703m/영국+일본 공동연구/태평양 일본해구 해저에서 발견된 어종도 꼼치류로 보고 되었다.

심해 생물자원의 잠재력

심해란 바다 수심이 200m를 넘는 해양 내 깊은 공간으로 매우 높은 수압이 특징적이다. 심해어 깊은 바다의 물고기들은 높은 수압을 견디며 적응하였기에 gas 기체를 지닌 부레의 퇴화나 부레가 다른 저유(貯油)기관.. 기관으로 변한다. 하지만 이들보다 하등한 무척추동물은 부레 같은 기관을 갖고 있지 않아 높은 수압도 문제가 되지 않는다. 그 예는 밤 몇 시간에 ~400m 수직이동 가능 수 백 미터나 움직이는 플랑크톤이나 심해연구선에 붙어 ~3000m 심해 잠수 후에도 생존 및 번식활동에 문제가 없는 따개비 등에서 볼 수 있다. 그러나 심해로 내려가며 수압이 높아지면 진화된 해양생물이든 하등한 종류이든 기본 생명활동에는 여러 가지 문제들이 발생한다.

그림 7-15 (상) 심해잠수1
그림 7-16 (하) 심해잠수2

심해어는 빛 全無 수심 200m↑ 깊은 바다에 사는 어류로 현재까지 1,300여종이 발견되어 있고, 심해관측선으로 수심 3,000m↑ 서식 심해어까지 보고된 상태다. 과연 이들 심해어는 어떻게 그 엄청난 수압을 견디며 깊은 바다에서 살 수 있는지 항상 의문점이다. 인간이나 육상동물, 일반 물고기들은 이런 압력을 견뎌낼 수 없다. 심해어가 아닌 평범한 어류들 또한 마찬가지다. 심해어들이 극복한 비밀은 이들 체내에 가득 차 있는 체액에 있다. 일반 어류들은 부레나 타 기관에 기체가 차 있지만, 심해어는 부레의 퇴화 또는 기관변화가 일어나고 기체 대신 액체인 체액이 들어찬다. 대체된 액체가 기체보다 압력의 영향은 물론 압력변화에 따른 변동도 적기 때문에 높은 수압에서도 견뎌낼 수 있는 것이다.

※ 참고: 바다에서는 수심 10m 내려갈 때마다 압력은 약 1기압씩 증가한다. 만약 생명체가 심해 1,000m에 있다면 수압은 1기압 대기압 약 100배에 해당하는 압력으로 내려가 물리적으로 상당한 영향을 받는다. 3,000m → 300배, 10,000m → 천배

심해에는 빛이 없으므로 거의 대부분의 광합성 해조류나 식물성플랑크톤은 빛이 도달하는 깊이에서 서식한다. 광합성에 필요한 빛은 대략 150m 정도까지만 이르기 때문에 더 깊은 곳에서는 이들은 그 기능을 거의 수행하지 못한다. 연안 근처에는 상층에 플랑크톤 분포량이 많고 육지 유입 생물체의 파편이 많은 반면, 심해로 내려가면서 광합성 수행 생명체는 거의 희박해진다. 더 깊은 천 미터 이하에서는 먹이사슬의 기본 생산자인 플랑크톤의 수는 급격히 줄어들고, 동식물 사체나 그 분해물질들이 기초가 되면서 먹이연쇄가 만들어진다. 그러므로 일반적으로 심해생물이라 하면 심해동물을 지칭하는 것이며, 이들은 빛이 적거나 없는 환경과 관계가 깊은 눈 퇴화/발광기有/물 진동감지 옆줄 몸체의 변화를 겪으며 진화하였다. 일부 심해어는 더 특이한 형태로 발달하는데 이는 먹잇감이 희박한 환경과 관련 있어 매우 큰 입, 엄청난 크기로 확장 가능한 위, 날카로운 이빨

등을 가진 경우들이다. 더 깊은 바다로는 3000~6000m/수온 4℃ 심해대와 가장 깊은 해구 해역인 6000m↑/수온 1.2~3.6℃ 초심해대로 7,000m를 넘는 심연의 해구도 잘 알려져 있다. 육지와 비교적 가까운 거리에 있는 일부 해구는 동물상은 심해대보다 한층 빈약하지만 생물량이나 종류가 많음이 알려져 있다.

● 심해 생물자원 ⇌ 바다의 비밀

미국의 Woods Hole 우즈홀 해양연구소는 1974년부터 시작한 갈라파고스 제도 해역에서의 심해탐사에서 해저 화산활동 징후를 발견하고 이를 확인 및 연구하고자 1977년 유인잠수정 Alvin 앨빈호를 심해로 내려 보냈다. 과학자들이 잠수 90분 후 2700m 해저 도착에서 발견한 것은 예상과는 완전히 다른 바다였다고... 검은 연기와 ~350℃ 뜨거운 물이 굳은 용암 틈에서 솟아나오고 연기 솟는 굴뚝 주변에는 수십㎝ 큰 대합과 홍합들이 수없이 붙어 있었다. 1979년 다시 방문한 과학자들은 사막의 모습을 하고 있는 해저에서 더 새로운 발견을 하였다. 심해에서 뜨거운 물이 분출되는 곳/일명 '바다 속 온천' 열수분출공의 생물다양성과 밀도는 상상 이상으로 높았다고 한다. 가장 많은 종류는 거대한 직경 수㎝/길이 1~2m tubeworm 관벌레였고, 그 주변에는 다른 동물들이 떼를 지어있었고. 발견된 대부분이 처음 보는 특이한 종들이었다는 후문! 갯지렁이류/심해홍합류/이매패류/등굽은 새우/눈먼 게/다알리아 꽃 닮은 해파리..

공기 중에서는 100℃ 물 → 수증기화 되는데, 350℃ 물이 수증기가 되지 않고 열수로 솟아 나온다니... 대기압이 있는 곳에서는 불가능하나 2,000~3,000m 해저 열수분출공에서는 압력이 200~300기압 매우 높기 때문에 가능한 일이다. 육상의 생태계는 식물의 광합성으로 유지되는데 심해에는 빛이 없어도 열수분출공 분출 검은 연기 속 황화수소를 산화 → Energy 화학에너지 → E 이용 → 탄수화물 합성하는 세균들이 수없이 많다. 열수에는 물론 분출하는 주변 주변 해수 ~2℃/열수 주변 ~20℃ 온수에도 유화수소가 다량 포함돼 있어 유화수소 산화 → 유황/유산 → 생물에너지를 얻는 화학합성 세균도 있었다. 이들은 식물이 광합성산물로 포도당 탄수화물을 만드는 것과는 달리 화학합성을 하여 탄수화물을 만드는 화학합성 세균이다. 지구생태계의 에너지원이 식물의 광합성이라면 심해 열수분출공 생태계를 부양하고 있는 것은 이들 화학합성 세균이 되는 것이다. 이러한 발견으로 광합성 없이도 생태계가 유지되고, 식물이 기초생산자인 육상의 생태계와는 전혀 다른 세계가 깊은 바다 속에 있다는 것을 아는 계기가 되었다. 이들 생물종 대부분이 지금까지 알려져 있지 않은 것들이며, 생장속도나 생물활성도 열수분출공 없는 같은 수심의 심해저와 비교해도 높은 것으로 밝혀져 있다. 빛이 없는 암흑 상태로 매우 높은 수압에 황화수소와 같은 독성물질이 솟구치는 열악한 열수분출공에 생명체가 살고 있다는 것은 정말 놀라운 일이다. 이들 대부분은 내열, 내압, 내염, 내한 등의 특이한 기능을 갖추고 있다. 이러한 특수기능을 체계적으로 검색하여 유용한 물질들을 찾아낼 수 있다면 고부가가치의 유용자원으로 개발할 수 있으며, 그 목적을 달성하기 위하여 해양 선진국들은 이 분야에 지속적인 연구 및 개발 등 노력을 기울이고 있다.

이러한 열수분출공이 심해 해양자원으로서 뿐만 아니라 또 다른 의미에서 매우 중요한 연구대상이 되는 분야가 있다. 바로 생명체 기원을 연구하는 과학자들에게는 아주 중요한 연구 장소이다. 그 이유는 이런 환경이 지구상에 생명체가 처음 탄생했을 때의 조건과 비슷했을 것이라고 생각하기 때문이다. 열수분출공 주변의 독특한 생태계를 연구해서 지구상에 생명체가 탄생된 환경과 그 과정에서 일어나 일들에 대한 중요한 지식을 얻을 수 있을 것으로 기대하고 있다. 아마 지금 이 순간에도 과학자들은 지구상에 생명체가 탄생할 수 있게 된 계기나 비밀을 풀 수 있는 단서를 찾기 위해 척박한 환경의 열수분출공 주변을 탐사하고 있을 것이다. 참고로 이러한 열수분출공들은 21세기 산업공정에 필요한 금속을 많이 포함하고 있기 때문에 광물자원으로 개발하려는 노력도 함께 진행되고 있다. 다음에서는 해양생물자원 탐사관련 내용을 2018년 해양과학기술원 자료를 참고 및 발췌하여 간략하게 소개하고자 한다.

21세기 들어 해양생물자원 탐사분야는 전 세계적인 눈부신 활약으로 더욱 발전하고 있다. 해양 선진국들은 해양탐사를 다양한 과학 분야와 접목시켜 진행하고 있으며, 2003년/크레이그벤터연구소(JCVI) 미국은 이미 해양미생물의 비밀을 밝히는 프로젝트를 시작하여 2003~2010년 전 세계 바다에서 수많은 시료채취 → 해양생물 DNA+단백질서열 규명 → DB 구축 → 자료 공개 → 자유로운 이용 가능토록 하였다. 이때 자료 분석프로그램의 개발도 병행하여 해양과학의 발전에 크게 이바지하였다. 또한 미국 연안의 어류연구 관련 장기 프로젝트에서는 수십 년 동안 장기간에 걸친 자료 축적과 분석으로 해양에서 동물플랑크톤 생물량이 감소하고 있음을 알아낸 바 있다. 특히, 1988년 20세기 말엽 시작된 해양연구에서는 20년 동안 해양산성화 심화 및 대서양 표층 해수의 CO_2 흡수층 감소 등도 밝혀내었다.

이와 함께 해양생물의 다양성 및 기후 변화를 연구하는 데 기여한 해양탐사프로그램인 타라탐사도 눈여겨 봐야한다. 2003년/프랑스 비영리 조직에 의해 운영되어 10년간/10회/30만km 항해 전 세계 바다를 탐사하며 기후변화 및 생태계 영향을 연구하였다. 총 150개 지점에서 27,000개의 시료채취 및 분석으로 기후변화에 따른 부유생물과 산호초 생태계의 영향을 조사하여 주목할 만한 성과를 이루었다. 발견된 50만개 미생물 중 95%↑ 미지의 생물종으로 밝혀져 놀라운 결과를 보여주었고, 그 외 해양생물의 서식장소와 개체 수 파악 및 분석한 '해양생물조사' 또한 중요한 자료가 되고 있다.

IV. 해양생물을 이용한 신물질개발

해양생물을 이용한 신물질개발은 우리가 상상 속에서만 가능하던 가상의 것들을 현실세계로 가져올 수 있도록 하는 매개체가 되고 있다. 밤에 빛을 내는 발광식물이나 때가 되면 생체시계가 켜지는 애완곤충 등의 개발은 단순한 꿈에 지나지 않을 수 있다. 발광식물 개발의 핵심은 심해어에 기생하는 발광세균이 가지고 있다. 이미 어느 바이오기술 연구에서는 발광유전자 분리 → 유전자변형 → 식물체 이식하면 흥미로운 결과가 나올 것으로 예측된 바 있다. 최근 해양생물에 대한 유전자재조합/세포융합/염색체조작.. 바이오기술을 통한 해양생물의 육종 관련 연구들이 시도되고 있으며, 유용 생리활성물질을 검색하여 암/AIDS/종양.. 치료제를 개발하거나 호르몬/방어물질/변태촉진물질.. 생물유래물질을 특수의약품 소재로 개발하려는 연구가 진행되고 있음이 알려져 있다.

해양생물은 다양한 조건에 내압/내염/내열/내한.. 내성 또는 독특한 발광/광합성/질소고정.. 기능을 갖고 있어 이를 규명하면 각종 기초 및 산업화 응용 연구, 환경오염 제어 연구, 대량배양 및 양식 등의 분야에서 소중하게 쓰일 것이다. 우리나라도 예외는 아니어서 해양생물자원을 활용한 연구 및 산업화 영역에 민관이 협력하며 적극적으로 대처하고 있다. 해양생물을 이용한 신물질개발은 실제 다양한 영역에서 진행되고 있으나 다음에서는 21C 미래지향적 분야인 의약품, 식품, 청정에너지 개발에 대해 알아보도록 한다.

의약품개발

지금까지의 의약품개발은 육상생물에서 추출된 천연물질과 그 합성유도체가 주를 이루었으나, 육상 생물자원의 고갈로 점차 5만여종 해양생물이 그 대상이 되어 새로운 의약품 연구개발의 寶庫 보고로 주목 받고 있다. 일찌감치 해양생물을 연구하던 나라들은 해양생물 추출 생리활성물질에 대한 신물질특허를 더 받고 있고, 일부는 이미 새로운 의약품으로 개발되기도 하였다. 아직은 그 역사가 짧지만 이는 해양자원의 생리활성물질을 규명하는 학문 해양천연물화학 분야의 발전을 가져오는 계기가 되었고, 이미 미국/유럽/일본.. 해양선진국에서는 많은 연구가 수행되고 있다. 해양생물이 지닌 독특한 생리활성물질 작용가운데 특히 주목을 받는 것은 항암, 항바이러스, 효소억제, 소염, 항균능력 등이다.

최근, 해양수산부는 녹조류 깃털말에서 항암물질 렉틴을 추출하여 대량생산 기술개발 및 이를 활용한 국내 항암치료제의 상용화 기반을 마련했다고 밝혔다. 2018년 렉틴은 항암 및 면역증강 작용이 있는 단백질로 항암제 주성분으로 널리 사용되는데, 2012년 세계 최초 깃털말 함유 렉틴성분 확인 → 2016년 렉틴성분 대량 생산기술 개발을 추진하였다. 렉틴 함유 항암제는 기존의 부작용–정상세포도 공격 항암제와 달리 정상세포에는 작용치 않고 특정 암세포만 작용 → 부작용↓↓ 결과로 알려져 있다. 항암치료제는 국내에서 가장 많이 수입하는 의약품 중 하나로, 2016년 기준 전체 항암치료제 수입규모는 6천300억 원에 달한다. 개발되는 항암제는 47조원 규모의 세계 항암치료제 시장에서 경쟁력을 갖추게 될 것으로 기대하고 있다. 기존에는 콩의 렉틴성분 → 대장균 배양 → 0.1㎎/ℓ 렉틴 생산했으나, 본 기술 개발로 3㎎/ℓ 렉틴을 생산 가능케 되어 기대감이 크다. 렉틴은 그램 당 2억 원을 호가하는 물질로 대량생산되면 비용절감이 따를 것은 자명한 일이다. 또한, 이 렉틴성분은 지혈기능이 뛰어나 연고.. 지혈 소재로도 활용가치가 높을 것으로 보고 있으며, 이미 관련 기술의 특허를 출원한 바 있다.

또 다른 우리나라 해양에서 개발 중인 천연물유래 폐암치료제 후보물질에서는 연구결과 해당 성분은 다른 암에는 전혀 영향을 주지 않고 폐암에만 특이적으로 높은 항암활성을 나타내고 있다고 한다. 관련된 신약이 성공적으로 개발이 된다면 약 7조원의 시장규모를 가진 폐암치료제 세계 시장에서 중요한 위치를 차지할 것은 분명한 일이다. 그 외 연구에서는 국내 자생 해조류에서 추출한 면역대사 조절물질 천연물질로 만성 아토피질환에 뛰어난 개선효과를 가져온 치료제 후보물질이 화제가 되고 있다. 면역불균형으로 발생하는 아토피질환에 적용한 결과, 높은 치료효과와 부작용이 거의 없었고, 면역대사 개선을 통한 알레르기성 비염치료에도 효과를 보여 기대가 모아지고 있다. 연구진은 향후 성능 보강으로 부작용 없는 만성적 아토피 치유의 길을 열 수 있을 것이라는 전망을 내놓고 있다.

이와 더불어 해양미생물도 의약품 개발에서 중요한 자원으로 노르웨이 유럽 과학자들은 세균을 활용해서 백혈병/위암.. 암을 비롯한 11종의 질병에 대한 항생물질을 시험하고 있다고 한다. 일본에서는 후코이단 톳 추출물 → 항암/항생제 치료제로 개발하고 있고, 해면의 아라 A/아라 C 성분은 항바이러스와 항암작용을 하여 실제 의약품으로 개발된 바 있다. 일본에서는 복어의 독성분인 tetrodotoxin 테트로도톡신을 근육 이완제나 진통제로 사용하려는 연구를 진행하고 있다. 이외에도 조개나 산호충에서 발견되는 맹독성 물질 또한 마취나 항암작용 의약품 등으로 활용할 가능성을 보이고 있다.

● 식품개발

Spirulina 스피룰리나 – 해양생물자원에서 얻는 식품개발의 원료는 인류의 먹거리에서 중요한 위치를 차지해 왔으며, 근래에는 해조류에 더 많은 관심을 쏟고 있다. 전 세계적으로 건강식 열풍이 지속되고 있어 영양분과 기능이 충족된 건강식단의 재료들은 앞으로도 식품시장에서 주류가 될 것으로 내다보고 있다. 해조류 배양에 대한 연구가 집중적으로 진행되는데, 많은 나라에서 해조류 유래 추출성분을 대량생산하여 고단백식품으로 활용하고자 하는 연구 및 그 개발에 초점이 맞춰져 있다. 특히, 항산화물질로 각광 받는 미세 녹조류들이 많이 언급되고 있어 그 예는 식품첨가제/남조류 일종 *Spirulina, Chlorella* 등이 대표적이다. 스피룰리나는 단백질, 비타민, 미네랄 등이 풍부하고 식품의 색을 천연녹색으로 표출할 수 있어 'Green Super Food'가 된다. 미국의 Food Navigator/Food Processing 식품매체에 의해 2018년에 주목받을 식품재료로 선정된 바 있는 스피룰리나는 식품업계에서 트렌드 선도에 앞장설 수 있는 음료/아이스크림/기능성 워터.. 식재료가 되고 있다. 우리

그림 7-17 스피룰리나 분말

나라에서는 algae food 조류 식품으로 스피룰리나와 클로렐라 제품이 건강 기능식품으로 등재되어 있다. (건강기능식품공전)

Chlorella 클로렐라 – 또 다른 파워 푸드로 면역력을 높이고, 피부건강과 항산화작용의 건강증진+유지 기능성이 인정된 클로렐라도 슈퍼 푸드 중 하나이다. 특히, 천연의 깔끔한 녹색을 주는 식용색소로 클로렐라성장인자/CGF 클로렐라 추출물이 어린이 성장발육에 좋은 것으로 알려지면서 수요가 급증하는 추세이다. 현재 전 세계적으로 빵/라면/피자/아이스크림/우유/음료수/요구르트.. 식품첨가물로서 인기리에 사용되고 있다. 클로렐라는 단세포성 녹조류로 플랑크톤의 일종이며, 단백질/아미노산/엽록소/비타민/무기질.. 영양분이 풍부해서 기타 단백질이나 비타민 첨가제로도 개발 및 제품화되어 큰 시장이 형성되어 있다. 식품의 원료는 클로렐라를 인공적으로 배양하여 소화성을 높이도록 처리 · 건조 후 식용할 수 있도록 만들었으며, 클로렐라 원재료 제조 시 총 엽록소가 1% 이상 함유되어 있는 대표적 항산화물이다. 클로렐라는 오랫동안 안전하게 섭취하여 온 기능성 식품재료로, 미국항공우주국/NASA 우주인들의 식품으로 연구되어 유명해졌다.

그림 7-18 클로렐라 정제

클로렐라는 지구상에 널리 분포되어 있으며, 놀라울 정도의 생명력으로 증식하여 대량생산이 가능하다. 클로렐라 섭취는 인체의 신진대사↑, 면역력↑ 기능 → 체액의 산성화 방지 → 체질 개선 → 건강증진에 도움이 된다. 장수국인 일본에서는 클로렐라 제품이 오랫동안 건강식품 1위의 인기를 누리고 있다. 우리나라는 클로렐라를 1970년대 소규모로 수입 판매하기 시작했으나, 1990년대 높은 안정성/품질우수.. 본격적인 성장 궤도에 돌입하여 지금은 클로렐라 최대 소비국인 일본 등 해외에 수출하고 있다.

해조류 – 또 다른 해조류로 우리나라/중국/일본.. 동북아시아에서 각종 비타민과 무기질원으로 수천 년 동안 각광을 받고 있는 미역, 다시마, 김, 파래 등의 인기는 사그라지지 않고 계속 이어지고 있다. 이와 같은 식품재료로서의 이용은 그대로 이어질 것으로 모두가 알고 있다. 이와 함께 이들 해양생물자원을 이용한 다양한 신물질개발이 국내에서도 최근 몇 년 전부터 불붙고 있다. 이들 자원은 항암제/항생제.. 의약품, 건강보조식품, 신소재개발 등 고부가가치 유용물질의 원천으로 인정받고 있다. 많은 연구들이 진행되고 있는 가운데, 얼마 전 국내의 어느 연구팀은 DHA/EPA 건강보조물질을 만들어내는 해양미생물 균주 數種 수종을 분리하는데 성공하여 보고하였다. 약 1만여 종류의 해양미생물 균주를 분리하여 그 중 유용한 효소 3종을 확보하였고, 산호 등에서 채취한 90여 종의 천연물이 분리되어 연구되고 있다.

그리고 향후 더 어려워 질 수 있는 초고령사회에서의 치매 관련 대비에 해조류를 이용한 산업소재 개발을 강조하는 목소리가 높아지고 있다. 우리나라의 경우, 전문가들은 2000년/고령화사회 진입 2026년 노인인구 전체 20% 초고령사회 진입 시 노인인구 중 치매 가능성이 ¼ 정도에 이를 것으로 예측하고 있다. 이에 대비해 해조류를 이용한 기능성식품 및 산업소재를 개발해야 함을 강조하고 있고, 정부도 다가올 미래를 준비해야 함을 잘 알고 있다. 국내 해양바이오연구센터에서는 해양자원을 고부가가치 산업으로 육성하고, 건강증진 소재 개발 등 21세기 선진국형 해양헬스케어 단지 조성에 핵심적인 역할을 밝힌 바 있다. 센터는 2020년까지 해조류로부터 면역증강과 항비만 효능에 대해 건강기능식품 인증 획득을 위해 임상시험을 추진하고 있다.

청정에너지 개발

국내 인공광합성 연구에서는 햇빛 흡수 → 수소 생산효율 8%에 이르는 인공나뭇잎을 개발하는 데 2017년/울산과학기술원(UNIST) 성공했다. 인공나뭇잎이란 물+햇빛 → 포도당 양분을 만드는 광합성을 하는 식물의 잎처럼 햇빛 이용으로 수소연료를 생산하는 반도체 소자이다. 연구에서는 해조류의 원리를 이용하여 태양광 전환 효율을 5% → 8% 향상시켰다. 해조류는 바다 속 일정한 거리까지 도달하는 파장만을 선택적으로 활용하여 광합성을 하므로 약한 파장에도 빛에너지를 흡수할 수 있도록 진화했다. 해조류의 이런 특성을 이용한 연구팀은 인공나뭇잎이 햇빛의 서로 다른 파장대를 나눠 이용할 수 있도록 광촉매물질을 병렬로 연결한 소재를 개발하여 성과를 이루어냈다. 이 과정에서는 오염물질이 전혀 발생하지 않으며, 이는 친환경적 에너지개발로 이어질 수 있는 이점을 지닌다.

국내 대학의 연구진이 2016년/우뭇가사리 해조류 활용으로 청정에너지인 바이오수소를 생산할 수 있는 기술을 개발했다. 개발된 신기술은 적은 비용으로 기존 바이오수소 생산 방식에 비해 더 많은 수소를 생산하므로 신재생에너지로서 상용화 가능성에 대한 기대를 높이고 있다. 기존의 생물학적 바이오수소 생산에서는 고비용의 과정으로 경제성이 부족하고 상용화가 어려웠다고 전해진다. 특히, 연구진은 그동안 활용하지 않았던 해조류의 갈락토오스 성분을 미생물 먹이로 활용하여 높은 생산성을 유지할 수 있는 기술을 개발했다고 한다. 이 기술에서는 건조 해조류 톤당 최대 74㎥

바이오수소를 연속해서 생산할 수 있다고 하니 수소 청정 연료화 기술의 국산화에 크게 이바지할 것으로 기대된다. 더욱이 목재 활용 기존의 바이오수소 생산방식 대비 수소생산량은 3배, 비용은 ½ 수준에 불과하다니…

기타 – 해양생물을 이용한 국내 연구진/2015년 음식물 쓰레기 처리기술이 개발되었는데, 짧은 처리기간과 유익한 해양생물을 이용한 획기적인 기술로 처리비용을 절감할 수 있다는 장점을 지닌다. 우리나라에서 한 해 동안 배출하는 음식물 쓰레기는 약 4백만 톤으로 처리비용도 년 간 약 20조 원이 든다고 한다. 이용된 단세포성 해양 원생생물은 음식물 쓰레기를 먹어치우며 빠르게 세포분열하나 처리 기간은 불과 1주일! 예전에는 미생물이용 → 음식물쓰레기 처리 → 1개월↑ 소요되었으니 이전 기술에 비하면 해양 원생생물을 이용한 본 기술로는 매우 빠른 속도로 처리하는 셈이다. 또한, 처리과정 중 이 해양생물은 다량의 불포화지방산을 생산하므로 이를 이용하면 식물성연료 바이오디젤 생산, 기능성 화장품, 식품 등으로도 이용할 수 있다는 장점도 있다. 이러한 친환경적 처리방법과 바이오매스를 다량으로 얻을 수 있다는 이점은 경제적으로도 높은 효과를 얻을 수 있다는 기대를 갖게 한다. 지구를 골병들게 하는 대표적 골칫거리인 음식물쓰레기를 신속히 처리하면서 유용한 신물질도 얻을 수 있게 됐다니 산업화에 성공만 한다면 일석이조 그 이상의 기술이 될 것이다.

우리나라 바다자원

우리나라는 삼면이 바다로 둘러싸인 천혜의 해양국가라 할 수 있다. 하지만 육상의 자원은 그리 풍부하지 않고 단위면적당 인구 밀도 또한 비교적 높은 2018년/UN통계 세계 23위의 526명/㎢ 고밀도 국가이다. 우리가 제한적인 육상의 자원에 의존하기보다는 바다로 눈을 돌려 해양의 자원을 적극 개발 및 활용해야 하는 이유가 된다. 2012년 기준/14,396㎞ 긴 해안선을 지닌 우리나라가 관할하는 바다의 면적은 44만7천㎢ 남한 국토면적의 4.5배에 달하며, 면적 대비 해안선의 길이는 116배로 바다를 면하고 있는 일본 86배/영국 51배/캐나다 9배/미국 6배 다른 나라들과 비교해도 매우 높은 수준이다. 우리나라의 해양산업에서 창출되는 경제가치 총액은 약 32조원으로 GNP 총액의 7.3%를 점유하는 것으로 2017년 통계 나타난다.

우리나라의 해양생물다양성은 풍부하여 국가 생물종 목록집+한국해양생물다양성정보시스템(KOMBIS) 공식적인 자료에 의하면 해양생물의 수는 약 13,000종에 이르는 것으로 보고되어 있다. 하지만 과학자들은 훨씬 더 많은 3만종 이상으로 추정한다. 세계 3대 어장의 하나인 태평양 북부어장의 일부를 이루고 있는 우리나라 연근해에는 수산자원이 풍부하여 어류 담수 · 해산어류 포함 약 900종, 오징어/소라.. 연체동물 약 100종, 새우/게.. 갑각류 약 300종, 김/미역/다시마.. 해조류 약 400여종이 분포하는 것으로 보고돼 있다. 서해/남해/동해 각 해역에는 다양한 어류 및 갑각류, 연체동물, 해조류가 있는데, 동해에는 고래.. 바다포유류도 살고 있다. 우리나라의 동해 서해 남해 연안은 세계적 해양에너지 개발 유망지역이고, 특히 서해안은 최대조차(潮差) 10m의 세계적인 조력발전 유망지역으로 알려져 있다. 우리나라 연안에서는 여러 종류의 해조류가 광범위하게 양식되고 있다.

옛날부터 바다는 경제적 중요성이 커서 해양의 개발과 이익을 둘러싸고 국가 간 혹은 민족 간에 많은 갈등이 있어왔다. 해양과 그 자원의 중요성에 대한 인식이 높아짐에 따라 1994년 UN 해양법 협약이 발효되어 심해저 자원 개발 문제 등을 비롯한 새로운 바다의 분쟁에 대해 해결제도가 마련되었다. 우리나라는 수산자원을 보호하고 관리하기 위하여 이웃의 일본과 중국과 어업에 관한 협정을 체결한 바 있다. 해양자원은 큰 이익을 불러 올 수 있어 많은 나라들이 해양개발에 나서고 있다. 우리나라도 1988년 남극에 세종기지를 건설하고 해양개발에 동참하고 있다. 더욱이 해양생물자원의 이용분야가 한층 넓어짐에 따라 해양생물자원 확보와 연구개발을 위해 2000년/KSORC 한 · 남태평양해양연구센터를 설립하여 운영하고 있다. 이곳에서는 기초 해양생태계를 비롯한 환경모니터링/열대생물+서식지 연구/기능성 생물생산.. 다양한 연구 활동을 활발하게 수행하고 있다. 가시적인 연구 성과도 있어 고부가가치의 산업생물 배양, 관상어 대량증식, 300여종 생명공학 소재 확보 등에서 성공하여 멀지 않아 경제적 효과도 예상해 볼 수 있다.

우리의 바다는 지리적 형태로 보아 접근이 용이하여 해양자원을 확보하는데 매우 유리한 편이고, 기술개발 및 활용을 잘하면 향후 자원의 해외 의존도를 낮출 수 있는 방안을 찾을 수 있는 곳이다. 우리나라는 비교적 어종이 다양한 바다를 접하고 있어 생물자원에 대한 의존도가 높은 나라 중 하나다. 앞에서 언급한 동물성 단백질 공급량을 비교해보면 우리나라가 해양생물 자원에서 얻는 비율이 세계 평균보다 ~60% 현저히 높을 뿐만 아니라 기본 식량자원 외에 건강식품으로서도 각광을 받고 있어 앞으로도 중요한 자원으로 자리매김할 것이다.

선진국들도 해양을 국가성장의 중요한 동력으로 인식하고 해양개발 및 산업화를 위해 해양과학기술 개발에 적극 나서는 중이다. 세계 해양산업의 시장규모는 해마다 3.45% 증가하고 있지만 우리나라는 해양플랜트 핵심기술 부족, 해양기자재 수입의존 등 기술경쟁력이 취약한 실정이다. 실제로 지난해 해양수산부 자료에 따르면 해양플랜트 기자재의 국산화율은 5

~30% 수준이며 해양레저장비 수입의존도는 63~100%, 신재생에너지 개발비중은 거의 전무한 상황으로 조사됐다. 이에 천혜의 조건인 바다를 접하고 있는 포항시는 해양산업의 전진기지로 도약해 우리나라 해양산업의 구심점이 되고자 노력을 펼치고 있다. 이와 함께 이어도/가거도/소청도 해양과학기지도 건립되어 장기 연구의 전초기지로서 중요한 역할을 수행하고 있다. 이곳에서는 해양기후와 환경, 생태계 연구시설을 갖추고 정기적으로 관측을 실시해 해양과학 연구에 꼭 필요한 중장기 연구 자료를 축적하고 있다.

해양생물자원의 활용과 전망

지금까지 해양생물자원은 주로 인류의 식량자원이나 비료/사료.. 산업제품의 원료로 이용되어 왔고, 세계적인 추세로 보아 앞으로도 그 중요성은 더 강조될 것으로 보인다. 향후 세계 인구 증가와 함께 이들 자원의 섭취 이용량은 더 늘어날 것으로 전망된다. 바다는 재생산성이 뛰어나 일명 '고갈되지 않는 자원의 보고'라 불리며 매년 수천만 톤의 식량자원을 전 세계에 공급하고 있다. 하지만 그 공급의 상당한 ~50% 부분은 일부 몇몇 나라가 차지하는데, 실제 어획고가 높은 이들의 대부분은 해양선진국 또는 공업기술국이다. 그러나 세계 인구의 2030년-86억명/2050년-100억명 예측 급격한 팽창 및 육상자원의 빠른 고갈로 해양자원의 중요성은 날로 부각되어 이들 나라는 물론 세계 각국이 인류의 미래를 짊어질 주요자원을 바다에서 찾고 있다.

그림 7-19 어류자원

그림 7-20 수산물

그림 7-21 훈제 물고기

FAO 세계식량기구는 수산자원의 추가 잠재력을 최소 2억4천만에서 최대 4억5천만 톤으로 평가하였다. 현재의 어획량을 획기적으로 제고할 수 있는 미개척 생물자원을 중층어류 100백만 톤, 남극 크릴새우 50~100백만 톤으로 추정하였다. 또한 특이한 환경에 서식하는 해양생물에서 추출한 생리활성물질들이 인류에게 유익한 의약품이나 산업용 물질로 활용됨에 따라 해양생물의 이용가치는 단순한 식량자원에서 벗어나 미래의 고부가가치 산업원료로 확대되고 있다.

한편 세계적인 해양생물자원의 수급 전망은 그리 밝지 않은 편이다. 전 세계적으로 1980년대 이후 어획량은 정체되었으며 예로 魚粉 어분 공급량은 금세기 들어 2000년/~700만톤 → 2016년/~420만톤 감소한 것으로 나타나 있다. 주된 영향요인으로는 열악한 어획 환경, 작은 원양어류의 소비증가, 기후변화 등이 포함된다. 특히, 전문가들은 개발도상국의 인구증가 등에 의해 더욱 어려워질 것으로 예상하며 미래 대비 해양생물자원의 안정적인 공급방안 등이 시급히 강구되어야 한다고 말한다. 이에 대비한 대체단백질 프로젝트가 세계적으로 진행되고 있으며, 가까운 미래에 양질의 2022년/~50만톤 대체 사료단백질 추가 및 어분 공급량 2022년/~540만톤 증가할 것으로 대략 추정하고 있다. 동물성 단백질에 대한 대안 중 가장 유망한 것으로 박테리아나 곤충의 단백질 공급원과 해조류 오일에서 찾는다고 알려져 있다. 이들 단백질 공급원은 지속가능한 생산, 물+농작물 거의 불필요 소량의 원료물질, 인간 먹이사슬에 포함되지 않는다는 장점들을 지니고 있다. 이를 위해 재생산 가능한 해양생물자원으로 적절히 관리하면 영속적 이용이 가능하다는 인식 하에 자원배양, 시설과 관리기술 개발 및 정비 등 광범위한 추진의 필요성이 강조되고 있다.

21세기 첨단과학기술의 발달은 향후 더 많은 해양자원의 개발로 이끌 것으로 예측되며, 이러한 첨단기술의 응용은 해양으로부터의 동물, 미생물, 해조류 등을 대상으로 진행되고 있다. 특히, 해양미생물과 미세 해조류는 빠른 성장 특성을 지니고 대량배양도 가능하여 유전자재조합.. 첨단의 바이오기술 적용이 비교적 용이한 생물군이다. 또한, 많은 해양생물종들은 유용성이 매우 높은 생물군으로 많은 기대가 모아지고 있는데, 그들이 생산하는 유용한 물질이 바로 연구개발 대상이기 때문이다. 최근, 이들의 생리활성물질을 의약품이나 기타 공업제품 등의 유용자원으로 개발하기 위한 첨단기술 적용의 새로운 시도가 이루어지고 있다. 그동안의 고전적인 식량자원이나 저부가가치성 소재로 이용되는 것뿐만이 아니라 21세기 미래 산업에 필수적인 고부가가치성 제품의 생산자원으로서 인식되어 이미 그 개발은 시작된 것이다. 다시 말해, 주로 식용자원으로 이용되던 전과는 달리 오늘날에는 해양생물의 특수한 대사기능과 생태물질 등을 적극 개발하여 의약품, 공업 또는 화학제품 원료로의 이용이 활발히 진행되는 중이다. 실제 해양생물을 이용한 의약품 개발이 성과를 이루고 있어 그 예는 청자고둥의 독 → 진통제, 감태 추출물 → 아토피 치료제 등에서 볼 수 있다. 해양생물로부터 추출한 성분들이 의약품으로 개발 또는 개발 중에 있는 사례들은 2018년/김인선 '생물과 독'을 참고하기 바란다.

그림 7-22 해양생물자원

해양의 생물자원은 특히 수질오염/지구온난화.. 외적인 환경에 민감한 반응을 보이기 때문에 생물자원을 잘 유지하기 위해서는 근간이 되는 해양의 환경을 잘 보존해야 한다. 특히 해양생물자원의 안정적인 재생산이 가능하도록 모두 힘을 합쳐 환경모니터링을 지속적으로 해야 할 것이다. 드넓은 바다가 인류에게 밝은 미래를 가져다 줄 수 있는 공간이 되도록 체계적인 관리를 하여 풍요로운 곳으로 만들어야 할 것이다. 지금까지는 육지에서의 석유나 천연가스를 많이 생산하는 나라들이 자원경쟁에서 우위에 있지만 앞으로는 해양에서의 자원발굴과 활용 가능성을 선점하는 나라들이 그 흐름을 결정할 것이다. 육상자원의 고갈/기후변화/환경오염.. 인류가 직면하고 있는 문제들의 심각성이 높아지고 있는 지금 인류는 해양이 소중한 만큼 해양의 개발과 이용 그리고 관리와 보전에 우리 모두는 끊임없는 관심과 노력을 기울이지 않으면 안 될 것이다.

Chapter

08

갯벌생물자원:

생물자원의 寶庫 보고 - 살아있는 갯벌의 무한한 가치

I. 살아있는 갯벌의 무한한 가치

사람들이 해양자원에 대한 인식을 새롭게 하여 그 중요성을 달리 보듯이 오늘날의 갯벌도 그저 바다로 가기 전 중간에 있는 쓸모없는 질척거리는 땅이라고 생각하는 사람은 거의 없을 것이다. 과거에는 갯벌 진흙에 발빠지고 지저분해지며 바지락을 캐거나 조개를 잡는 바닷가의 땅으로 본 적이 있다. 또 한 때는 갯벌을 메꾸어 농지로 개간하거나 도시개발 계획의 대상으로 삼는 땅이 되기도 하였다. 하지만 지구 자연생태계의 중요성이 강조되면서 갯벌은 그 자체가 살아서 움직이는 '아름다운 자연의 보고'라는 생각이 지배적인 시대가 되었다! 일반적으로 갯벌은 바닷물의 흐름에 따라 운반되는 모래나 점토의 미세입자가 해역에 오랫동안 쌓이며 만들어지는 완만한 지형으로 간만의 차이가 난다. 만조 시 물속에 잠기나 간조 시 노출되는 특징을 보이며, 인근지역에서 퇴적물질이 운반되면서 표층에 점점 쌓이게 된다. 요즘에는 갯벌의 기능과 가치가 새로이 밝혀지고 육상과 해양환경의 중요성을 깨달으면서 그에 대한 다양한 생각과 관심을 가지게 되었다.

그림 8-1 갯벌

갯벌은 예로부터 수많은 생물들이 살아가는 보금자리로 인접한 육지-바다 연결에 큰 역할을 하며 자연을 지켜주는 완충지이다. 지구 생태계에서 없어서는 안 되는 더없이 고마운 존재로 각종 어패류 등 다양한 생물자원이 살고 있는 아주 소중한 터전이 된다. 갯벌은 육지-바다가 만나는 곳에 큰 규모로 형성되고, 여러 조류/호수/강어귀.. 근원지로부터 유입된 찌꺼기나 오염물 등을 생물학적/화학적/물리적 여과작용 → 정화처리 → 깨끗하게 한 후 바다로 보낸다하여 '지구의 콩팥'으로 비유된다. 인체에 있어 콩팥은 소변생성 → 노폐물배출 기능 외에도 일정하게 인체의 균형을 갖게 하는 항상성유지에 절대적인 역할을 하는 중요한 기관이다. 콩팥에 문제가 생기면 노폐물이 제때에 배출되지 않고 독소가 체내에 축적될 수 있어 이상증상이 장 · 단기적으로 나타나게 된다. 인체 콩팥에 비유되는 갯벌도 제대로 관리하지 않으면 우리의 몸에 생기는 이상증상과 같이 해역 생태계에 문제가 발생하게 된다.

갯벌은 경제적 생산성은 물론 자연정화 능력을 지닌 해양생태계의 보물창고로 아주 중요한 공간이다. 이러한 갯벌을 자연 그대로 잘 유지하면 우리에게 많은 편익을 제공하여 다른 곳에서는 얻을 수 없는 수산물.. 생물자원을 계속 공급받을 수 있다. 이와 함께 다양한 해양생물의 서식지로서의 역할은 물론 자연정화와 생태계 균형을 가져오고, 기후조절이라는 기능도 부여한다. 근래에는 교육용 현장학습 또는 힐링이나 레저용 체험견학 등 관광의 기능까지 더해져 갯벌이 주는 역할은 무궁무진하다 할 수 있다.

그림 8-2 갯벌_흙

기회가 된다면 갯벌의 흙을 잘 관찰해 보자. 이내 갯벌의 흙에는 검은 색의 미세한 알갱이가 가득하다는 것을 알 수 있다. 온갖 노폐물, 오염물질, 쓰레기 등이 하천이나 강물 등을 따라 흘러 내려오면서 잘게 부서져 바다로 유입되기 전에 갯벌에 쌓이게 되어 우리 눈에 그리 보이는 것이다. 아침저녁 매일 바닷물이 드나들면서 수분이 공급되어 흙은 항상 축축한 상태로 젖어 있어 수많은 미생물들의 좋은 서식처가 되고 있다. 햇빛이 많은 낮 시간에는 표면지대가 따뜻한 상태를 유지하고 있어 크고 작은, 특히 작은 크기 생명체들의 훌륭한 보금자리가 된다. 특히, 미생물들은 유기물 섭취 → 작은 동식물들의 먹잇감 → 큰 생물들 먹이 등으로 이어진다.

갯벌에는 항상 바닷물이 드나들어 산소가 풍부하고 유기물이 많아서 다양한 종류의 생물이 서식한다. 미세한 알갱이 흙 입자들이 밀집돼있는 갯벌 1그램에는 수억 엄청난 숫자의 플랑크톤 외에도 육안으로 식별 가능치 않은 소형 어류의 치어들이나 눈으로 볼 수 있는 갯지렁이/새우/게/조개류.. 다양한 생물들이 꿈틀거리며 살고 있다. 이런 생물들은 진흙 속을 파고 들어가면서 진흙에 섞여 있는 미생물을 잡아먹고, 그 보다 좀 더 큰 생물들은 다시 이들을 잡아먹고 살아가는 전형적인 먹이사슬이 형성된다. 갯벌 서식하는 물고기들은 대부분 갯벌에서 알을 낳고 먹이를 잡아먹으며 살아간다. 이러한 일련의 과정을 통해 갯벌은 본래의 기능을 다하고 있고, 다양한 철새들이 휴식과 번식을 위해 갯벌을 찾거나 머무르기도 한다. 계절에 따라서는 철새 도래지로서도 중요한 역할을 한다. 그러므로 갯벌은 다양한 생물체들이 풍부하게 서식하는 역동적인 살아있는 입체 공간이라고 볼 수 있다.

갯벌 생태계

위에 언급하였듯이 고유의 생태계가 형성되어 있는 갯벌에도 육지에서처럼 생산자-소비자-분해자 어느 정도의 역할 분담을 갖는 생물자원들로 구성된다. 하지만 차이점은 육상에서는 식물의 광합성이 생태계 구성 에너지/생산자 영양분의 근간이었다면 갯벌의 생태계에서는 유기물 파편들에서 영양분을 얻는다는 것이다. 갯벌 서식 플랑크톤/미생물/염생식물.. 생물체들은 육상에서 배출되는 오염물질을 정화하는 생태계 자정능력이 있어 먼저 이들 물질의 흡수와 분해를 활발히 진행한다. 동식물의 사체나 배설물 등이 잘게 부서져 만들어진 유기물 → 갯벌생물들 섭취로 이어지는 복잡한 먹이그물이 형성되는 것이다. 갯벌 생태계를 구성하는 생산자, 소비자, 분해자 등에 대해 간단히 살펴보도록 하자.

1 생산자

생태계 또는 먹이사슬에서 생산자는 빛에너지 이용 → 무기물 → 유기물을 합성하여 에너지원으로 사용한다. 육상에서는 식물의 광합성이 이 역할을 하나 갯벌에서는 미세한 단세포성 식물성플랑크톤들이 생산자 역할을 수행한다. 이들 식물성 플랑크톤은 바다에 부유하거나 갯벌의 바닥에 퇴적되어 광합성을 하는데, 유기물 파편들과 함께 수많은 갯벌 생물체의 중요한 먹이가 되는 생물군이다.

그림 8-3 갯벌_게

그림 8-4 꼬막

2 소비자

1차 소비자 - 주로 유기물 파편이나 식물성플랑크톤을 먹고 살아가는 생물종들이다. 크게 바닷물을 여과하여 부유하는 먹이를 걸러 먹는 조개/바지락/꽃갯지렁이.. 종류와 갯벌에 있는 퇴적물 먹이를 먹는 종류로 구분한다. 후자는 물살이 느려 유기물 축적이 잘되는 갯벌에 굴을 파고 사는 대부분의 갯지렁이/짱뚱어/칠게.. 생물들이 여기에 속한다.

2차 소비자 - 우렁이/고둥.. 생물들은 흙이나 굴속에 있는 조개 등의 먹잇감을 찾아내 그들 껍질에 구멍을 뚫고 소화액을 주입 후 녹여서 이들을 잡아먹는다. 바닷가나 갯벌에서 발견되는 구멍 뚫린 조개껍질들은 바로 이런 포식활동의 결과물이다. 물고기와 새는 또 다른 2차 소비자로 밀물 때 들어오는 물고기들은 미처 피하지 못한 갯지렁이/새우.. 먹잇감들을 잡아먹는다. 갈매기/저어새.. 새들은 썰물 때 드러나는 넓은 갯벌에서 많은 다른 게/갯지렁이/물고기.. 생물종들을 잡아먹어서 이들이 두려워하는 갯벌 최고의 포식자가 된다.

그림 8-5 갯벌_새

3 분해자

갯벌에서 가장 활발하게 일어나는 먹이사슬의 생물계 활동은 거의 우리가 인지하지 못하는 사이에 진행된다. 갯벌 인근의 육지에서 유입되는 많은 양의 유기물 파편들은 극히 일부분만 갯벌 생물들의 먹이가 되고 대부분은 세균 등의 미생물들에 의해 분해된다. 죽은 갯벌 생물의 사체가 헤아릴 수 없을 정도로 많아도 이들을 제때 분해하여 갯벌이 썩지 않는 것도 바로 이들 분해자가 있어 가능한 것이다.

II. 갯벌의 기능

갯벌의 역할은 해양 환경까지도 포함하여 바다에서의 상업적인 어업활동, 어류 서식지, 생물다양성의 역할까지도 어우른다. 갯벌로부터 오는 생물자원이나 부가적인 서비스는 개인 차원에서의 이용보다는 서식지/정화기능.. 공공성이 더 강조된다. 특히, 사회 차원에서의 효용성과 관련이 더 많고 현재는 물론 미래에도 이러한 기능과 가치가 보다 더 중요하게 자리잡을 것이다.

갯벌은 생산력이 가장 높은 연안 생태계 중 하나로 수많은 생물종들의 서식처라는 사실이 중요하다. 우리나라는 연안에 크고 작은 여러 도시와 산업지역이 위치하여 엄청나게 많은 오염물질을 배출하고 있어 갯벌 정화기능의 가치는 상당히 높은 편이다. 해안 특성상 서 · 남해안을 중심으로 많은 갯벌이 발달되어 있어 육상이 배출하는 각종 오염물질을 정화하는 기능을 가지고 있다. 하천에서 유기물 농도가 높은 물이 갯벌로 유입될 때 갯벌 주변의 식물들이 유속을 떨어뜨려 부유물질 등을 이곳에 퇴적시킨다. 이때 갯벌 속 수많은 미생물들이 이들 유기물의 분해를 활발히 하여 수질개선 효과를 발휘한다. 갯벌에서 일어나는 유기물 분해현상은 쉽게 관찰할 수 있는데, 검은 색의 갯벌 흙이 바로 펄에서 유기물 분해과정이 진행되고 있음을 의미한다.

또한, 갯벌은 태풍/해일.. 자연재해 발생 시에도 일차적인 흡수와 완화로 인근 지역에 피해를 적게 할 수 있다. 홍수에는 물의 흐름 완화, 물 저장, 장기간에 걸쳐 물을 조금씩 흘려보낼 수 있어 갯벌은 우리에게 많은 편익을 제공한다. 아래에서는 이러한 갯벌의 기능을 자연정화, 수산자원의 보고, 연안생태계 보호, 자연재해와 기후조절 등등 여러 가지 역할에 초점을 두어 알아보고자 한다.

● 자연정화의 기능

연안을 따라 발달한 도시와 산업지역은 매일 엄청난 오염물질을 배출하고 있다. 이 오염물질이 연안으로 오면 먼저 갯벌과 만나고 갯벌 가장자리에 사는 함초/칠면초/갈대.. 염생식물에 의해 자연적으로 정화된다. 이들 식물과 함께 저서규조류, 미생물들도 오염물질의 흡수와 분해에 일차적으로 관여한다. 갯벌 1㎢ 당 미생물의 오염물질 분해 능력은 도시의 하수종말처리장 처리능력과 맞먹으며, 펄 속 갯지렁이 500마리의 정화능력은 사람 한명이 하루 2kg 배설물을 정화하는 것에 비유된다.

그림 8-6 갈대밭

갯벌 내 유기물 함량이 높으면 낮은 경우보다 자연정화 능력이 2~10배 더 높은 것으로 나타나있다. 갯벌의 오염정화능력 확인 사례: 그동안 서해안에는 적조발생이 거의 없었다는 점!

이러한 정화기능을 좀 더 자세히 살펴보면, 오염수 → 물 정화 → 수질 개선 기능을 지녀 자연에서 가장 높은 정화기능을 가진 환경 중 하나로 해양에 비해 10~20배, 농지나 산림 지역에 비해 3~10배 높다. 이와 함께 물의 부영양화작용 제거, 유입되는 부유물질/침전물 80~90% 여과작용, Biochemical Oxygen Demand/생물화학적 산소요구량 BOD 100%↓ 감소기능을 한다. BOD란 물속 유기물의 오염정도를 나타내는 지표로 물속에 들어있는 유기오염물질들을 미생물이 분해하는데 필요한 산소의 양을 말한다. 미국/오덤교수 해외 연구진은 갯벌 0.01㎢에서 BOD 21.7kg 정화능력을 발표한 바 있고, 이를 서해안 새만금지구 208㎢ 갯벌에 적용하면 100㎎/ℓ BOD 정화 → 10만 톤 규모의 하수처리장에 버금가는 수치로 환산이 된다.

이러한 갯벌의 기능은 갯벌의 경제적 가치와 직결돼 있어 네이처/Nature 과학전문지가 이를 산출한 바 있다. 분석 결과, 연안습지의 생태적 가치는 농경지보다 100배↑ 기대 이상의 가치를 가진 것으로 평가되고 있다. 우리나라 갯벌의 가치에 대한 종합 분석결과도 보고된 바 있는데, 우리나라 갯벌의 연간 가치 평균치는 0.01㎢ 헥타르 당 3,919만원, 쉽게 말해 3,919원/㎡으로 수산물 생산가치가 1,199만원으로 가장 높게 나타났다. 보고서는 한발 더 나아가 단위면적 ㎢당 3,919백만 원 → 우리나라 갯벌 2,550㎢ 총면적 적용 → 연간 9조 9,934억 원 가치를 창출하는 공간으로 평가하였다. 우리가 무심하게 보거나 대하는 갯벌의 무한한 잠재성을 다시 깨닫게 해주는 분석 수치라 하겠다.

수산자원의 보고

우리나라 갯벌과 해양생태계 먹이사슬은 해안에서 시작하므로 60%↑ 많은 연안생물이 해안생태계와 밀접한 관련이 있다. 서 · 남해안의 갯벌과 그 주변 생태계에서 서식하는 생물은 다양하여 대략 어류 200종, 갑각류 250종, 연체동물 200종, 갯지렁이류 100종↑ 추정된다. 이 밖에도 갯벌에는 여러 동물군에 속하는 많은 종류들이 서식한다. 밀물과 썰물은 갯벌 형성에 중요하지만, 이런 작용이 갯벌 생물들에게 이롭기만 한 것은 아니다. 특히, 갯벌 생물들은 밀물 때는 바닷물 속에 잠겨 있다가 썰물이 되면 공기 중에 노출되기 때문에 굴을 파서 포식동물들의 위협에서 자신을 보호한다. 그리고 바닷물이 빠진 후에도 생명유지에 필요한 물을 저장해 갯벌의 거친 환경에 견딜 수 있게 한다. 이 굴들은 갯벌 생물들의 보금자리가 되는 동시에 갯벌 흙속까지 공기와 물 전달 → 갯벌을 썩지 않게 하고 있다. 갯벌에서 살아남기 위한 또 다른 방법은 바위에 붙어살거나 다른 생물을 이용하는 종으로 적응 진화하면서 다양한 수산자원을 유지하고 있다.

실제로 연안 해양생물의 ~66% 상당수가 갯벌지역과 직접적인 관계가 있으며 대부분의 어류가 먹이섭취와 번식의 장소로 해안의 전이대나 습지를 이용하고 있기 때문에 ~90% 어업활동 대부분이 갯벌과 연안에서 이루어진다. 특히, 연안의 습지는 가장 생산력이 높은 생태계 중 하나로 풍부한 영양염류로 인해 어류/조개/게/새우류.. 생물다양성과 생산성이 높게 유지되고 있다. 이런 특성은 갯벌의 수산물 생산력이 육지에 비해 더 ~9배 높은 가치를 가질 수 있게 하는 원동력이 된다.

연안생태계 보존

그림 8-7 연안_물새

갯벌 연안의 생태계는 인접한 육지에서의 번잡한 인간 활동으로부터 격리된 장소로 해안가로 가기 전의 쉼이 있는 휴식의 공간이다. 영양염류가 공급되고, 고유생물을 비롯한 각종 어류들이 산란과 서식하며, 바닷새와 철새는 물론 희귀종, 멸종위기종의 서식지이기도 하다. 그 외에도 많은 야생동물들이 출현하는 그야말로 생물다양성의 보고라 할 수 있다.

갯벌에 서식하는 것으로 확인 혹은 관찰된 물새는 약 120종으로 연안의 습지는 이들 물새의 산란지와 서식지가 되고 있다. 특히, 서해안의 간척지와 강 하구 주변의 갯벌은 한반도를 지나가는 철새들의 중간 기착지로 이용된다. 우리나라 연안 습지에는 보호가 요망되는 희귀조류들이 포함되어 있어 주의가 요구되고 있다. 갯벌에 다양한 조류가 서식하고 많은 철새들이 찾아오는 것은 그 곳의 생태계가 안정되어 있음을 말해주는 것이라 할 수 있다. 물새류들은 습지의 가치를 나타내는 지표생물로 전 세계 람사르습지가 이들을 기준으로 선정된 바 있다. 이들 물새 기준에서 볼 때 우리나라 연안습지 50곳↑ 수십 곳이 람사르보호지역 습지의 대상이 된다고 한다. 근래 갯벌지역에서의 먹이 부족과 환경 악화에 기인하여 우리나라를 찾는 물새가 감소하는 경향을 보인다는 연구들이 보고되고 있어 갯벌 및 연안생태계 보존에 힘써야함이 특히 강조된다.

※ 람사르협약(Ramsar Convention):

습지와 습지자원을 보호하기 위한 국제 환경협약으로 1971년 이란 람사르에서 채택 → 1975년 발효됨. 이동하는 waterfowl 물새를 국제자원으로 규정하여 가입국 습지 보전정책의 이행을 의무화한다. 습지란 바닷물 또는 밀물 간조 시, 수심 6m 넘지 않는 늪/못.. 소택지와 갯벌을 뜻한다. 한국은 1997년 국내 람사르협약 발효로 세계 101번째 람사르협약 가입국이 되었다. 초기에는 습지선정에 물새류 서식지에 초점을 두었으나, 현재는 비교적 다양한 기준을 적용하고 있다. 람사르협약 제시 국제적 중요 습지의 등록기준 4가지: 1. 독특한 생물종/지리학적 특성, 2. 멸종위기종/희귀동물종 서식지, 3. 물새 서식지의 중요성 지닌 습지, 4. 고유 어종의 서식 및 어류의 먹이원, 산란장, 생육장소 및 회유경로로서 중요한 습지일 경우

자연재해와 기후조절

갯벌은 육지와 해양환경, 즉 고착된 땅-출렁이는 바다의 완전히 다른 이 두 환경사이에서 완충작용을 하는 독특한 공간이다. 하지만 그 역할은 무엇보다도 중요하여 육지와 바다가 조화를 이루어 각자의 기능을 잘 수행할 수 있도록 중간자 역할을 소리 없이 해낸다. 갯벌은 홍수에 따른 물의 흐름 완화 및 저장의 역할로 지역의 수계 흐름에 영향을 준다. 흡수한 물은 장기간에 걸쳐 스펀지역할 조금씩 흘러 보내 물의 흐름을

조절하는 것이다. 만약 짧은 기간에 많은 비가 내리면 홍수량을 조절하여 그 피해를 감소시키고 태풍/해일.. 위협적인 재해가 닥치면 일차적으로 흡수 → 수위↓ → 완충역할로 육지 피해를 최소화하는 보호막 기능도 수행한다. 또한, 대기 중의 온도와 습도에도 영향을 미쳐 기후조절의 기능도 가지고 있다.

기후변화에 막대한 영향을 미치는 온실가스는 산업발달을 이끄는 기계산업과 생산업 가동에 비례하여 증가한다. 온실가스가 증가하면 온실효과가 발생하여 대기온도↑ → 기상이변 초래 → 오존층 파괴 → 자외선차단 약화 → 생태계 불균형을 초래하거나 개인적인 수준에서는 대기오염 → 인체건강을 해치게 된다. 온실가스를 줄이지 못하면 환경은 물론 개인적인 생명유지 여건이 점점 악화될 것이다. 이 문제를 해결하기 위해 현재 선진각국은 환경문제를 시급히 다루고 있고, 여러 방안의 환경개선 협약이 국제적으로 진행되고 있다. 그렇다면 이런 내용과 지금 여기서 다루는 갯벌의 자연재해와 기후조절 기능은 무슨 관계가 있는 것일까?

2015년 12월 2021년부터 온실가스배출 감축 의무화/2020년 만료예정인 교토의정서를 대체할 기후변화협약 파리협정이 체결됨에 따라 세계 각국은 효과적인 온실가스 감축의 방법을 찾느라 고심하고 있다. 산업현장의 피해를 최소화하면서 온실가스 배출을 줄이는 방법을 찾아내야 하기 때문이다. 우리나라도 파리협정에 따라 2030년까지 배출전망치 대비 37% 온실가스를 감축해야 하지만 아직은 그 효과가 미미하다. 이런 가운데 갯벌과 연안의 퇴적물 및 식물 등 해양생태계가 흡수하는 탄소, '블루카본'이 강력한 온실가스 흡수원으로 주목받고 있다. Blue carbon 블루카본은 연안에 서식하는 염생식물이 광합성으로 흡수한 탄소, 1~2회/하루 해면의 완만한 승강/조수간만/tide 조석, 파도 등의 물리적 작용으로 펄 진흙 사이사이 공간에 포집된 탄소를 의미한다. 이는 우리에게는 매우 희망적인데, 다름이 아니라 서 · 남해안에 잘 발달한 갯벌은 세계 5대 갯벌 중 하나로 우리나라는 풍부한 블루카본 자원보유국으로 손꼽히기 때문이다! 해양환경관리공단 책임자는 어느 기고에서 "유엔/세계자연보전연맹(IUCN) 해양생태계가 육상에서보다 온실가스 흡수속도가 최대 50배나 빠른데, 우리나라는 2487㎢ 면적의 세계 5대 갯벌을 가져 비교적 풍부한 블루카본 자원 보유국의 높은 잠재력을 가지고 있다"고 밝힌 바 있다. 갯벌의 평균 4㎝ 연간 퇴적률과 탄소농도 및 밀도를 실정에 맞게 가정하였을 때, 우리나라의 갯벌은 매년 수백만 톤의 탄소를 흡수한다는 것이다. 블루카본은 아직 국제협약에서 탄소 흡수원으로 인정받지 못한 상태지만 조만간 탄소 흡수원으로 국제사회에서 합의될 전망이라고 한다.

자연경관지 문화적 기능

해안을 따라 바다-육지의 작용에 의해 형성된 갯벌 특유의 경관은 그 주변을 관광사업화 할 수 있는 충분한 가치를 지니고 있다. 조석으로 바뀌는 멋있는 경관과 광활한 갯벌의 조화는 21C 신개념 자연학습장/해양레포츠/휴식/관광지/연구지.. 레저공간으로 활용해도 손색이 없을 유익한 공간이 된다. 이제 갯벌은 종합적 문화공간일 뿐만 아니라 자연생태 교육의 체험학습장으로서도 가치가 높아 많은 사람들이 찾아오고 있다. 최근 관광브랜드 육성사업의 대상이 되고 있으며, 갯벌주변 생태계의 문화적 기능과 가치 등에도 관심이 쏟아지고 있다. 특히, 전혀 훼손되지 않은

그림 8-8 순천만갯벌

자연 상태의 갯벌이 위치한 남해안의 연안습지는 자연경관이 잘 보존돼 있어 일찍부터 생태적 가치를 인정받아 왔다. 이러한 갯벌에는 넓은 ~100만㎡ 갈대숲과 다양한 생물들이 있고, 희귀 철새 도래지가 되어 국내 최초로 세계 람사르협약 보전습지로 등록된 세계적인 '자연 생태계의 보물'이 되고 있다. 해당 지자체는 지역문화와 관광, 생물다양성 등의 가치를 극대화하는 또 하나의 생태관광 명소로 꾸민다는 계획 하에 자연경관지 문화적 기능 향상을 위한 해양관광 사업을 진행하고 있다.

III. 갯벌의 가치

연안 습지를 포함한 갯벌은 인간에게 직·간접적으로 다양한 편익을 제공하고 있다. 갯벌의 오염 정화능력을 실험한 연구에 의하면 10㎢ 갯벌이 갖는 수질 정화능력은 10만 명 거주 면적 25.3㎢ 도시의 오염물질을 정화할 수 있는 하수종말처리시설에 상당한다고 한다. 앞에서 언급하였듯이 외국 연구에서 밝혀진 갯벌 정화능력에 의하면 미국/Odum교수 갯벌 0.01㎢은 BOD 생물화학적 산소요구량 21.7kg 정화하는 것으로 분석되었다. 이러한 정화능력 수치를 서해안의 새만금지구 갯벌에 적용하면 이곳의 정화능력은 100 mg/ℓ로 BOD를 정화할 수 있는 10만 톤 규모의 하수처리장에 버금가는 것으로 비유된다.

전 세계의 습지는 갯벌을 포함하여 860만㎢로 지구표면의 약 6%를 차지하고 있으며 한대에서 열대지방까지 분포하고 있다. 지구상에 존재하는 생물의 20% 가량이 서식하고, 습지에 지구상 생물의 약 2%가 생존하고 있으며, 해양생물의 약 60%가 산란하거나 서식하는 것으로 알려져 있다. 그러나 이들 지역은 간척매립을 통하여 농업, 산업, 도시 용도의 목적으로 이용되고 있고, 이런 개발로 지구상 습지 25% 감소! 급속한 산업발전과 경제성장에 따라 간척매립사업 등을 통한 갯벌의 감소는 연안 갯벌 자원의 사회, 경제적 중요성을 강조해야 할 필요성을 낳게 하였다. 습지는 다양한 생물들이 살 수 있는 공간을 제공해서 여러 종류의 생물들이 습지에 모여서 생물다양성이 높다. 지구상에 있는 습지 생태계의 생산력은 평균 3000g/㎡·yr 이상으로 알려져 있고, 이는 열대우림 생태계와 비슷한 수치의 생산력이다.

• **경제적 가치** - 갯벌은 어민들에게 있어 경제적 삶의 터전이며, 우리가 먹는 해산물의 ⅔ 이상이 이들이 잡거나 기른 어패류이다. 갯벌은 밀물과 썰물이 항상 드나들어 산소가 풍부하고 유기물이 많아 생물의 종류가 다양하다. 갯벌은 농경지와 바다보다 3~20배 월등한 생산성을 가져 그 경제적 가치는 매우 크다. 갯벌의 경제적 가치는 위에서 언급한 갯벌의 기능과 직결되어 있어 연안습지의 생태적 가치는 ha=0.01㎢/3000평 1 헥타

르 당 9,900달러로 농경지의 92달러보다 100배 이상의 가치를 가진 것으로 평가되고 있다. 실제 영국/과학전문지/Nature 갯벌의 생태적 가치를 수치로 환산한 연구보고서에 의하면 농경지보다 100배의 가치가 있는 것으로 확인됐다. 네이처지에 따르면 갯벌은 숲의 10배, 농경지의 100배 이상의 가치를 가지고 있어서 지구 생태계의 0.3%에 불과한 갯벌의 경제적 가치는 5%가 넘는다고 한다. 갯벌의 경제적 가치는 갯벌의 기능과 직접 관련이 있다. 미국에서 추정된 갯벌의 가치도 1 헥타르 당 9,990달러로 농경지의 가치인 92달러보다 100배 이상의 가치를 가진 것으로 평가되고 있다.

우리나라 갯벌의 경제적 가치는 미국보다 약 2.7배가량 높은데, 이는 우리나라 갯벌이 수산물의 생산과 어류의 서식지로서 그 가치가 높기 때문이다. 갯벌 1㎢의 연간 경제적 가치는 63억 원으로 우리나라 전체 갯벌 면적인 2487.2㎢의 연간 총 경제적 가치는 약 16조원에 달한다는 연구결과가 있다. 게다가 우리나라 갯벌은 생물다양성이 세계 최고의 수준인 것으로 알려져 있다. 갯벌 1 헥타르는 하루에 생물화학적 산소요구량 21.7kg을 정화하는 것으로 보고되어 있다. 이를 근거하여 하수처리장의 건설비와 운영비를 감안한 대체비용으로 갯벌의 정화능력을 추정한 결과, 하수처리장 연간 관리비용은 약 48억 원. 이는 하루 평균 26,873kg BOD를 처리할 수 있는 비용으로 이를 갯벌의 헥타르 당 정화처리 능력

그림 8-9 강화갯벌

그림 8-10 아산만갯벌

으로 환산하면 1,238ha 갯벌의 정화가치가 된다. 이는 단위면적당 갯벌의 가치로 환산하면 ha당 384만원의 가치!

최근, 서해 연안지역의 갯벌과 해조류/패류 생물자원에 저장된 블루카본의 경제적 가치는 연간 15억2000만 원에 이르는 것으로 충남도 지자체에 의해 파악됐다. 연안지역의 블루카본 잠재적 가치평가 연구에서는 블루카본이 새로운 온실가스 저감수단으로서의 활용 가능성이 있음을 확인한 바 있다. 블루카본은 연안서식 생물과 퇴적물을 포함하는 해양생태계가 저장하고 있는 탄소로 육상생태계보다 탄소 흡수속도가 최대 50배↑ 수십 배 빨라 신 기후체제 대응을 위한 새로운 온실가스 흡수원으로 주목받고 있다. 위 지자체 기후환경녹지국장은 "갯벌을 비롯한 연안은 수산물 공급, 자연재해 저감, 동식물 서식처 제공 및 관광휴양 등의 혜택을 제공하는 중요한 자산으로, 온실가스 저감 기능까지 확인됐다. 향후 산림자원처럼 온실가스 저감수단으로서 인정받도록 블루카본의 가치를 선제적 · 지속적으로 조사 및 관리해 나아갈 것"이라 밝히고 있다. 갯벌의 블루카본이 지닌 가치가 새로운 경제적 개념으로 인정될 날이 그리 멀지 않은 것 같다.

IV. 갯벌자원의 현명한 개발과 보존

독특한 우리나라의 갯벌

갯벌 형성에는 몇 가지 필요한 조건들이 있는데, 먼저 충분한 흙이나 모래가 유입되어 쌓여야 하고, 해안의 퇴적물이 밀려와 계속 축적될 수 있는 여건이 되어야 한다. 해안선은 구불구불 들고남의 정도가 심할수록, 수심은 얕을수록, 조수간만의 차이는 클수록 좋은 갯벌이 만들어진다. 이런 조건의 잘 발달된 갯벌이 서 · 남해안에 걸쳐 있기 때문에 우리나라는 '갯벌왕국'이라는 별칭도 얻고 있다. 특히, 서해안은 그리 깊지 않은 평균 55m 수심, 효율적인 퇴적작용, 3~9m 매우 큰 조수간만의 차이 등으로 갯벌 형성에 가장 적합한 요건을 갖추고 있다. 潮差/밀물-썰물 수위의 차이 조차가 큰 이유는 해안선이 들락날락 굴곡이 심하고 긴 bay/灣 만의 형태를 지니는 완만한 지형적 특성에 의한 것이다. 세계 5대 갯벌 가운데 하나로 손꼽히며 보존가치가 뛰어난 자연유산의 하나로 알려져 있다. 그 외는 캐나다 동부해안/미국 동부해안 북미 해안, 북해 연안, 아마존 강 유역이 해당된다. 갯벌의 현명한 이용과 보전 정책으로 환경적 가치를 높이 평가하는 나라는 독일로 서북해안의 갯벌 모두를 국립공원으로 지정하고 있다.

※ 세계 5대 갯벌

- 서해 갯벌: 서남해안 분포로 펄/모래/혼합갯벌 다양하게 나타나지만, 서해안은 큰 조차와 완만한 지형으로 대규모 갯벌이 많다. 경기+인천+전남지방 갯벌 → 전체의 ~80% 차지. 갯벌 면적: ~5,400㎢(남한/2,393㎢, 북한/3,000㎢)
- 북해 연안: 독일/네덜란드/덴마크 3개국 해안에 外海 외해와 직접 맞닿아 모래가 많은 갯벌 발달. 이들 중 독일의 갯벌이 전체의 2/3 차지하며, 모든 갯벌은 국립공원으로 지정됨
- 캐나다 동부 해안: 대서양 연안에 나타나는 염습지로 대표적 연안지역의 해안선은 5,500㎢
- 아마존 유역 연안: 대규모의 하구 갯벌로 삼각주 형태로 발달. 대부분 강에서 유입되는 막대한 토사로 구성
- 미국 동부 연안: 미국 대서양 연안의 습지로 주로 하구나 bay 灣 주변에 널리 분포

우리나라의 갯벌은 서해안과 남해안을 중심으로 전체 2393㎢ 24만 헥타르로 발달하고, 면적의 83% 정도가 서해안 지역을 따라 분포해 20만 헥타르 차지하는 것으로 나타난다. 서쪽의 주된 갯벌은 강화도에서 시작하여 남쪽 순천만에 이르기까지 국토의 왼쪽 연안부분을 차지하는데, 국토의 약 2.4%에 해당하는 면적이다. 특히 경기지역을 중심으로 한 갯벌은 전체의 ~35% 1/3 이상을 차지한다. 강화도 갯벌은 여의도 면적의 52.7배 수십 배에 달하며 2000년 천연기념물 지정으로 해양자원의 보고로 길이 남을 수 있게 되었다. 단일 문화재 지정구역으로는 가장 넓다! 보존상태가 양호한 해양생태계의 보고로 우리나라 갯벌을 대표할 수 있는 중요한 곳이며 세계적으로도 우수한 갯벌이다. 근래 들어 논란을 빚고 있는 새만금지구도 우리나라 갯벌 중에서 가장 규모가 크고 수산물이 많이 나는 곳이다.

※ 1 헥타르 = 10,000㎡ = ~3,025평

● 우리나라 갯벌 이용현황

우리나라 서해 및 남해안 갯벌과 그 주변 생태계의 어류~200종/갑각류~250종/연체동물~200종/갯지렁이류~100종↑.. 생물다양성은 높은 편이다. 이들과 함께 현미경적 크기의 diatom 200종↑ 단세포성 미세조류와 미생물에서부터 해양 무척추동물, 100종↑ 바닷새, 심지어 걸씨식물 50여종 식물들이 갯벌과 연계하여 생태계를 이루어 공존하며 조화롭게 살고 있다. 이런 우리나라 갯벌의 형태는 해양생태계의 먹이사슬이 해안에서부터 시작되기 때문에 연안 생물의 60%↑ 상당한 부분이 해안생태계와 연관되어 있다. 많은 어류가 먹이와 번식장소로 해안을 이용하고 있어 어업활동의 ~90% 대부분이 연안에서 이루어진다. 특히, 해안 연안에 습지가 있는 경우에는 연근 해역 대비 생산력이 10~20배 월등한 자연생태계가 형성된다고 한다. 연안 양식업뿐만 아니라 연근해 어업의 생산고 역시 갯벌이 어떻게 보전되는가와 직접 관련이 있다. 농경지나 산림지역과 비교해도 더 높은 생산력을 나타내고 있어 갯벌을 잘 이용하는 전략이 향후에도 그 생산성을 높이는 길이 된다.

그림 8-11 갯벌_어류양식장

그림 8-12 갯벌_해조류 양식

이처럼 다양한 종류의 생물이 서식하는 갯벌은 우리나라 어민들에게는 경제적인 활동을 할 수 있는 삶의 터전이 된다. 밀물과 썰물에 의한 갯벌 내 풍부한 산소+유기물 → 어패류 최적의 먹이+번식장소 → 어패류 채취 어업활동 → 경제적 수단으로 이어진다. 특히 간석지가 발달한 서해안의 얕은 갯벌에는 조개/굴/바지락.. 각종 어패류의 활발한 산란 및 서식활동 뿐만 아니라 철새들이 휴식과 번식을 위해 갯벌을 찾아온다. 여기에 더하여 갯벌의 수산자원 보고로서의 가치는 단순한 경제적 환산 가능 가치 이상을 지닌다. 갯벌은 또한 연근해 서식 어류의 산란장, 보육장으로서의 역할도 한다. 이처럼 자연 상태로 자란 수산물 채취는 전통적으로 해오던 오랜 어업활동이지만 최근 들어서는 좀 더 규모 있는 경제활동인 양식업이 대중

그림 8-13 홍합

그림 8-14 갯벌_굴

화되어 있다. 양식은 주로 남해에서 이루어지나 서 · 남해안을 모두 포함하고 있는 전남 지역이 해조류와 패류 양식이 활발하게 이루어지는 지역이다. 갯벌과 밀접한 양식업에서 가장 큰 규모를 지닌 것은 해조류 양식업이나 지역에 따라 차이를 보여 주로 미역-남해안, 다시마-동해, 김-서해에서 양식되고 있다. 갯벌이 발달한 서해에서는 주로 굴/조개/홍합.. 조개류나 해조류 중 김이 가장 중심이 되어 '김 양식의 보고'가 되고 있으며, 패류 중에는 바지락과 굴 양식이 절대적인 우위를 차지하고 있다.

우리나라 수산물 총 생산량은 2018년/해양수산부 실태조사 374.3만 톤으로 연근해 어업, 연안 양식업을 합치면 대략 72% 정도로 산출된다. 이는 우리나라의 수산업이 연안지역 중심의 어업활동으로 이루어지고, 여기에는 갯벌로부터의 어업활동이 포함되어 우리나라 수산물 생산에 지대한 역할을 하고 있음을 의미한다. 연안 양식업뿐만 아니라 연근해 어업의 생산고 역시 갯벌이 어떻게 보전되는가와 직접 관련이 있다.

위에 언급한대로 우리나라의 갯벌은 예로부터 각종 어패류의 서식처로 어업활동이 활발한 매우 중요한 삶의 터전이 되어왔다. 이처럼 갯벌은 수많은 생물체들의 보금자리로 바다 인근을 깨끗이 정화시켜주는 고마운 장소이나 1980년대 이후 국토개발이라는 당시의 흐름에 밀려 매립되곤 하였다. 물론 땅을 넓힌다는 측면에서는 긍정적인 소식이 될 수도 있지만 매립의 결과는 원치 않는 부작용들을 불러왔다. 갯벌의 가치와 기능을 무시한 매립으로 갯벌이 제 기능을 하지 못하면 오염된 강물이 바다로 유입되어 수자원 채취로 생계를 유지하는 어민들은 위협을 받게 된다. 갯벌개발 1960~70년대 시작 → 1980년대 전성기 → 1994년 1990년대 시화방조제 완공 → 1991년~2010년 새만금방조제를 기점으로 매립의 정점을 찍었다.

특히, 가장 큰 국토 확장은 강 하구의 갯벌 개발로 굴곡진 해안선을 100km → 33km 직선의 방조제로 건설하여 여의도 ~140배 최대한의 용지를 확보한 새만금 개발사업이다. 시화지구 간척사업에서도 ~6.5년 장기간에 걸친 공사로 여의도 ~60배 토지가 넓어지고 수자원 등이 확보되었다. 물론 이러한 대단위 간척 종합개발사업들은 진행되면서 환경 및 생물학적으로는 물론 사회적, 경제적으로도 많은 문제점들이 대두되었었다. 결과론적으로 우리나라가 갯벌 간척으로 얻은 매립지 땅은 ~620㎢ 서울크기의 면적에 달하지만 전국 연안에서 그동안 진행된 매립과 간척으로 우리나라 갯벌의 30~40% 상당한 면적이 사라진 것으로 밝혀졌다. 갯벌 개발로부터 오는 국토 확장과 수자원 확보 등의 이점들이 다음의 갯벌의 기능과 효과를 양보하였을 것이다; 1 어민들의 경제적 수단인 삶의 터전, 2 해양생물 서식지와 철새도래지 역할, 3 육지 오염물질 정화작용, 4 물 흡수와 수위조절과 생태계 역할, 5 자연체험장 역할과 주변 관광문화 공간 제공, 6 미지의 잠재적 가능성 등등

갯벌의 간척과 매립은 거슬러 올라가 무려 고려시대부터 진행된 것으로 기록되어 있다. 아마도 이 시대의 주된 목적은 식량 증산을 위한 농경지 확장이었을 것이다. 우리나라 갯벌 개발 역사를 살펴보면, 1960년대 이전까지는 수적으로는 많았으나 소규모의 간척과 매립으로 진행되었다. 이후 그 수는 줄어들었으나 대규모로 되면서 많은 갯벌의 훼손이 이루어

그림 8-15 간척사업

그림 8-16 방조제

지기 시작하였다. 인천 연안의 경우 광활하게 드러나는 갯벌은 간척·매립을 위한 입지로 적당하게 여겨져 대규모 개발사업들이 진행되어 왔다. 1980년대 후반에 진행된 김포–매립지/영종도–신공항/송도신도시/시화지구.. 대규모 개발사업들이 인천연안 갯벌의 감소를 가져오는 데 큰 원인이 되었다.

해양수산부 정부는 최근 서해안 23곳 갯벌 복원의 추진을 밝힌 바 있다. 먼저 그 대상은 廢염전/廢양식장.. 버려진 갯벌과 갯벌의 해수유통이 단절된 옛 물길을 회복하는 작업이라 한다. 우리나라 갯벌은 그동안 국토확장과 산업화 등을 목적으로 하는 연안개발/간척/매립.. 각종 개발로 그 면적이 급감하였다. 1987년/3,203㎢ → 2013년/2,487㎢(20% 감소) 하지만 이로 인한 연안 생태계 파괴의 심각성이 인지되고, 갯벌의 63억원/㎢ 높은 경제적 가치가 평가돼 그 복원이 추진되고 있다. 환경부 평가 자료에 의하면 우리의 갯벌이 수산물의 생산과 어류의 서식지로서 그 가치가 외국보다 높기 때문에 갯벌의 가치는 외국보다 더 높게 평가되고 있다. 자료는 우리 갯벌의 경제적 가치는 농경지에서보다 약 3.3배 높은 것으로 보고하고 있다. 이와 함께 갯벌의 가치는 다양한 분야에서 인정되고 있어 그에 대한 지속가능한 관리와 복원에 관한 법률 제정도 추진 중에 있다.

갯벌을 막아 쌓은 제방 → 호수 수질악화 → 수질오염 방지에만 연간 수천억 원 엄청난 비용이 들어가고 있는 실정이다. 반면, 갯벌의 생태적/산업적 가치에 대한 재평가로 간척 이전으로 연안-하구의 생태를 복원 활용하자는 逆역 간척에 대한 관심이 높아지고 있다. 2008년/정부조사: 지방자치단체들 대상 갯벌 복원 대상지 조사결과, 전국에서 15개 시/군 → 81곳/32.12㎢ 많은 지자체가 갯벌로 복원할 것을 희망했다고 한다.

국내 갯벌에는 식물 164종, 동물 687종이 살고 있고, 유기물 파편들과 식물성플랑크톤 등이 풍부하여 먹이사슬이 잘 형성되어 있다. 특히, 이들을 먹고 살아가는 수많은 갯지렁이/바지락/짱뚱어/칠게.. 생물체들이 갯벌의 펄이나 굴속에 살고 있다. 이처럼 높은 생물다양성은 풍부한 자원을 지닌 갯벌의 생태계로 이어지고 이로 인해 전 세계적 멸종위기에 처한 물새 가운데 ~47% 과반수 정도가 우리 갯벌을 주요 서식지로 이용하고 있다.

현재는 갯벌의 상태를 유지하면서 일체의 개발 행위를 원칙적으로 금지하고 자연의 순환체계에 따라 움직이도록 관리하며, 출입도 어느 정도 통제되고 있다. 지역주민 생업으로 장기간 지속하여 온 경우 외에는 수산물 채취 또한 시기적으로 제한되어 있다. 갯벌을 현명하게 이용하고 지속가능한 자연자원으로 보존하기 위해 내린 정의의 핵심내용은 자연 그대로의 생태계 및 자원의 잠재력을 훼손 없이 유지하여 다음 세대들이 지속적으로 사용할 수 있게 하는 것이다. 이를 위해 환경오염도/수산자원 실제상황.. 갯벌의 상태를 모니터링 하여 건강한 갯벌에 대한 기준을 만들어 기준에서 벗어나면 조치를 취하도록 되어 있다고 하니 다소 마음이 놓인다.

전문가들은 특히, 갯벌 관리의 개념을 보호할 필요가 있는 국가적 재산으로 바꾸고 환경과 자원 중시의 방향으로 전환해야 함을 강조하고 있다. 이전까지의 간척+매립 위주 갯벌 개발은 산업화, 도시화, 농산물 증대 등을 목적으로 하며 이루어져 왔다. 하지만 오늘날에는 이와 상반되는 개념으로 갯벌을 잘 관리하여 현명하게 이용하고 지속가능한 자원의 보고로 유지 및 보존하는 방향으로 전개되고 있다. 갯벌의 경제적 가치는 ~100배 농경지나 ~40배 연안 해역에 비해 훨씬 높아 국토확장의 갯벌 메우기에 앞서 그 보존운동으로 자연-인간의 조화를 지켜 나가야 한다. 갯벌의 기능과 가치를 제대로 알고 보존하여 '자연정화조' 혹은 '생물자원의 보고'로 불리는 우리의 갯벌을 세계 자연유산으로도 손색이 없는 지속가능한 상태로 후손에게 물려주어야 할 것이다.

Part Ⅱ

Chapter

09

신종생물자원:

비밀 품은 '세포융합' - BT 바이오기술, 포마토, GMO

I. 바이오기술 Biotechnology

생명공학이나 생물공학, 생물기술 또는 바이오기술로 불리는 바이오테크놀러지(biotechnology 이하, 바이오기술)는 생물을 뜻하는 'bio'와 기술을 의미하는 'technology'의 합성어로 생명과학에 공학기술이 접목된 21세기 첨단의 융합학문이다. 최근 그 개념이 더 확대되어 유전자를 재조합하는 기술, 세포를 융합시키는 기술, 핵을 주입하는 기술에 생체반응기술/발효기술을 포함하는 bioprocess 생물공정기술을 합친 넓은 의미로 해석된다. 기본적으로는 생명체의 생합성/물질대사.. 기능을 물질의 생산 및 변환 등에 이용하거나 생명체의 기능을 모방하여 보다 합리적으로 이용하는 기술을 말한다.

최근 들어 바이오기술은 놀라운 속도로 발전하고 있지만 실제로 일부 기술은 이미 수백~수천 년 전부터 전해 내려오는 것들에 토대를 두고 있다. 또 어떤 기술은 인류가 일상생활 속에서 경험하거나 사용해오면서 시작하기도 하였다. 그 예는 빵/장류.. 음식과 맥주/포도주.. 음료를 만들기 위해 식품 발효과정의 미생물을 사용하거나 지속적인 선택을 통해 유용한 형질을 지닌 동 · 식물로 변형시키는 품종개량 등 일련의 생활 속 기술들에서 쉽게 찾아볼 수 있다. 실제, 바이오기술의 범위는 매우 넓어 위에서처럼 예전부터 전해 내려오는 동 · 식물육종 중심 전통적인 방법에서부터 세포나 유전자 등을 적극 활용하는 유전자변형 중심/New Age Biotechnology 신개념의 생명공학에 이르기까지 모두가 포함된다. 바이오기술 관련 생활 속에서 가장 많이 들어본 용어 중의 하나는 유전자변형생물(genetically modified organism, GMO)일 것이다. GM 유전자변형이란 세포內 유전자에 조작기술 적용 → 새로운 형질의 생물체 → 기존 생물의 가치를 바꾸는 것이다.

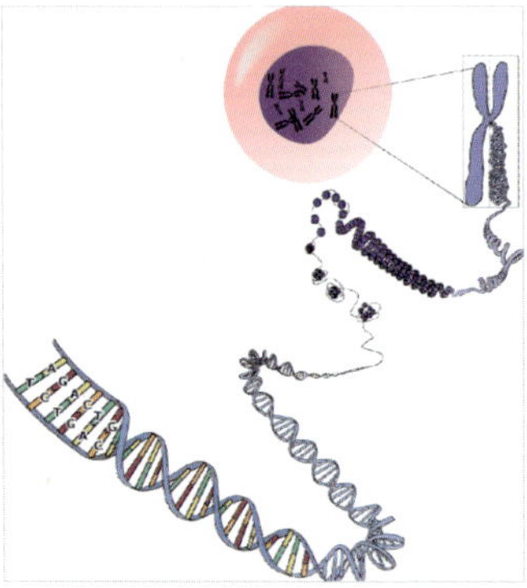
그림 9-1 DNA 유전물질

바이오기술의 발전은 1980년대를 기점으로 크게 나눌 수 있다. 지속적인 선택에 의한 이전의 전통적인 기술과 1980년대 초 시작된 새로운 공학적 테크닉이 접목된 바이오기술 즉, 신생명공학의 시대로 돌입한 것이다. 생명체 고유의 유전정보를 직접 변형시키는 기술들을 활용하여 생명과학, 의 · 약학, 식품, 농수산업 등 많은 분야에서 획기적인 진전을 불러오고 있다. 특히 genetic engineering 유전공학은 전통적 바이오기술의 모든 분야에 매우 큰 영향을 미쳤다. 21C 바이오기술에서는 다양한 생물의 기능을 이용하기 위해 첨단의 유전공학 유전자변형기술, 세포공학 세포융합기술, 효소공학/Bioreactor 바이오리액터기술, 세포배양기술 등을 활용한다.

오늘날의 바이오기술은 방대한 생물학적 정보를 해독하고 사용하여 산업적 유형의 결과를 도출하고자 하며, 다양한 분야가 연결되어 발전하고 있는 multi & interdisciplinary field 다학제간 학문이라고도 할 수 있다. 과연 어떤 학문 분야들이 21C 바이오기술과 연관되어 있을까? 몇몇 분야들만 열거해보아도 쉽게 목록이 길어진다: 유전학/세포생물학/분자생물학/미생물학/생물정보학.. 생명과학, 생화학/분석화학/유기화학.. 화학, 나노공학/컴퓨터공학/IT/기계공학공학/농업공학/하이브리도마공학/공정공학process engineering.. 공학 등.

최근 4차 산업혁명의 전개와 함께 바이오산업이 4차 산업혁명의 중심으로 급부상하였고, 핵심인 유전자변형기술의 급속한 발전으로 그 활용범위가 확대일로에 있다. 바이오기술과 바이오산업은 인류의 건강, 질병치료, 생명연장은 물론 육종이나 품종개량, 기능성식품이나 신약개발, 의료산업 등에 응용되면서 특히 주목을 받으며 크게 부각되어 향후에도 큰 발전이 전망되는 영역이다. 최근의 4차 산업혁명의 빠른 흐름은 세포공학, 유전공학, 분자생물학, 발효공정 기술의 발전을 토대로 바이오기술을 더욱 산업적으로 적용 · 확대해가는 측면을 나타낸다. 현재, 바이오기술 활용으로 가장 영향을 받고 있는 산업 활동으로는 의료산업, 신약개발, 식품생산, 동물사료, 대체에너지원, 폐기물재순환, 환경오염제어, 농수산업 및 임업의 생산성 등이 포함된다. 특히, 의학적으로는 고비용과 부작용의 문제를 안고 있는 합성화학물질을 대신할 천연의 생물학적 화합물 연구개발에 초점을 두고 있다. 다음에서는 바이오기술이 1970년대를 기점으로 현재 위치에 오기까지의 간략한 역사를 대표적 이슈 중심으로 살펴보도록 하겠다.

※ 참고: 생명공학이란 용어를 처음 사용한 사람은 1917년/헝가리/농업기술자/Karl Ereky 칼 에레키로 알려져 있다. 그는 생명체의 도움을 받아 원료 → 최종산물 얻는 모든 작업의 포괄적인 의미로 이 용어를 사용하였다고 한다.

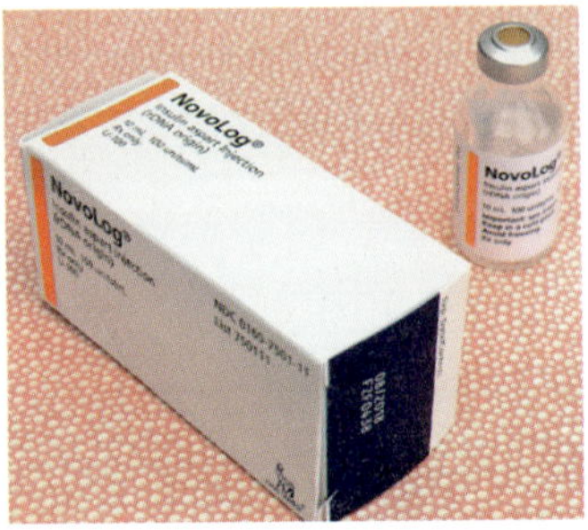

그림 9-2 인슐린 약

오늘날 우리가 말하는 본격적인 바이오기술의 시대는 유전공학과 분자생물학의 발전 없이는 이루어지지 않았을 것이다. 1941년/조스트(A.Jost) 최초 사용 유전공학은 전통적인 생명공학과 분자생물학을 연결시켜주는 기술로 생명공학의 여러 분야를 새롭게 바꾸는 계기가 되었다. 1960~70년대 이후 재조합 DNA기술 유전자재조합기술 확립으로 새로운 유전자가 클로닝 되면서 바이오기술 시대가 열리기 시작하였다. 1978년 유전자변형 대장균으로 처음 인슐린을 생산하고, 1982년 FDA가 이를 승인하면서 GM 유전자재조합 백신이나 GM 작물들이 시험 재배되거나 상업화가 진행되기 시작하였다. 그 이후 연구개발을 위한 GM모기/GM돼지.. GM 생물개발이나 GM 식품의 개발과 판매 등이 본격적으로 이뤄지고 있다. 하지만 GMO 시험재배에 대한 반대도 만만치 않고 급속히 발전하고 있는 유전자 가위기술의 적용 범위를 두고 논란도 일고 있는 상황이다. 유전자변형은 이 기술이 갖는 유익한 목적뿐만 아니라 관련 기술의 급속한 발전에 따른 안전성과 윤리적인 논란은 지금도 계속되고 있다. 전문가들은 물론 일반인들도 이에 대한 지속적인 관심을 가져야 하며, 정부 차원에서의 제도적 보완도 그때그때 요구되는 분야다.

※ 클로닝cloning : 형질전환으로 원하는 유전자 → 숙주세포에서 발현시키기 전 반드시 필요한 단계로 원하는 유전자를 분리하거나 이용할 수 있도록 하는 기술. 박테리아 등 원핵생물의 플라스미드가 사용되며, 클로닝의 주목적은 원하는 유전자의 증폭이나 유용한 예-인슐린 특정물질 대량생산 등이다.

1978년/Genetech/휴뮬린Humulin 최초의 유전자재조합 의약품 인슐린 생산에 이어 1980년대 포유동물/식물.. 형질전환 생물들과 1990년/미국FDA 최초 승인 체세포 유전자치료법 등이 뒤를 따랐다. 하지만 뭐니 뭐니 해도 전 세계를 가장 떠들썩하게 했던 과학적 이슈는 복제양 돌리의 탄생일 것이다. 1997년 스코트랜드/로즐린연구소Roslin Institute/Ian Wilmut 윌머트 박사 연구팀은 3마리 우양을 이용하여 이미 분화된 젖샘세포 체세포 → 탈핵 난자 주입 → 전기 자극 → 체세포 핵+난자 융합 유도 → 배아생성 → 대리모 자궁 삽입 → 착상 → 성장 → 정상 분만의 과정을 거쳐 복제양 돌리를 태어나게 하였다. 이것은 고등동물의 생식과정에서 몇 천 년 동안 불변의 진리로 믿고 있던 반드시 정자와 난자가 관여해야 하는 유성생식의 개념을 뒤엎는 획기적인 결과였다. 이어서 2003년 21세기 초, 10여 년간에 걸친 인간게놈프로젝트의 완성은 미지의 유전자 탐색 및 질병진단과 치료제 등 신약개발에서 큰 진전을 있게 하였다. 그리고 2010년에는 미국 벤터 J.C.Venter 연구팀에 의해 인공 합성된 유전체를 박테리아에 삽입하여 인공합성 세포를 성공적으로 만든 바 있다. 연구진은 이들 인공세포가 바이오 연료나 다른 유용물질을 만드는 데 쓰이고, 오염수 정화나 대기 중 이산화탄소 제거용 미생물 제작도 가능할 것이라 전망한다. 더 나아가 현재보다 훨씬 효과적인 백신이나 신약의 개발 및 생산도 기대할 수 있을 것이라고 주장하고 있다.

바이오기술에 이용되는 기술은 매우 다양하여 육종, 분자생물학, 유전공학, 발효공학, 전자공학 등이 융합된 기술들이 활용되고 있다. 이들 기술이 적용되는 생물재료 기준으로 유전자변형, 세포조작, 개체조작 등으로 분류하면 다음과 같다. 유전자변형 대상 생물에 따라서 GM작물 유전자변형 식물, 유전자변형 동물, 유전자변형 미생물 등으로 분류할 수 있다. 세포조작의 대표적인 기술들은 세포융합, 세포배양 등이 있다. 또한, 이종세포를 융합시켜서 하나의 세포로 만드는 기술인 cell engineering 세포공학도 주목받고 있다. 이 기술은 유전자조작의 목적보다는 각 세포의 장점을 모두 얻고자 하는 목적으로 시행된다. 세포융합기술은 임상진단과 암 치료에서 식물 또는 동 · 식물의 품종개량에 이르기까지 폭넓게 응용되고 있다. 실행된 예로는 감자+토마토 포마토, 가지+감자 가자, 무+배추 무추, 무+양배추 양무추 등이 있고, 이런 세포융합기술을 동물이나 어류의 품종개량에 이용하기도 한다.

가장 오랫동안 시행해오던 생물공학기술의 적용 대상 재료는 개체를 조작하는 경우이다. 오랜 동안 동식물을 대상으로 선발육종, 잡종교배 등의 selective breeding 선택적 교배법이 시행되어 왔다. 하지만 시간이 많이 걸리고 확률에 의존해야 하는 단점이 있어 첨단기술로 직접 유전자삽입 또는 제거를 통해 원하는 형질을 단시간에 확보할 수 있게 되었다. 유전자변형이나 세포조작기술을 접목시킴으로써 목적하는 온전한 개체 생산이 가능해져 최고의 효과를 얻을 수 있다. 바이오기술이 연구되는 영역은 크게 식물/동물 생물대상 영역과 에너지, 환경, 의 · 약학 분야 등이 대표적이라 할 수 있다. 이들 분야를 간단히 살펴보면 다음과 같다.

- **식물 분야**

유전자변형이 일찍부터 적용되어 왔고, 오늘날에는 다양한 영역에서 수많은 연구가 활발히 진행되고 있다: 높은 해충저항성/강한 질병저항성 작물

개발, 산업폐기물.. 생분해성 증진, 제빵/양조.. 식품의 품질개선, 식물생장/개화시기조절/꽃색깔.. 새로운 형질의 품종개량, 환경스트레스 내성 식물개발, 토양의 오염물질제거+환경복원능력 특정 식물탐색, 백신생산 가능 식물공장에 대한 연구, 특정제초제 내성 식물, 특정미생물 내성 작물연구 등.

• 동물 분야

가축 대상의 축산업, 어류 대상 양식업은 식량생산에서 중요한 분야 중 하나이다. 동물은 임신과 생식주기가 비교적 길어 우량품종 개량은 기간이 오래 걸린다는 단점이 있는데, 이는 유전자변형기술을 통해 획기적으로 개선되었다. 포유동물이나 조류는 세포/조직배양 위한 장치나 시스템 생물반응기에 대한 잠재성이 매우 높은 대상으로 알려져 있다. 대장균과 같은 단세포 미생물에 의한 단백질 생산에는 한계점이 있고, 동물세포를 이용한 단백질 생산에서도 고비용.. 문제들이 대두되고 있어 그 해결책으로 유전자변형을 통한 포유동물의 유즙이나 조류의 알이 언급되고 있다. 이들 조직에서 고가의 단백질을 대량생산할 수 있는 효율적인 생물반응기를 개발하려는 연구가 활발히 진행되고 있다.

단백질 대량생산 외에 더 집중적으로 연구되고 있는 것 중 하나가 장기이식 분야이다. 그동안 의료기술의 발달은 간/신장/폐/각막.. 인체의 장기이식을 가능하게 하였으나 필요한 장기는 수요에 비해 턱 없이 부족한 상태이다. 이런 심각한 불균형에서 벗어나 부족한 장기를 대체할 수 있는 대상을 일부 포유동물에서 찾고 있다. 인체로의 동물의 장기이식은 조직괴사 및 인체 면역체계의 거부반응으로 인해 불가능하였었다. 하지만 nuclear substitution 핵치환기술과 gene knock-out 유전자제거기술의 발전으로 면역거부반응을 일으키지 않는 형질전환 복제돼지 생산이 가능하게 되어 희망을 걸고 있다. 아직은 해결해야 할 문제들이 많아 갈 길이 멀지만 미래에는 이종 장기이식이 원활하게 이루질 수 있을 것으로 희망하고 있다.

이 외에도 어류를 대상으로 한 유전자변형을 통해 인류는 다양한 이익을 얻을 수 있다. 그 예는 항동결 특정유전자 발현으로 추운 지역에서도 물고기 생육 가능 환경적응성 어류, 빠른 성장의 형질전환 물고기, 특수 질병에 강한 질병저항성 어류, 화려한 색채의 관상어류 등에서 찾아볼 수 있다. 이미 성공한 경우도 있지만 이러한 어류들을 개발하거나 생산할 목적으로 현재 여러 연구들이 진행되고 있다.

에너지 분야

에너지와 식량과 관련된 문제는 인류가 지구상에 존재하는 한 최대의 관심거리 가운데 하나이다. 빠르게 고갈되고 있는 화석연료와 연료연소 시 발생하는 이산화탄소 농도 등은 더욱 심각하게 다가오고 있다. 당연히 많은 나라에서 화석연료 대체 가능한 에너지를 찾는 연구가 활발하게 진행되고 있다. 과연 그 해결책을 어디에서 찾고 있을까? 다름 아닌 바로 광합성이다! 광합성을 하는 생물이 대안으로 떠오르고 있는 것이다. 일명, 생물연료 바이오에너지는 생물학적인 물질로부터 불에 타기 쉬운 성질 가연성과 쓰기에 편리하게 생산된 에너지라고 한다.

중요한 생물학적 에너지원으로는 사탕수수/사탕무.. 사탕작물의 발효로 얻는 바이오에탄올 생산이 대표적이다. 또한, 옥수수/밀/보리/귀리/카사바..

녹말작물이나 섬유소 풍부한 짚/나무폐기물.. 식물재료 등으로부터도 바이오에탄올을 생산할 수 있다. 바이오디젤 생산이 가능한 식물성 기름은 기존의 디젤연료를 대체할 수 있을 정도의 좋은 평가를 받고 있다. 혐기성 미생물에 의한 메탄 생산이나 미세한 algae 조류로부터의 수소 생산도 대체에너지원 후보 대상이 되어 이들에 대한 연구가 진행되고 있다.

• 환경 분야

사회가 발달하고 산업화되면서 공기/물/토양.. 환경에 대한 문제가 점점 심각해지는 경향이 있다. 전문가들은 환경에 대한 규제 강화만으로는 해결될 수 없고, 효율적인 폐기물처리에 대한 방안 마련이 절실하다고 말한다. 그 방안 중 하나로 언급되는 것이 토양과 물 속 미생물을 이용한 환경에 방출된 유기물질이 미생물활성에 의해 분해되는 것/biodegradation 생분해이다. 이들 미생물은 살아가는데 필요한 에너지와 탄소원을 사용하기 위해 어떤 유기물이든 효소 이용 → 간단한 분자 분해 → 흡수하는 능력을 가지고 있다. 실제로 이들 미생물들은 생물학적으로 활성화된 환경을 만들기 위해 공학적으로 제작 · 설계된 기계장치/Bioreactor 생물반응기로 대량 배양되어 하수처리 등에 활용되고 있다. 폐기물이나 폐수처리를 더 잘할 수 있는 생물반응기를 고안하거나 유전자변형기술을 통한 효율 높은 생분해 능력의 미생물 개발과 관련된 연구 또한 계속 진행되고 있다.

• 의 · 약학 분야

의약 분야에서 개발되고 있는 치료 목적이나 진단용 의료 연구에는 세계적으로 핫한 주제들이 대거 포함되어 있다. 대표적인 것들이 바로 호르몬제재/조절단백질/항생제.. 치료용 단백질, 태아의 유전검사, 백신개발, 질병확인용 면역진단, DNA 탐침, 유전자치료 등이다. 이와 관련해서는 이후의 부분에서 더 자세히 논의될 것이다.

'바이오(Bio)'라는 말은 크게 과학정책이나 경제 분야에서부터 생활 속 일상용어에 이르기까지 이미 모든 부분에서 사용되고 있다. 바이오는 바이오테크놀로지나 바이오인더스트리 등의 약어일 것으로 추정된다. 생명체를 대상으로 하는 과학적인 연구는 오래 전부터 있어왔지만, 사람들의 생활과 이익에 직접적으로 결과를 창출할 수 있다는 예측은 비교적 근래에 구체적이 되었다. 유전물질 DNA의 규명, 조작기술, 응용가능성 등이 밝혀지면서 동물/식물/미생물.. 생물자원의 잠재력에 관심과 기대는 물론, 이를 인류의 의식주와 건강증진에 적극적으로 이용하고 있다.

얼마 전 출간된 4차 산업혁명에서 바이오기술이 갖는 의미와 전망을 내다본 2019년/김성진 '바이오기술의 세계화'에서는 4차 산업혁명에서의 바이오기술은 바이오에 그치지 않고 여러 분야와 융합되면서 색다른 차원의 혁신과 창의적 결과를 보일 것으로 예측하고 있다. 완전히 다른 디자인 영역과도 손잡고, 도전적 창의성이 부각되는 IT, 전자공학 분야 등과도 융합하는 새로운 면모를 거리낌 없이 보일 것이라 전망한다. 이전에는 볼 수 없었거나 바이오만으로는 해낼 수 없었던 일들이 일어날 것이란 이야기이다.

바이오기술은 제약바이오, 화장품나노바이오, 에코바이오, 산업바이오기술 등 산업적으로 유용한 제품, 공정 개선을 위한 생체나 생물학적 시스템을 활용하는 기술을 총칭한다. 이 뿐만 아니라 DNA 재조합기술을 응용한 여러 새로운 과학적 방법 등도 포함한다. 고전적인 생물학에서는 각각의 생물종은 고유의 유전적 특성이 있고, 그 특성의 자기보전 본능은 다른 종의 유전자에 배타적이기 때문에 이종 간 잡종을 만들어내는 것은 거의 불가능하다고 알려져 있다. 바이오기술의 발달은 생명복제는 물론 생명체 조작까지도 가능하게 하여 클론이나 유전자 수준의 키메라생물을 만들 수 있게 한다. 키메라생물은 포마토, 해바라기 · 콩, 슈퍼생쥐 같은 이종 간에 만들어진 새로운 형질을 지닌 생명체이다.

'chimera 키메라'란 희랍신화에서 나오는 양의 몸체에 사자머리와 뱀꼬리를 가진 기괴한 동물을 말한다. 이런 의미에서 다른 종류의 유전형질을 한 몸에 지닌 잡종생물을 '키메라생물'이라 칭한다. 사람이 실제로 만든 키메라동물로는 흰 생쥐와 갈색 생쥐의 분할란을 융합시켜 만든 '얼룩 생쥐'와 염소 머리와 양의 몸체를 가진 '염소 양'이 있다. 키메라식물로는 감자+토마토 → 포마토, 배추+무 → 무추 등이 있다. 따라서 '키메라'라는 말을 광의로 해석한다면, 결국 한 생명체가 같은 종이 아닌 다른 종의 유전자를 받아서 그 형질을 발현시켜 만든 새로운 잡종을 뜻한다. 이러한 잡종 개체는 동종간의 자연교잡에 의해 만들어진 잡종과는 다른 것이며, 바이오기술이 개발됨으로써 가능해진 것이다.

인구의 증가로 식량공급을 걱정하던 학자들은 농업적으로 중요한 동식물의 생산성을 향상시킬 목적으로 DNA를 조작하는 기술을 이용하기 시작하였다. 과학자들은 이미 유전자를 변형하여 천천히 숙성하거나 잘 상하지 않거나 병에 강한 많은 수의 농작물을 만들어내었다. 놀랍게도 식물은 동물보다 조작하기가 쉽다. 대부분의 식물종은 배양된 하나의 세포에서 성체를 만들어 낼 수 있기 때문이다. 하나의 세포에서 유전자를 조작하여 이 세포를 새로운 특성을 가진 개체로 성장시키면 된다. 유전자가 조작된 생물이 다른 종으로부터 온 유전자를 포함하는 경우, 즉 외래유전자를 동물이나 식물체에 도입, 발현시킨 생물을 형질전환생물이라 한다.

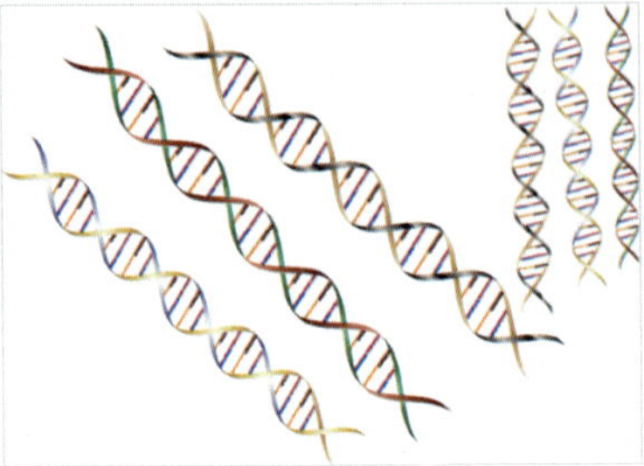

그림 9-3 DNA

※ 유전자(gene) : 생물 개체의 특징을 나타내는 물질로 유전자의 본체는 핵산의 일종인 DNA (deoxyribo nucleic acid). 생물체의 유전정보를 지닌다.

※ 유전체(genome) : 하나의 생물이 가지는 모든 유전정보로 세포나 생명체의 총 유전자 집합을 의미한다.

이렇게 새로운 형질을 지닌 '포마토', '해바라기 · 콩', '슈퍼생쥐'와 같은 '신종' 생물이 만들어질 수 있게 되었다. 신종생물을 만들어주는 기본적인 개념의 바이오기술에는 유전자재조합기술, 세포융합기술, 핵치환기술 등을 들 수 있고 이들은 다음과 같이 설명될 수 있다.

1 유전자재조합기술

한 생물체에서 추출한 유전자를 다른 생물의 유전자와 재조합하여 키메라유전자를 만든 다음, 다시 발현 target cell 표적세포에 삽입하여 도입된 외래유전자의 형질을 발현시키는 기술이다. 쉽게 말해, 어느 생물에서 원하는 유전자 분리 → 다른 생물에 삽입 → 필요한 새로운 형질/물질 발현 → 유용물질의 대량생산을 목적으로 한다. 대표적인 예는 대장균에 사람의 인슐린 유전자를 삽입한 그 유명한 인슐린 제조과정! 대장균에는 주 DNA와 plasmid 플라스미드라는 세균에만 있는 또 다른 DNA 조각들이 있다. 먼저, 플라스미드에 제한효소 사용 →

특정부위를 자른다. 이어 사람 유전자의 인슐린합성 부위를 제한효소로 절단 → 잘린 DNA → 대장균 이식 → 리가제 결합효소로 연결 → 대량 증식시키면 사람 인슐린과 같은 인슐린을 대장균이 만들게 된다. 유전적으로 연관성이 전혀 없는 두 생물로부터 각각의 DNA를 분리한 뒤 이들을 접합시키는 일종의 생물학적 수술이라 할 수 있다. 원래 대장균의 유전정보에 사람의 다른 정보를 넣는 것인데, 비유하자면 제한효소 = 절단용 가위, 리가제 = 접착용 풀에 해당한다고 보면 된다. 어떤 사람들은 이러한 재조합기술을 '서로 다른 유전적 직물을 꿰매 맞추는 생물학적 재봉틀'에 비유하기도 한다.

미생물인 박테리아 세균들은 접합을 통해 다른 개체와 연결되어 직접 유전자를 주고받을 뿐 아니라, 주변의 다양한 DNA 조각들을 받아들여 원래 있었던 것처럼 자기 DNA에 끼워 넣기도 한다. 이처럼 외부에서 주어진 DNA를 받아들여 생물체의 유전적 성질이 변하는 것을 transformation 형질전환이라 한다. 형질전환은 오래 전부터 세균이 유전적 다양성을 확보하여 생존 확률을 높이기 위해 사용한 전략으로 간주된다. 이들의 비밀이 우리에게 밝혀진 것은 20세기가 지난 이후의 일이다. 기 언급하였듯이 1970년대 이후 급속히 발전하였으며, 유전자 내 염기배열이 다른 DNA/RNA 두 종류의 핵산을 이용하여 인위적으로 생물의 유전형질을 바꿀 수 있다. 이 기술의 개발로 자연에서는 일어나지 않는 이종 간 유전자조합이 가능하여 새로운 재조합체를 생성할 수 있다. 현재는 사람의 특정유전자를 대장균에 증식시키는 것도 가능하며, 같은 시기 개발된 DNA 염기서열 결정법을 병행하면 유전자의 구조적인 부분까지 상세히 분석할 수 있게 되었다. 이로 인해 생명과학의 기초는 물론 응용적인 연구도 비약적으로 발전하고 있다.

그림 9-4 GM목화식물

그림 9-5 GM목화

이러한 외래유전자 → 이종세포 → 新 형질발현 형질전환에는 여러 종류의 미생물, 동물, 식물세포가 발현 매개체로 이용된다. 바이오기술은 전통적 식물 육종법을 빠르게 대체하고 있는데, 기술 적용에는 특히 일부 유용한 특성이 많이 사용된다. 대표적인 예는 형질전환식물의 약 40%가 제초제 저항성 유전자를 가지고 있다는 목화와 같은 밭 재배작물에서 쉽게 볼 수 있다. 목화는 비 식량작물의 가치가 높은 주요 직물원료로 그 생산성은 세계 경제에 영향을 미친다. 목화의 생산성 향상에 바이오기술이 큰 역할을 하여 형질이 전환된 목화가 개발되어 있고, 관련 회사들이 GM목화를 보유하고 있다. 이미 농업현장에는 잡초제거용 화학물질 제초제에 강한 박테리아 유전자를 가진 목화가 널리 보급되어 있다. 실제 밭에 제초제를 뿌려도 제초제 저항성 유전자를 이식받은 목화는 잘 자라는 반면, 잡초는 잘 자라지 못해 형질이 전환된 작물을 기르기가 훨씬 쉬어졌다. 이와 같은 방법으로 외래유전자를 도입한 여러 종류의 주요 농작물들이 생산되고 있다; 바이러스에 저항성을 갖는 목화와 담배, 살충제 생산으로 해충의 공격을 피해가는 감자, 빠른 후숙으로 무르거나 상하지 않는 GM 토마토 등.

하지만 형질전환기술은 농작물에 국한된 것만이 아니라 질병치료제 개발에서도 두각을 나타내고 있다. 국내의 한 GC녹십자 제약회사는 미래지향적 가치를 유전자재조합 기술에서 찾아 신약개발에 실현하고 있다. 이 회사는 간 이식환자의 B형 간염 재발예방용 B형 간염 면역글로불린 연구개발에 이 기술을 적용하고 있는데, 그동안 혈우병과 헌터증후군의 치료제를 개발하면서 세계 수준의 유전자재조합 기술을 축적해왔다고 한다. 아직까지 B형 간염 면역글로불린 제조에 유전자재조합 기술이 성공적으로 적용된 사례는 없는 것으로 알려져 있다. 이 약은 2013년 식품의약국(FDA) 미국과 유럽의약국(EMA) 유럽에서 희귀의약품으로 지정받은 바 있다.

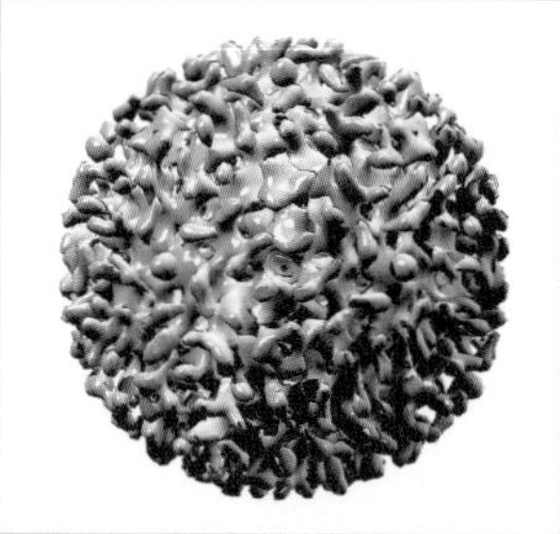
그림 9-6 B형 간염바이러스

2 세포융합기술

일명 키메라! 형질이 다른 두 세포를 융합시켜 잡종세포를 만들어 새로운 형질을 가진 세포나 생물체를 만들어내는 기술로 대표적 예는 포마토. 감자와 토마토의 세포를 융합하여 '포마토'와 같은 새로운 잡종식물을 만들어내는 핵심기술이다. 먼저 세포벽을 제거해야 융합이 가능하기 때문에 효소로 각각의 세포벽을 없애고 토마토와 감자의 원형질체를 융합시킨 후 핵 융합하여 배양하면 감자와 토마토 형질을 가진 잡종세포가 형성된다. 포마토 형성은 식물들 간의 세포융합이지만, 사람-식물세포, 닭 적혈구-효모균, 당근-사람암세포 등 전혀 다른 생물종 간에도 성공한 바 있다. 동물에서의 대표적 세포융합기술 산물은 하이브리도마 잡종세포로 생쥐에서 1975년 최초로 만들어졌다. 형성된 잡종세포는 항체생산/림프세포 B세포와 무한 증식하는 암 종양세포의 증식력을 모두 지녀 세포배양을 통해 단일클론항체 항체 생산에 이용된다. 식물 분야에서는 새로운 작물의 품종개량에 세포융합기술 활용에 거는 기대가 크다.

※ 하이브리도마 (hybridoma) : 질병의 정확한 진단과 치료를 가능케 한다는 단일클론항체 생산에 결정적 역할을 하는 잡종세포(특정기능의 세포+무한증식의 종양세포 융합의 결과).

※ 식물세포와 동물세포 세포융합의 차이점:
1 식물세포융합: 세포에 효소처리 → 원형질체 생성 → 세포융합촉진제 → 융합 → 배지배양 → 완전한 식물체(포마토, 무추 등).
2 동물세포융합: 세포벽이 없어 세포융합이 비교적 간단하다. 체외나 체내 수정된 수정란 → 다른 우에 넣음 → 생육시킨 배를 이식하는 기술이 많이 쓰인다(시험관아기, 쌍둥이송아지 등).

세포융합은 바이오기술의 핵심 영역으로 서로 다른 세포를 인위적으로 합쳐 새로운 잡종세포를 만들어낸다. 그 결과 잡종세포는 한 세포 내에 2개 핵의 속성을 갖게 된다. 세포융합은 인체의 임상진단과 암 치료에서부터 식물의 품종개량에 이르기까지 폭넓게 응용되고 있다. 농작물 육종에서는 과거에 불가능하였던 교배를 대신해 줄 수 있는 새로운 기술로 활용할 수 있다. 성공한 식물 종으로는 포마토, 가자, 무추, 양무추, 오렌지+탱자, 벼+피 등을 들 수 있다. 더 나아가 세포융합을 통한 핵치환기술로 우수한 종의 형질을 도입시킬 수 있음이 보고되어 있다.

3 핵치환기술

일명 핵이식기술로 유전자가 들어있는 세포의 핵을 제거하고 우수한 형질을 가진 다른 세포의 핵에 옮겨 똑같은 형질을 갖는 생물을 생산하는 기술이다. 어떤 체세포에서 탈핵 핵을 추출한 뒤, 핵을 제거한 다른 세포에 넣어 발생시키는 복제생물을 만드는 방법이며, 1996년/영국/로슬린연구소/윌머트박사 복제양 돌리가 대표적이다. 이때 태어나는 개체는 핵을 제공한 개체와 동일함이 이후 돌리의 예에서 증명되었다. 이렇게 탄생한 복제생물이 clone 클론이며, 핵치환기술은 특정 형질을 가진 생물체를 복제하는데 이용된다. 또한, 핵치환기술을 이용하면 세포 내 DNA 등 유전정보를 지니고 있는 핵과 세포소기관들이 있는 세포질과의 관계를 조사하는 수단으로 쓰인다. 특히 세포수준에서의 발생 및 분화발달 과정을 추적하는데 있어서 핵-세포질 이들의 역할을 알아내는 데 매우 유효한 방법이 된다.

※ 돌리 Dolly : 핵치환기술로 성공한 최초의 포유동물 복제양으로 전 세계적으로 엄청난 반향을 불러왔다. 탄생과정은 험난하여 총 277개 난세포에 핵치환을 시도한 끝에 성공적으로 살아남은 것이 돌리였고, 이후 6마리의 새끼를 낳아 복제하여도 생식능력은 유지될 수 있음을 입증하였다.

※ 클론 : 무성적으로 복제된 생명체를 의미한다. 따라서 '클론 인간' = '복제 인간'이란 뜻!

일찍이 하등동물 영국/1962년/개구리발생 연구에서 수정란의 핵을 다른 올챙이 체세포의 핵으로 치환해서 형질이 똑같은 개체로 복제해내는데 사용하였고, 생쥐 수정란 핵을 다른 쥐 체세포 핵과 치환하여 복제생쥐를 만들어내는 데도 성공하기도 하였다. 이들 동물이 소위 말하는 체세포를 분화시켜 만들어낸 '클론 동물'이다. 핵치환기술은 우수한 형질의 동물 대량복제, 멸종위기종의 보존, 멸종동물의 복원 등에 이용되며, 개구리, 양, 쥐 외에도 개, 고양이, 돼지, 영롱이 소, 양 등의 동물

복제에 이용된 바 있다. 이 기술은 우량가축의 증식이나 대량생산 등 축산업에 크게 기여할 것으로 보인다.

2018년 최근 중국과학원에서 세계 최초로 원숭이 자신의 체세포를 이용한 복제로 똑같은 유전자를 가진 원숭이새끼 2마리를 성공적으로 만들어냈다. 복제양 돌리 만들 때 썼던 체세포 핵치환기술을 영장류에 활용한 것으로 난자에서 핵 제거 → 분리한 다른 체세포 핵內 이식 → 복제수정란 만듦 → 대리모 원숭이자궁 착상 → 복제동물 탄생의 과정을 거친 것이다. 연구책임자는 영장류 복제 연구는 유전적 요인에 의한 인체 뇌질환/암/면역/대사관련 불치병을 치료하는 길을 여는 것이라 하였지만, 이런 영장류 복제는 논란의 여지가 매우 크다. 이런 체세포 복제기술에 의한 쌍둥이원숭이 탄생은 '클론 인간'을 만들어내는 것이 이론적으로 가능함을 시사하고 있다. 원숭이는 인간과 유전적으로 가장 유사한 생물종으로 혹시라도 무분별하게 인간의 클론을 형성할 경우 엄청난 사회적 파장과 걷잡을 수 없는 문제가 야기될 수 있음이 다분히 있기 때문이다.

그림 9-7 클로닝 이미지

※ 조직배양기술

생물의 조직을 떼어 내어 배양액 등으로 배양 또는 증식시키는 기술로 동물의 조직배양은 1907년/R.G.Harrison 20세기초반 개구리 신경조직을 개구리 림프액內 배양 및 성장시키면서 시작되었다. 이것은 얻고자하는 형질을 가진 생물체의 세포/분열조직.. 일부를 무균적으로 떼어내 시험관에서 인공 배양시켜 증식시키는 기술이다. 세포들이 분열하여 자란 조직이 callus 캘러스이며, 여기서 세포를 분리시켜 배양하면 유전적으로 동일한 개체가 대량으로 생산된다.

하등동물이나 일부 식물 중에는 무성생식으로 번식하는 것이 많다. 꽃이 아닌 줄기/근경.. 부분을 통해 번식하는 식물은 '클론'된 식물이라 할 수 있고, 이 방법은 실제로 원예작물 난초/선인장/만손초.. 증식 재배에 흔히 이용되어 왔다. 많은 식물에서는 세포배양법으로 체세포를 분화 · 증식시켜 나무/씨감자/마늘.. 식물체 증식이나 병충해 강한 품종/우량작물.. 품종개량을 위한 조직배양기술이 개발되고 있다.

그림 9-8 식물조직배양

또한, 조직배양은 암, 조직 간의 상호작용이나 조직에 대한 화학물질의 영향, 조직의 운동성 등 조직학의 전반에 걸쳐 기초적인 연구에도 유용한 정보를 제공하는 것으로 알려져 있다. 고등동물에서는 암세포나 hybridoma/잡종세포: 상이한 2세포를 인공적 융합으로 만든 세포 하이브리도마 세포를 '클론 세포'라 부르고, 이들은 세포배양을 해도 증식력이 그대로 유지된다. 위 언급한 바이오기술의 발전으로 고등동물의 체세포 분화 → 각종 '클론 동물'이 만들어지고 있다. 최근 체세포 복제기술에 의한 쌍둥이원숭이 탄생은 '클론 인간'을 만들어내는 것도 이론적으로는 가능함을 시사하고 있다.

II. 포마토(pomato)

1978년 독일/Max-Planck-Gesellschaft/멜처스(G.Melchers) 막스플랑크 연구소에서는 감자(포테이토)와 토마토 체세포를 융합하여 새로운 잡종식물을 만들어냈다. 포마토는 어원이 감자potato + 토마토tomato의 합성어로 세포융합에 의해 만들어 진 것. 즉, 토마토의 유전자가 감자의 유전자를 만날 수 있도록 분리하여 두 세포를 융합시키면 뿌리는 감자이고, 줄기는 토마토가 열리게 된다. 줄기엔 토마토, 뿌리엔 감자가 달린 혁신적인 작물이나 토마토와 감자에 비해 크기나 질은 훨씬 떨어져 아쉽게도 실용가치는 없는 상태! 식물 특성상 감자는 추위에 강하나 토마토는 추위에 약하다. 그런데 독일에서 길러낸 포마토는 양쪽의 장점을 갖고 있어서 추운 지역에서도 가꿀 수 있다고 한다. 이러한 포마토는 토마토에 감자의 내한성을 부여하는 등 품종개량의 소재로 사용하는 것이 고려되고 있다.

※ 세포융합에 의한 포마토 생성 방법

1 세포벽 제거: 토마토와 감자세포에 셀룰라아제 효소를 처리하여 세포벽이 없는 원형질체를 만든다. 그 결과 세포는 세포막으로만 둘러싸인 상태가 된다.

2 두 세포 원형질체에 폴리에틸렌글리콜(PEG) 세포융합 촉진제를 사용하여 융합시킨다(세포융합 → 핵융합 → 세포분열 유도 → 융합된 키메라 잡종세포).

3 융합 잡종세포 → 배지 배양 → 세포벽 생성 → 융합세포 재생 → 분화배지 이식 → 배양 → 포마토 새로운 식물로 자라난다.

서로 다른 식물의 세포를 융합시켜 전에 없던 잡종식물인 포마토가 만들어지는 것은 바이오기술의 산물이다. 전통적인 생물학적 자연의 교배가 아닌 새로운 개념으로 생물체를 증식시키는 바이오기술은 크게 두 방법으로 발전하고 있다. 첫 번째는 증식코자 하는 생물을 세포배양으로 똑같은 생명체로 무수히 길러내는 [클론] 복제의 방법이다. 두 번째는 [유전자재조합] 유전정보를 합성하여 각 생물체의 장점을 지닌 새로운 생명체로 만들어내는 방법이다. 포마토처럼 잡종의 키메라세포로부터 이런 방식으로 만들어진 신종생물로는 '슈퍼 생쥐'와 '해바라기 · 콩' 등이 대표적이다.

- **슈퍼 생쥐 :** 사람의 성장호르몬 유전자를 생쥐 세포의 유전자에 넣어 몸무게 2배 정도 되는 '슈퍼 생쥐' 탄생.
- **해바라기 · 콩** [sun bean] **:** 녹색 콩의 유전자를 해바라기 세포에 이식하여 보통 콩보다 50% 큰 콩 만드는 실험 성공.

III. 유전자변형산물(GMO)

유전자변형산물 - GMO는 유전자재조합 바이오기술로 형질이 전환된 생명체의 통칭이나 일반적으로 유전자변형산물을 표현할 때 쓰인다. 유전자조작생물이라고도 하지만, 조작이란 단어의 부정적인 어감이나 거부감으로 인해 유전자변형산물이라는 표현을 더 사용한다. 유전자재조합 생물체 또는 유전자재조합 농작물로도 부르고 있다. GMO에 대한 관심은 인류가 직면한 식량문제 및 자원고갈 해결에 초점을 두고 있어 문제점이 있음에도 불구하고 기대를 모으고 있다. 병충해에 강한 내성 있는 농작물을 만들어 생산증대를 꾀하면 식량문제 해소에 도움을 줄 수 있기 때문이다. 또한, 값비싼 의약품을 만들거나 편리한 작물재배 등도 GMO를 만드는 주된 목적이 되며, 이들은 다음과 같이 요약될 수 있다.

1 **신품종 개발** - 병해충 저항성 농작물, 제초제 내성 작물 등
2 **소비자 편익 증대** - 고녹말 감자/고단백질 옥수수/비타민A 강화된 쌀 특정영양분 함유한 영양성↑, 저장성↑
3 **특정물질 생산 공장으로서의 개발** - 알부민생산, 성장촉진제생산 담배, 항체생산 옥수수 등 생산성↑

현재 유전자변형으로 세계적 특허를 받은 GMO 품목은 이미 180여 개를 넘고 있다. 식물의 종류는 콩, 옥수수를 비롯한 유채/토마토/감자/목화/벼/밀/담배/호박/해바라기/카네이션/고구마/사탕무/알팔파/멜론/파파야.. 30여 종 이상이다. 대표적 일명, GM작물 GMO 예를 몇 가지 들어보면 살충 기능의 감자, 옥수수, 목화를 비롯하여 제초제 내성 콩, 단백질 풍부한 3배체 은어 물고기, 쉽게 무르지 않는 토마토 등이 있다.

그림 9-9 GM농산물

그림 9-10 GM연어

특히, 토마토는 유전자의 기능을 멈추게 하는 숙성지연 방법으로 열매가 잘 익지 않는 특징이 있다. 이는 시간이 지날수록 물러지는 점을 보완한 것으로 장거리 운송과 겨울철에도 판매가 가능하다는 장점을 가지고 있다.

상업적으로 큰 성공은 거두지 못하였지만 유전자변형을 1994년/미국/칼젠사/상품명: '프레브 세이브(Flavr Savr tomato)' 처음 시도하여 얻은 먹을 수 있는 농산물이라는 점에서 그 의미가 크다.

그림 9-11 GM토마토

GMO가 활발히 이루어지는 나라는 미국과 캐나다로 상당수의 농작물이 유전자변형으로 재배된다. 미국의 경우 옥수수 92%/콩 94%/목화 94%.. 주요 작물의 90%이상, 캐나다는 약 98%가 유전자변형으로 작물들을 재배하고 있다. 북미: 미국/캐나다, 남미: 브라질/아르헨티나.. 아메리카 대륙은 이미 GMO의 주요 생산지로 재배된 농작물이 전 세계로 수출되고 있다. WHO 세계보건기구에서는 GMO 식품에 대해 '우리가 생각하는 것보다 부정적인 영향력이 거의 미치지 않으며, 각각의 식품작물에는 각기 다른 효소와 화학물질이 활용되므로 식품의 효능을 일반화할 수 없다.'고 표명한 바 있다.

하지만 인체에 유입되는 GMO 식품의 안정성 여부에 대해서는 여전히 찬반의 입장이 팽팽하게 맞서고 있다. 찬성하는 입장에서는 위 목적에 언급된 것과 같은 장점이 많고 아직 그 위해성이 과학적인 검증으로 입증된 경우가 없다고 주장한다. 반면, 반대의 입장에서는 아직 검증되지 않은 위해성과 유전적 환경오염 등의 위험성을 경고하고 있다. 특히, 민감한 반응을 보이는 곳은 유럽으로 일부 EU 회원국들은 유럽식품안전청 안전성이 인정된 GM 옥수수에 대해서도 판매를 금지하거나 소비자들이 외면하고 있다. 대부분 GMO 식품을 먹은 사람들이 어떻게 될지 그 결과는 아직 예측하기 어렵다는 견해를 갖고 있다.

우리나라는 1991년부터 농촌진흥청 농업생명공학 연구를 본격적으로 시작하여 수십 종의 작물과 몇 종의 형질전환동물을 단계별로 개발하고 있다. 하지만, 우리나라는 식량자급률이 25% 미만 낮아 부족한 식량자원은 미국/브라질/아르헨티나.. 수입 농작물에 의존하고 있다. 통계에 의하면 수입콩과 옥수수의 80% 이상이 GMO에 의한 생산이며, 알려진 것 외에도 쌀과 밀을 비롯한 알팔파, 유채 등 그 종류는 더 많다고 한다. 이들을 재료로 한 가공품들은 이미 알게 모르게 우리의 일상생활 속에 들어와 있다. 두부/콩나물/식용유/두유.. 콩류, 카놀라유/통조림기름.. 식용유, 간장/된장/고추장.. 장류, 아스파탐/올리고당.. 설탕대용품 등등 예를 찾아보면 그 목록은 길게 열거된다.

만약 GMO 산물을 구입한다면 성분표시 등을 확인하는 습관을 갖는 것도 좋을 것이다. 국내에서는 GMO에 대해 소비자들이 알고 선택할 권리를 갖게 하자는 차원에서 정보를 제공하는 '유전자재조합식품 표시제'를 2001년 도입하였다. 표시대상은 GM 작물과 유전자재조합 DNA나 외래단백질이 남아 있는 GM 식품이며, GMO 함량이 전체 원료의 3%이상인 경우에 해당된다. 식품제조 혹은 가공 시 사용한 주요 재료 중 하나라도 GMO 농산물이 사용된 식품은 '유전자재조합식품' 또는 '유전자재조합ㅇㅇ사용식품' 별도의 표시를 해야 한다. 시중에 유통되는 콩/옥수수/목화/유채/사탕무.. GMO 농산물과 두부/고추장/된장/전분/과자/빵.. GM 식품 등이 이에 속한다. GM 표시제도가 시행되고 있는 나라는 호주GM/뉴질랜드GM/유럽연합(EU).. 전 세계 20여 개국이며, 우리나라는 GM 함유 3% 초과 시 표시는 의무화된다. 표시 함유비율은 나라마다 달라 일본은 5% 이하, 유럽연합은 0.9%로 되어 있고, 미국은 GM 표시 의무 제도를 시행하지 않고 있다.

사람들이 섭취하는 농작물이나 식품과는 달리 질환치료용 의약품 제조나 새로운 기능의 균주 개발에 있어서의 GMO 응용은 다른 측면의 견해를 보인다. 이 분야에서의 GMO 연구의 시작은 1975년 항생제 내성을 만들기 위해 대장균을 항생제 내성균으로 만드는 것이었고, 대장균에게 항생제 내성 유전자와 인간의 인슐린생성 유전자를 넣은 것이 최초의 GM 산물이었다. 초기에는 대장균 사용 및 인간의 유전자가 세균에 들어가는 것에 대한 반대가 심했고, 슈퍼세균이 생길 수 있다는 우려에 대한 대책으로 안전지침이 1976년 수립되기도 하였다. 하지만 날로 늘어나는 당뇨병에 대한 치료제 생산의 필요성이 크게 대두되어 결국 인슐린 대량생산 상업화가 가능해지게 되었다. 오래 전 이런저런 과정을 거치며 대량생산된 인슐린이 필요할 때 저렴하고 쉽게 쓰일 수 있게 되었다는 것을 아는 사람들은 그리 많지 않은 것 같다. 이와 같은 경우, GMO 및 생성결과물은 효자 기술 및 유용한 산물이 된다.

오늘날의 GMO는 최첨단 유전자편집기술로 바이오 신약개발 및 맞춤형 치료법 개발 등 차세대 의료분야로 발전하거나 기존의 GMO를 효율화하여 새로운 측면으로 나가는 두 방향이 주목을 받고 있다. 하지만 우리에게 실질적으로 좀 더 와 닿는 것은 후자의 경우로 화훼 · 원예, 바이오연료, 해양기름유출/중금속.. 오염물질 제거용 GMO 등으로 다양화되고 있다. GMO 식물을 이용한 오염정화 기술은 카드뮴/수은/크롬.. 중금속 등으로 오염된 토양에 특정 식물을 재배하여 오염물질을 흡수/고정.. 제거함으로써 토양을 정화하는 기술이다. 사람이 먹는 용도가 아닌 연료로 쓰일 수 있는 GMO 옥수수 biofuel 바이오연료는 친환경적으로 화석연료보다 이산화탄소를 적게 배출해 신재생에너지로 우리에게 큰 도움이 될 수 있다. 비록 GMO 단백질이 어떤 사람에게는 독성이나 알레르기 반응을 일으킬 수도 있지만, 질병치료용 단백질 등 의약품을 생산하는 작물은 그 종류가 다양하여 유용하게 쓰일 가능성이 많다.

최근 들어서는 GM 작물에 대하여 수입금지 등으로 강력 대응하던 유럽 국가들이 2005년부터 수용적인 측면으로 입장을 바꾸고 있다. 관련 유럽의 기업들은 GM 작물을 이용한 고부가 제품개발에 힘을 싣고 있고, 유럽연합은 다양한 종류의 GMO 작물을 승인하기에 이르렀다. 산업용으로 쓰일 GM감자의 재배 2010년 승인을 기점으로 기존의 제초제내성/해충저항성.. GMO를 뛰어 넘는 특성으로 다양해지고 있다; 그 예로 비타민 함량 강화, 가뭄 스트레스 내성, 식물질병 내성, 곰팡이 내성 등을 들 수 있으며, 신중한 독일도 2010년/전분개선: 아밀로펙틴 감자 GM감자 생산을 승인한 바 있다. 이처럼 GMO는 인류에게 도움이 되기도 하고, 판도라의 상자처럼 원치 않는 결과를 불러내올 수 있기도 있다. 연구 개발하는 GMO가 무엇이 되는지, 그리고 그로 인한 나타날 문제들은 무엇이 될지 모든 경우의 수를 숙지 및 예측하고, 계속해서 대책을 연구해야 한다.

※ **LMO & GMO 차이점**

LMO living modified organism : 바이오기술로 생물종의 유전물질을 인위적으로 변형시킨 살아 있는 생식/번식 가능한 동물/식물/미생물 생물체만을 가리키며, UN 생물다양성협약에서 공식적으로 사용하는 용어이다.

GMO : LMO 및 LMO 이용한 제조품과 가공품까지 포함하며, 생식이 가능하지 않는 것도 모두 포함한다. 따라서 GMO가 LMO보다 좀 더 넓은 범위의 용어로 경제협력기구 및 유럽연합에서 공식적으로 사용하고 있다.

IV. 바이오기술의 이용

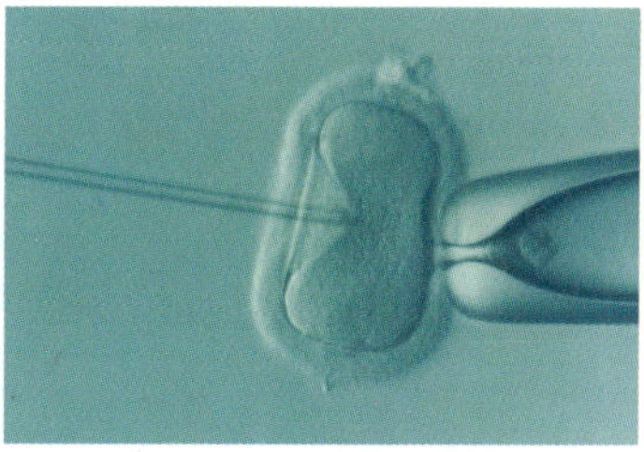

그림 9-12 바이오테크

바이오기술의 긍정적인 활용은 4차 산업혁명에서 인류가 직면하고 있는 문제들을 풀어나가고 산업적인 활성화로 향후 21세기 경제 성장을 이끌 중요한 분야로 주목받고 있다. 이 분야는 앞으로도 인류의 건강 및 생명연장, 식량공급, 환경오염, 에너지 관련 문제를 해결하는데 큰 역할을 할 것으로 기대된다. 이 기술을 통한 유전자재조합으로 활발한 연구를 진행하고 있는 영역은 기초생물학, 의약품제조 및 의약, 식품, 농업분야 등 매우 다양하다.

1 **기초생물학 분야** : 유용한 형질의 유전자 → 대장균 플라스미드 → 재조합 유전자의 대량복제 또는 인체 대용 쥐/소/돼지/양/염소.. 실험동물 연구 등이 활발하다.

2 **의약품제조 및 의학 분야** : 대장균이나 다양한 미생물을 발현매체로 이용하여 다수의 의약품들이 개발되고 있다. 일찍이 사람 인슐린생산 유전자 → 대장균 삽입 및 발현에 성공함으로써 값싸게 단백질계열 의약물질을 양산할 수 있는 길이 열렸다. 양/염소/돼지.. 형질전환동물이 만들어내는 유용물질을 정제하여 다량의 약제를 얻을 수도 있다. 플라스미노겐 활성제/심장마비로 인한 손상을 줄이는 약 생산 GM염소, 혈액응고인자 분비약 생산 GM양, GM 적혈구생성 호르몬 등등... 특히, GM 적혈구생성호르몬/erythropoietin

에리드로포에틴 덕분에 타인의 수혈 없이 수술 전 자신의 혈액을 채취하였다가 사용할 수 있어 수혈로 인한 간염.. 부작용 걱정을 할 필요가 없어졌다. 최근 의약품 분야에서는 천연물 유래 항암제 및 항생제 개발에 초점을 두고 있는데, 천연물 신약이 안전성이 우수하고, 개발 기간 및 비용이 상대적으로 적어서 경제성이 보장된다는 것이 장점이 된다. 전문가들은 무엇보다도 multitargeting 다중표적 치료가 가능해져 우수한 치료효과를 도출할 수 있다는 것을 큰 장점으로 꼽는다. 이외에도 확장일로에 있는 화장품 분야에 있어서 바이오케미컬 소재들의 발굴에 다각적인 노력을 기울이고 있다.

3 **식품 분야 :** 핵심은 식품산업화! 효모 육종으로 맥주: 저탄수화물/당류: 저칼로리/단백질: 고단백식품.. 기능성 식품의 생산을 주목적으로 한다. 또한, GM 개량 미생물을 이용하여 장류/빵/치즈.. 식품, 맥주/와인.. 술, 아미노산/항생물질.. 유기화합물 등의 효율적인 생산을 주요 목표 가운데 하나로 삼고 있다.

그림 9-13 GM옥수수_밭

그림 9-14 GM옥수수식물

그림 9-15 GM옥수수

4 **농업 분야 :** 농작물의 육종과 품종개량으로 식량증산이 최대의 목적이다. GM 품종개량의 예는 금쌀, 벼 단백질함량↑, 감자/고구마 전분함량↑, 토마토 당도↑ 등을 들 수 있고, 기능성 개량의 예는 질소고정능 개발, 옥수수 병충해 저항성, 담배 발광성, 헤모글로빈생산 식물, GM 어류

로는 성장호르몬 발현으로 빠르게 성장하는 물고기, 결빙 억제유전자 유입으로 저온환경에서도 자라는 물고기.. 등이다. 2005년/golden rice 금쌀은 새로운 조합의 수선화(베타카로틴)+세균(철 생산) 특정유전자를 포함하고 있어 만들어질 당시 영양결핍을 방지하는데 중요하게 쓰일 BT 개량작물로 개발되었다. 농촌진흥청 우리나라에서도 제초제를 뿌려도 정상적으로 잘 크는 제초제 저항성 마늘을 2014년 개발한 바 있다.

바이오기술은 특히 최근, 기존 바이오기술의 발전을 이끌며 GMO 기술의 혁신이라 할 gene editting 유전자편집기술에 관련 GMO 업계와 과학자들이 전력을 다하고 있다. 하지만 이에 따른 과용 및 오용으로 인한 변이를 막고자 대두된 genetic remediation 유전자복원기술 또한 바이오기술 발전을 이끌 또 다른 핵심기술로 기대를 모으고 있다. 유전자복원기술은 크리스퍼가위 유전자가위의 발달로 인한 문제점을 해결하기 위해 등장한 기술이다. 유전자만 바꾸는 크리스퍼 유전자가위기술이 발달하면서 쥐/고양이/개/원숭이.. 거의 모든 동물을 대상으로 하는 유전자편집 관련 연구가 크게 늘고 있다. 이를 염려하여 이미 일부 과학자들은 유전자가위기술이 자연의 생태계에 큰 교란을 불러올 수 있다고 경고한 바 있고, 해결책의 일환으로 제시된 것이 바로 유전자복원기술이다.

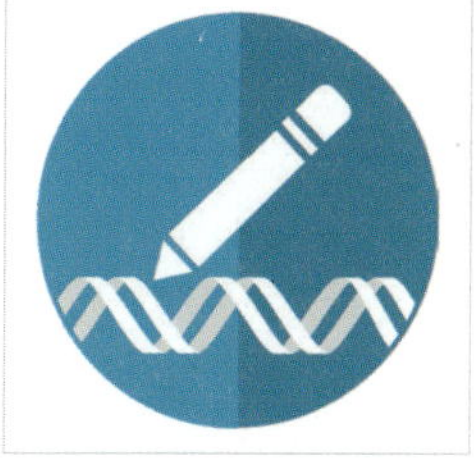
그림 9-16 유전자편집

※ 유전자가위: 가장 최근의 기술은 CRISPR-Cas9 크리스퍼 유전자가위! 세포 내 특정유전자의 DNA를 잘라내는 효소로 교정하려는 DNA를 찾아내는 가이드 RNA와 DNA를 잘라내는 Cas9 단백질로 구성된다. 크리스퍼 유전자가위기술을 통해 유전자 절단 및 그 변환에 걸리던 긴 시간을 단지 며칠로 줄일 수 있음은 물론, 동시다발적으로 여러 유전자를 다룰 수 있다. 이 기술을 이용하면 에이즈/혈우병.. 질병치료, 농작물 품질개량이 용이해

져 기존 GMO 대안으로 주목받고 있다.

※ 유전자복원기술: 원하지 않은 유전자변이를 없애 자연의 생태계가 수용할 만한 genetic baseline 유전적 기준선의 상태로 되돌리는 기술로 알려지고있다. 생태계 내 생물종의 다양성을 지킬 수 있는 수단이라는 평가를 받고 있음.

※ 생활 속 GMO 찾아보기: 일상생활 속에서 우리가 사용하거나 먹는 GMO 농작물이나 GMO 식품들에는 어떤 것들이 있는지 궁금할 때가 많다. 만약 이들을 점검하고자 한다면 google play store 어플 'GMO Finder'를 사용할 수 있다. 어플 설치 후 Detec GMO 버튼을 클릭하면 제품 뒷면의 바코드를 휴대폰 카메라에 인식시키고 나온 정보를 확인하면 된다(원산지, GMO 포함확률 등).

얼마 전 출간된 4차 산업혁명에서 바이오기술이 갖는 의미와 전망을 내다본 2019년/김성진 '바이오기술의 세계화'에서 4차 산업혁명에서의 바이오기술은 바이오에 그치지 않고 여러 분야와 융합되면서 색다른 차원의 혁신과 창의적 결과를 가져올 것으로 보고 있다. 미래에 어떤 바이오산업이 새로이 전개될지는 아무도 예측할 수 없을 정도로 오늘날의 바이오기술은 NT, IT 등과 융합되면서 유전자편집기술/유전자복원기술.. 새로운 방향으로 빠르게 발전하고 있다. 완전히 다른 디자인 영역과도 손잡고, 도전적 창의성이 부각되는 IT, 전자공학 분야 등과도 융합하는 면모를 거리낌 없이 보일 것이라 전망한다. 이전에는 볼 수 없었거나 바이오만으로는 해낼 수 없었던 일들이 일어날 것이란 이야기이다.

지금 전 세계는 4차 산업혁명의 빠른 전개 속에 바이오기술의 최첨단 연구가 핵심적인 역할을 하며 이전에 경험하지 못한 급변하는 과학세상을 맞이하고 있다. 오늘날도 GM 농산물의 보급이 확대됨에 따라 그 유용성이나 잠재적인 위험성에 대한 논쟁이 이어지고 있다. 최첨단의 바이오기술을 적극 활용한 생물 산업의 혁명을 이뤄야 할지 아니면 미지의 결과를 예측하거나 막지 못할 위험가능성으로 멈추거나 늦춰야 할지에 대해서는 상반되는 견해가 여전히 대립하고 있다. 양쪽의 주장이 팽팽한 가운데 우리 몸으로 들어오는 식품/약제.. 것들을 결정해야 한다면 전문가가 아닌 우리들은 더 고심할 수밖에 없는 상황이다. 일부 품목에서 non-GMO 구입이 가능한 경우는 그래도 선택의 여지가 있어 다행이라고도 할 수 있다.

그림 9-17 non-GMO 식품

자연은 ~45억년 오랜 기간을 거치며 진화와 도태과정을 거치며 생물의 다양성을 조절해왔지만 유전자변형.. 바이오기술은 자연생태계에서 서서히 진행돼야 하는 변화를 아주 수개월~수년 짧은 시간 내에 인위적으로 이루어낸다. 이렇게 제한된 시간과 공간에서 도출된 실험결과에 의존하여 GMO 또는 LMO를 상업적 재배하거나 활용할 때 나타날 부작용을 미리 예측한다는 것은 거의 가능하지 않다고 볼 수 있다. 향후에도 논쟁은 계속될 것이나, 그럼에도 불구하고 우리는 바이오기술을 인류 삶의 질 향상을 위해 발전하도록 노력해야 할 것이다. 기술 관련 안전성과 윤리적 문제에 대한 우려도 상존하여 사용 여부의 결정은 결국 우리 손에 달려있다. 과학자들은 물론 일반인들도 여러 질병과 식량부족 등의 문제를 풀어나가는 방향으로 발전되고 활용되리라 모두 기대하고 있다.

Chapter

10

첨단 바이오산업:

세상을 바꾸는 꿈의 융합 신기술 - '나노-바이오' 만남

I. 나노기술(NT)

21세기 과학기술은 하루가 다르게 급변하고 있음은 일상생활 속 많은 첨단의 산업제품 개발 소식이나 출시되는 기기 등에서 직접 느낄 수 있다. 다양한 영역의 과학기술이 응용되고 있지만, 21세기를 이끌어 나갈 대표적인 3대 기술을 열거하라면 Information Technology 정보기술(IT), Biotechnology 바이오기술(BT), Nanotechnology 나노기술(NT)을 들 수 있다. 이들 기술 간에는 서로 떼래야 뗄 수 없는 관계가 형성돼 있으며 그 중 하나가 나노기술과 바이오기술이 만난 '나노-바이오'의 융합이다. 바이오기술에 대해서는 앞에서 자세히 다루었으므로 다음에서는 나노기술에 좀 더 초점을 두어 설명하고자 한다. 먼저, 나노기술이 어떤 것인지, 우리 일상에서 어떻게 활용되는지 등에 대해 알아보기로 하고, 이후 바이오기술을 만나면 또 어떻게 잠재성을 펼쳐 우리의 일상을 변화시킬 수 있는지 등을 논의할 것이다.

나노란 무엇인가? *What is a nano ?*

'Nanos 난쟁이'라는 그리스어에서 유래한 '나노'란 용어는 '10억분의 1'을 의미한다. 20세기 후반의 대표 분야인 컴퓨터, 생물학, 신소재공학 등에서는 주로 백만분의 1/micron/㎛ 마이크로 단위의 제어기술을 필요로 했다. 하지만, 21세기는 그보다 천배나 더 작은 세계인 '10억분의 1/nano/㎚ 나노'로 보이지 않는 미지의 세계를 제어하는 새로운 기술의 시대가 되었다. 흔히 이를 눈으로 볼 수 있는 머리카락과 비교한다면 사람 머리카락 굵기의 10만분의 1에 해당하는 초미세의 세계!

나노기술이 극미세 가공의 신기술로서 본격적으로 등장한 것은 1986년 스위스/노벨상 물리학자 Rohrer & Binning이 개발한 주사터널링현미경 첨단의 현미경을 개발하고서부터라고 전해진다. 해상력이 나노단위로 극대화된 이 현미경을 이용하면 이전 광학현미경으로는 관찰할 수 없었던 원자/분자.. 초극미의 입자들을 볼 수 있거나 조작도 가능하게 된다. 이로 인해 나노기술은 물리/화학/생물/전자/기계.. 과학 및 공학 전반에 걸쳐 거의 모든 영역에서 새로운 방향으로의 발전이 기대되고 있다. 실제 이 기술을 이용한 원자나 분자가 일으키는 화학반응 추적 → 냄새 맡는 '인공 코' 개발에 있는 것으로 알려져 있다. 더 나아가서는 원자를 서로 맞추어 원형미생물을 제조할 수 있다는 주장도 있어 우리를 더 놀라게 하고 있다. 나노기술의 대표적인 활용 분야로는 재료/제조, 의료, 생명공학, 환경 · 에너지 , 국방 및 항공우주 분야 등이 손꼽힌다. 이와 같이 나노기술의 파급효과는 정보/환경/에너지/

의 · 약학/방위산업.. 과학 및 사회 전반에 걸쳐 상상 이상의 변화를 불러오고 있다.

나노기술 이용으로 많은 것들이 바뀌고 있음은 그동안 다양한 산업화 결과에서 보아왔다. 여기서는 이러한 변화를 증명하는 최근의 2018년 사례를 소개해보고자 한다. 이 연구는 이전 치료에 어려운 점들이 있던 질환을 나노기술 접목으로 그 한계를 극복할 수 있다는 결과가 나온 사례이다. 색다르게 접근한 의학나노기술을 통해 종양 치료의 한계를 뛰어넘을 수 있다는 결과가 나온 실험은 호주의 암 연구센터에서 시도한 photodynamic therapy/PDT 光에너지요법이다. 연구진은 새로운 시스템을 통해 PDT가 체내 깊은 곳의 종양제거에 효과적인 수단이 될 것이라는 점도 밝혔다. PDT는 도달 범위에 한계가 있어 기존의 PDT로는 체내 깊은 곳의 뿌리 깊은 종양을 제거할 수 없다고 알려져 있다. 연구진은 X-선에서 파생된 PDT 시스템을 개발하여 특수 나노입자를 빛에 민감한 화학물질과 섞어 활성화시켰고 한다. 연구에서 발견한 더 정교하고 체계적인 시스템은 기존의 난제들을 해결할 수 있었는데, X-선 전자파 → 생체조직 관통 → target 부위에 도달할 수 있기 때문이다. 또한, 중합체 나노입자 → 특정성분과 결합 → 암세포 정확하게 잡아내는 실험결과를 밝혀 나노기술 응용의 중요성을 재차 알리는 계기가 되었다.

超극미 나노의 세계, 세상을 바꾼다!

이제 나노기술의 응용은 전 세계적인 대세로 21세기 최첨단의 과학기술 분야에서 핵심적인 역할을 하고 있다. 나노기술을 잘 이용하면 초극미의 입자 원자를 자유로이 조작해 원하는 물질을 만들 수 있는 경지에 이를 수 있다. 나노크기의 물질을 100원짜리 동전에 비교하면 동전은 지구가 된다는 비유가 있다. 보이지 않는 미지의 초극미 단위에 과학계가 집착하는 이유는 무엇일까? 그것은 나노기술이 발전할수록 다른 기술과의 융합은 물론 세상을 바꿀 수 있는 획기적인 결과물들이 등장하여 우리가 살고 있는 세상을 뒤바꿀 수 있기 때문이다.

나노가 있기 전 마이크로의 세상에서 오늘날 우리 일상의 필수품이 된 컴퓨터와 첨단의 반도체가 지금처럼 발전한 것도 마이크로 크기의 반도체가 있었기 때문이다. 한계에 이른 마이크로의 세계를 나노의 세계가 대신하면서 오늘날 핫 이슈가 된 4차 산업혁명의 핵심에서 인류와 세상을 바꾸고 있다. 1990년대 국내 나노전문가 수십 여 명이 수개월에 걸쳐 만든 예측은 "2020년쯤에는 모든 전자제품들이 하나로 합쳐지고 손목시계 크기로 작아진다. 태양전지로 작동되고 CPU속도가 100㎚↑ 슈퍼컴퓨터 수준인 만능 개인정보기기가 등장한다. 외국인과 만나면 통역까지 하고, 말로 작동되며, 몸에 대한 혈압/혈당/심전도.. 건강정보 측정 후 병을 미리 진단하고, 음식에 들어 있는 환경호르몬까지 측정한다." 이었다. *wow~~* 이 예측은 놀라울 정도로 거의 그대로 맞아떨어지며 실행되고 있다.

반도체 업계에 나도는 1년 6개월마다 반도체의 성능은 2배씩, 값은 1/2로 줄어든다는 '무어의 법칙'이 한계에 도달하고 있을 때 해결책으로 등장한 것이 나노반도체이다. 대부분의 전자기기는 실리콘 반도체를 이용하는데, 그 이유는 높은 순도 및 고밀도의 나노수준의 반도체 정제가 어렵기 때문이다. 나노반도체는 실리콘 반도체보다 빠른 작동과 적은 전력소모로 성능이 훨씬 뛰어나다. 고성능 반도체 제조에 나노기술을 적용하면 반도체 위에 머리카락 10만분의 1두께 엄청나게 얇은 선을 그릴 수 있게 된다. 재료도 실리콘이 아닌

Carbon Nanotube/CNT 탄소나노튜브 신소재로 CNT 반도체를 만들면 미국 의회도서관의 방대한 자료를 손톱만한 반도체에 모두 저장할 수 있다. 나노기술이 이를 가능하게 만드는 것이다! 2016년 얼마 전 IBM 연구팀이 CNT 이용 → 마이크로칩 생산의 비밀을 푼 획기적인 제작공정 개선법을 발표하여 관심을 집중시킨 바 있다. 차세대 CNT 마이크로칩 개발연구에 해당되는 것으로 실용화되면 빅데이터 분석 가능 초고성능 컴퓨터, cognitive 인지컴퓨터, bendable/injectable computer 구부러지거나 체내 작동 가능한 컴퓨터 등 반도체 산업의 패러다임이 바뀔 것이다.

4차 산업혁명의 핵심인 나노기술은 나노소자/나노소재/나노센서/나노부품/나노시스템 → 바이오/의료/신약개발/IT/기기/제조업.. 다양한 산업분야와 연계되어 생각하는 것 이상으로 큰 영향을 미치고 있다. 또한, 암세포제거 가능 나노머신, 군사용/농업용 스마트더스트 네트워크 등 산업 전반에 걸쳐 상상 이상의 엄청난 변화가 일어날 것으로 예상된다.

우리나라 CNT 반도체 연구는 세계 최고 수준으로 실리콘 반도체보다 훨씬 빠른 탄소나노튜브 반도체를 개발했다는 2017년/KAIST 희소식이 들려온 바 있다. 이 반도체는 실리콘 기반의 반도체보다 5배↑ 빠르면서 5배 낮은 소비전력으로 동작 가능할 것으로 예상되고, 기존의 실리콘 기반 반도체 공정장비로도 제작과 호환이 가능해 별도의 비용 발생이 없다고 한다. 국내에서 최근까지 연구 개발되고 있는 첨단의 연구 사례 몇몇을 간단히 살펴보도록 하자.

- **사례 1**: 세균과 세균이 형성한 바이오필름 제거 가능한 나노복합체 개발 - 박테리아가 서로 엉겨 붙은 바이오필름과 항생제내성 슈퍼박테리

아까지 효과적으로 제거하는 방법 개발(구리 나노입자+CNT 재료 특성 극대화 → 박테리아/바이오필름 제거 가능한 나노복합체 개발 인체無害/항생제無/화학물질無). 에어컨 열교환기/의료기기/정수기/화장실.. 박테리아 서식처에 적용 시 위생적인 환경 유지에 일조할 것으로 기대된다.

※ 바이오필름: 일명, 미생물막 음습한 장소에서 세균이 활발히 증식해 만든 보호막. 보호막 형성 → 세균의 서식처로 작용 → 악취와 질병유발 & 항생제/항균효과↓

- **사례 2:** Folderble 스마트폰, Rollable TV - 현재 나노신소재 중 활발하게 상용화가 이뤄지는 CNT는 이미 필수적인 소재로 자리매김하였다. 일명, 꿈의 신소재 그래핀은 AI용 초고속 반도체 또는 종이처럼 휘어지는 말리는 초고해상도의 고효율 프리미엄 디스플레이에 쓰이고 있으며, OLED 유기발광다이오드와 QD/퀀텀닷 양자점은 한국이 주도하는 대표적인 나노기술로 자리 잡았다. 현재 OLED는 전 세계적으로 주목받는 프리미엄 기술로 스마트폰과 대형 TV에서 선보이고 있다. 또한, 퀀텀닷은 직경 2~10 nm 입자로 QD 소재 스스로 발광하는 차세대 양자점발광다이오드 QLED 기술도 개발되고 있다.

- **사례 3:** 입 냄새 감지센서 개발 - 염료입자를 나노섬유에 결합시켜 ~1ppm↓ 극미량의 가스로도 확인 가능 → 날숨만으로도 질병/마약검사, 유해가스 검출 등에 활용 가능하다. 센서 감도를 높이고 배터리 밀도를 높이는 나노기술은 나노섬유 기판을 이용한 전자피부도 개발할 수 있게 하는 등 기술의 이론적 한계를 극복하려는 노력이 계속되면서 빠르게 진화하고 있다.

많은 연구들이 전개되면서 활발하게 획기적인 결과들을 내놓고 있지만 우리는 여기서 안주하면 안 될 것이다. 세계를 주도하는 기술들은 그 다음을 준비하지 않으면 다시 뒤쳐진다는 것은 자명한 일이다. 바로 그러한 분야가 반도체 업계로 한 전문가는 이런 속도로 발전한다면 나노시대는 가고 더 정밀한 초극미의 'pico 피코'의 시대로 접어들게 될 것이라고 예측하고 있다. 나노=10억 분의 1미터, 피코=1조 분의 1미터 현재의 나노반도체 기술 근간 → 피코시대가 열리면 산업계 전반에 관련 기술의 전파는 결국 시간문제라는 것이다.

II. 세상을 바꾸는 꿈의 융합 신기술

'나노-바이오'의 만남 : 오늘날, 첨단 신기술의 응용을 논할 때 융합기술이 언급되는 것은 당연지사! 특히, 생물자원 응용과 연관되어 자주 등장하는 NBT 나노바이오기술은 나노와 바이오가 접목된 자연계의 생물학적 현상 → 공학적 현상 추출 → 응용하는 과정을 통해 두 기술을 융합시켜 새로운 패러다임을 창출하는 분야이다. 즉, 나노 단위에서 생명공학기술을 접합시켜 현재의 기술에서 더 발전한 형태의 기술 분야로 생명체 구성 물질을 나노크기 수준에서 조작 및 분석, 제어할 수 있는 과학과 기술을 말한다. 이를 통해 의학의 한계 극복은 물론 질병을 새롭게 규명/진단/치료/예방.. 접근할 수 있을 것으로 전망한다. 융합 분야는 광범위하여 바이러스./생체 분자 조작 연구, 나노구조물 상에서의 단백질과 세포반응.. 나노수준에서의 세포생물학/생화학.. 순수과학 연구에서부터 나노캡슐/나노입자액 이용 약물전달시스템, 신개념 질병 치료제 등의 최첨단 응용에 이르기까지 정말 다양하다. 더욱이 의·약학적 응용에서는 나노입자를 이용한 뇌종양 치료, 질병 진단기기 개발, 신약 후보물질 검사, 생체삽입 칩, 분자모터연구 등 의료적 측면에서의 기대치가 매우 크게 나타나고 있다. 최근의 예를 들어볼까 한다.

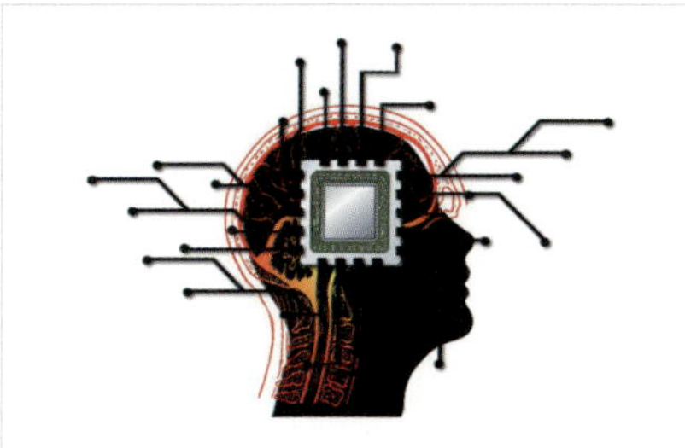

그림 10-1 생체 삽입 칩

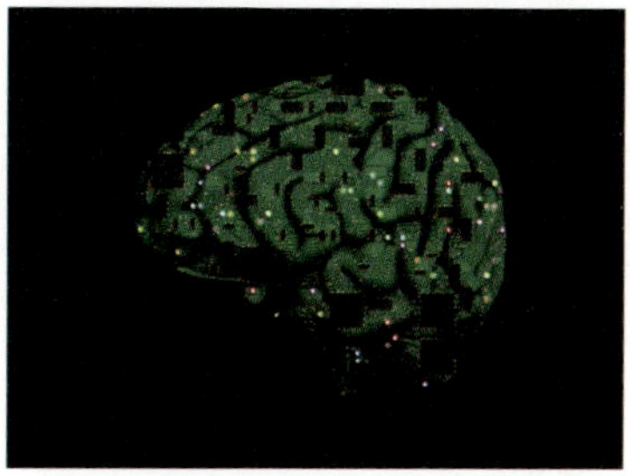

그림 10-2 뇌 칩

2018년 발표된 약효↑목표/미국/펜스테이트연구팀 나노입자 활용 약물전달방법의 개발은 치료약물의 전달을 훨씬 수월하게 할 것으로 전망된다. 이는 혁신적인 나노기반 약물전달법으로 일종의 자기조립 Metal Organic Framework/MOF 유기금속구조로 이들 나노입자를 통한 방법이다. 지금까지는 면역세포와 생체 상황에 의해 치료약물의 완전한 target 표적도달은 불가능한 실정이었다. 개발된 MOF 나노입자는 새로운 약물전달법에 의해 면역세포로부터 공격을 받지 않도록 단백질을 감출 수 있는데, 연구팀은 이들 입자가 은폐될 수 있도록 특별 고안된 MOF에 코팅제를 사용하였다고 밝혔다. 종양세포는 면역체계에 의해 잠식당하는 것을 막기 위해 어떤 성분을 만들어내는데 연구에서는 코팅제를 바로 이러한 성분으로 구성해서 피해갈 수 있도록 한 것이다. 또한, 연구에서는 MOF 나노입자가 혈류를 타고 이동하다

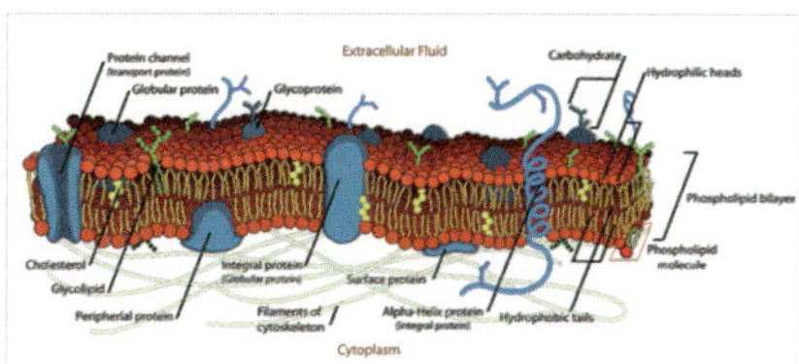

그림 10-3 세포막 구조

종양을 발견하면 그 세포막에 달라붙는다는 것을 확인했다. 그리고 종양세포는 endocytosis 세포내섭취 과정을 통해 이들 나노입자를 섭취 → 높은 산도로 분해 → 독성단백질 배출 → 세포사 한다는 것도 밝혀냈다.

현재 의학계에서 활발히 연구되는 분야는 나노입자를 이용한 위장시스템으로 세계적으로 유수한 의료 연구진들의 핫 토픽이다. 나노입자의 위장시스템 개발에는 휴스턴/메소디스트병원 세포막 이용으로 면역시스템이 백혈구에 있는 입자를 파괴하기 전에 약물을 전달하도록 고안되었거나 캘리포니아대학 연구진 혈소판에서 채취한 코팅을 활용한 것이 알려져 있다. 후자의 연구에서는 항생제 들어있는 나노입자가 면역세포에 의해 파괴되지 않고, 코팅은 혈액에 해를 입히지 않고 약물을 세균에까지 전달할 수 있는 것으로 확인되었다. 치료용 나노입자 관련 연구는 활발하나 여전히 일부 전문가들은 안전성에 의문을 제기하고 있어 이에 대한 확실한 검증과 연구도 강조되고 있다.

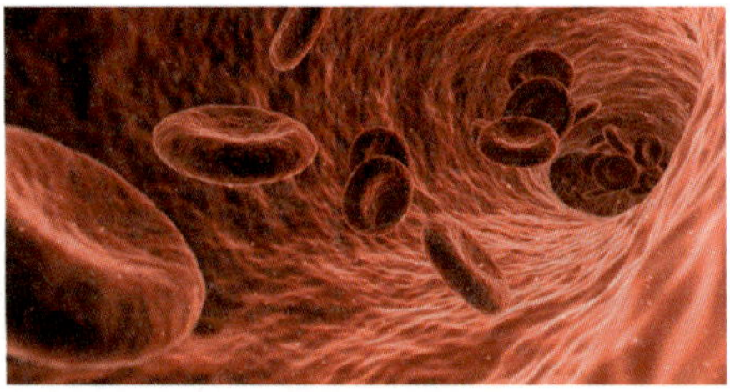
그림 10-4 혈액

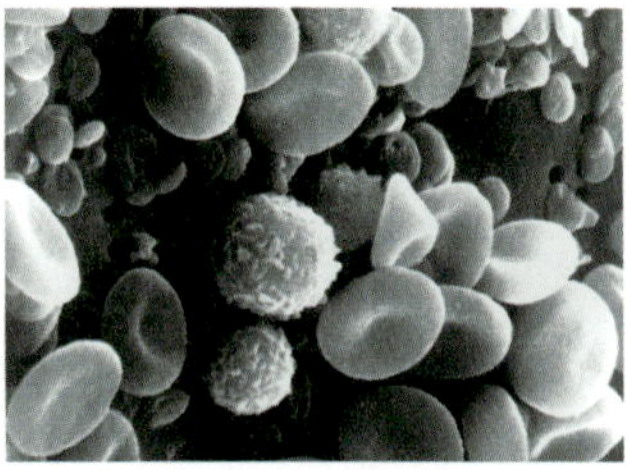
그림 10-5 혈구세포

소재 측면에서는 단백질 대상의 생체모방형 항체와 같은 새로운 소재의 개발이 진행될 것으로 내다본다. 단백질은 구조 특성상 나노소자 및 나노재료로서 가장 많은 응용가능성을 내포하고 있는 생체 내 주요물질이기 때문이다. 이런 전문적인 주제보다 우리가 일상생활 속에서 쉽게 접할 수 있는 융합 신기술의 대표적인 경우는 우리가 매일 사용하는 화장품의 기능성 제조에 적용할 수 있는 나노입자를 예로 들 수 있다. 그 응용분야는 기능성 화장품 속 나노입자 뿐만 아니라 의료보건산업의 질병진단용 바이오센서, 생화학적인 분자 간 반응검출, 분자조작 나노기구를 이용한 바이오분야에서의 결과물 등 무궁무진하다. 이 몇몇 예에서 보듯이 나노-바이오기술의 융합은 첨단과학의 메가트렌드로 4차 산업혁명의 발전에서 향후에도 필연적으로 이어질 것이다. 그 결과로서 의학적 · 기술적 성장은 당연하게 따라 올 것이고, 여기에서 수반되는 경제적 파급효과는 엄청날 것으로 예상된다.

나노–바이오 융합기술 동향

나노기술에서 부상하는 분야는 바이오나노기술로 분자생물학-나노기술이 연결되고 있다. 인류의 더 나은 삶을 위한 나노생명기술의 미래로는 1 질병 예방에서의 활용, 2 맞춤 의료의 가능성, 3 Lab-on-a-chip 랩온어칩 실현 가능성이 점쳐지고 있다. 성공적으로 개발된다면 칩 이용으로 소량의 혈액으로도 암 진단, 적혈구/백혈구.. 세포 수 측정이 가능해진다(그림 10-5 참고).

그림 10-6 소량의 피

현재 나노-바이오 융합기술은 로봇 이용 외과적 수술, DNA변형, 바이오센서, 조기경보(치료), 유전자치료 등에서 핵심이 되고 있다. 특히, 손상된 뼈, 관절, 치아 같은 조직들의 대체를 위한 생체친화성 소재기술에서 인조신경망, DNA 구조물, 기능성 미세구조물 나노관 등은 핫한 연구 주제들이다. 2004년 그래핀 신소재 발견 이후 플렉서블 디스플레이, 2차전지 등 IT 분야에서의 연구 개발은 꾸준히 지속되고 있다. 하지만 전문가들은 바이오 분야에서는 아직 획기적인 성과는 나오고 있지 않지만 그 응용이 본격화되면 그 성장은 엄청날 것이라 본다. 이것이 바로 국제적으로 나노바이오 분야에서의 연구 개발이 활발한 이유다. 일부 사례를 열거해보면,

- 실리콘 나노선의 표면특성 이용 단백질과 DNA 조합기술 개발 중 하버드대+버클리대 공동연구
- 혈관 관찰이나 혈관벽의 지방성분 제거 가능한 나노로봇 연구 중 독일
- 마이크로로로봇 이용 세포를 원하는 곳에 옮기고 세균을 잡아낼 수 있는 기능 구현 중 스웨덴
- 그래핀상에서 인공세포막 제작 연구 → 그래핀 기반 바이오센서 제조기술 기반 마련 영국

이처럼 그래핀이 인체의 세포막 모방 → 모델 세포막을 조립할 수 있는 새로운 표면으로 부상하고 있다. 2008년 최초 그래핀 산화물이 약물전달용 나노운반체로 이용된 이후, 다양한 생체 의학적 응용사례들이 보고되고 있다. 또한, Home Diagnostics 분야 U-헬스케어의 핵심인 바이오센서 기술도 나노-바이오 융합기술 중 하나로 혈당센서·· 바이오센서 시장은 연간 10조원 엄청난 규모를 가지고 있다. 최근에는 금 나노입자로 바이오센서 나노기술을 상용화 중인 것으로 알려져 있다.

또한, 해외 MIT+하버드의대 연구진은 그래핀이 인체에 안전한 것으로 알려진 다른 생체 임플란트 재료와 매우 유사한 방식으로 반응한다는 것을 증명하였다. 이와 함께 '상처 감염을 막는 그래핀' 이라는 주제도 관심을 끌

고 있다. 미국/콜롬비아대학 그래핀이 세균에 대해 강한 세포막 파괴작용 살균효과가 있다는 사실이 밝혀져 이를 1회용 반창고, 환부 보호용 거즈 등에 응용할 수 있을 것으로 기대된다. 이러한 그래핀이 뉴런과의 인터페이스를 완전하게 유지하면서 성공적으로 신경세포를 연결한다는 것을 보여주는 새로운 연구도 있다. 뇌에 이식되는 그래핀 전극은 절단 수술이나 마비환자, 뇌전증, 파킨슨병 지각운동장애 → 감각기능 회복을 가능케 할 것으로 기대된다.

이처럼 전 세계적으로 그래핀을 응용한 바이오 분야에서 연구 성과가 나타나고 있다. 최근 뇌 질환 진단과 치료에 나노기술을 이용하면서 실현 가능치 않을 것 같았던 이 분야에도 해결의 실마리가 풀리고 있다 한다. 이러한 예는 다음의 연구들이 잘 증명한다.

- **연구** 1 : 2016년 국내외 공동 연구팀은 나노기술 이용 → 뇌압과 뇌 온도 측정하고 뇌 속에서 저절로 분해되어 제거수술이 필요 없는 '2016년 10대 나노기술' 선정 '브레인 센서'를 개발했다. 뇌압 관찰 동안에도 일상생활을 할 수 있는 장점이 있고, 뇌에서 분해 가능한 나노바이오센서로서 뇌 손상 진단에 응용한다는 계획에 있다.

- **연구** 2 : 혈액+나노바이오센서 이용 → 치매 조기진단 가능성↑! 한국과학기술연구원(KIST) 뇌과학 연구소는 세계 최초, 혈액으로 알츠하이머 치매 진단시스템을 개발 중이다. 이 시스템이 성공하면 현재 알츠하이머 진단에 소요되는 비용보다 ~5% 수준 훨씬 저렴하게 치매진단을 할 수 있게 된다.

- **연구**[3] : 나노캡슐로 약물전달 → 치매 치료 가능성↑! 뇌에는 blood brain barrier/BBB 혈액뇌 장벽이 있어 에너지원 포도당 외 외부 물질들을 차단하여 약물 전달에 어려움이 있다. 이 분야 또한 전 세계적으로 나노입자 이용 → 뇌로 약물 전달하는 기술이 널리 연구되고 있다. 약물 함유 나노입자 → 안전하게 세포막內 투입 → 목표부위 도착 → 약물 방출 → 약효 발현되게 하는 것이다. 최근 도쿄대학교 연구팀은 사람 뇌에 약물을 전달할 수 있는 ~3만분의 1㎜ 초소형 캡슐을 개발했다. 캡슐의 표면을 포도당으로 감싸면 뇌혈관 내 특정단백질+포도당 결합 → 뇌 속으로 운반될 수 있었다. 굶주린 쥐에 해당 캡슐을 사용한 결과, 뇌로의 약물 전달효과는 ~100배 엄청나게 나타났다. 연구팀은 캡슐이 상용화되면 치매/신경성난치병/정신질환.. 여러 뇌질환을 치료할 수 있을 것으로 전망했다. 이 분야는 우리나라의 연구력도 뒤지지 않아 얼마 전 2018년/기초과학연구원 약물전달체로 이용할 수 있는 차세대 나노캡슐 개발에 성공한 소식이 들려온 바 있다.

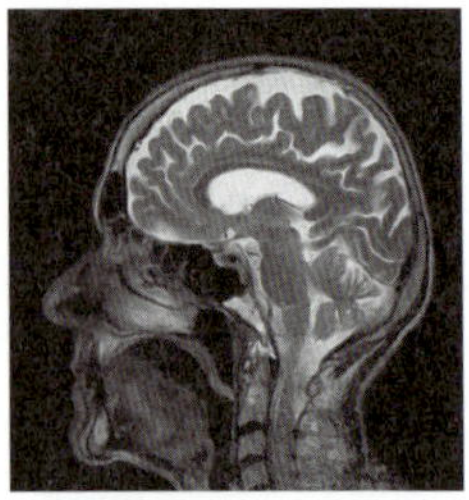

그림 10-7 뇌

그림 10-8 치매

超극미의 세계, 인체 속으로..

생체에서 일어나는 다양한 현상을 나노수준에서 응용하는 나노-바이오를 통해 위에 언급한 것처럼 신개념의 바이오센서나 약물전달시스템 등도 개발 가능하다. 자체적으로 해결할 에너지를 지니고 특정 기능을 수행하는 혈관 속 나노로봇도 더 이상 상상 속 얘기가 아니다. '나노-바이오' 융합된 4차 산업혁명에 발맞춘 꿈의 신기술로 인류생활을 혁신하고 생명 연장도 가능하게 될 것이다. 하지만 아무도 건강을 확신할 수 없으며, 인구의 ⅓~¼ 정도가 평생 동안 암에 걸릴 확률이 있다고들 통상적으로 말한다. 여전히 질병치료의 중심에는 항암요법 및 항암제 개발이 핵심으로 자리 잡고 있고, 이런 추세는 당분간 이어질 전망이다. 다음에서는 나노-바이오 융합기술의 응용으로 암세포만 골라서 공격하는 새로운 항암제 개발 분야에서의 최신 흐름을 살펴보도록 하겠다.

그림 10-9 암이란..

■ **암세포만 공격하는 지능형 항암제**

- **미사일약.. ?** - 항암제란 이상 증식되고 있는 암세포의 발육이나 증식을 억제하는 약물로 암의 종류나 상태에 따라 그 치료법이 상이하다. 항암효과↑ 약일수록 암+정상세포를 모두 공격하여 인체에 나타나는 부작용도 매우 심하다는 것이 항암치료의 문제이다. 이를 해결하기 위해 전 세계적으로 연구되는 것이 정상세포에는 해를 끼치지 않고 암세포만 공격하는 지능형 미사일약, 즉 목표 지향적 항암제 개발이다.

나노-바이오기술의 융합 분야는 유용한 약물성분이나 정확한 유전자를 달고 target 목표를 찾아가 파괴 대상을 정확하게 없앨 수 있다는 미사일약 개발에 열중하고 있다. DDS 약물전달시스템에서는 약물이 필요할 때 서서히 방출되도록 생체에 부작용 적은 고분자물질을 이용한다. 1970년대 말/미국 과거에는 피부를 통해 약물을 흡수케 하는 멀미약패치/우호르몬제/협심증치료제/금연보조제.. 초기 DDS 형태였다면, 오늘날에는 유전자나 특수 기능의 세포를 질환부위에 보내 정확히 공격하는 지능형 미사일약 개발이 대세이다. 암 조직 부위를 정확히 인지하고 추적해야 하는 항암요법 분야가 대표적인 연구 대상이다.

※ 약물전달시스템(Drug Delivery System, DDS): 약물 방출속도를 조절하거나 특정부위까지 이동시켜 목표 부위에 정확하게 전달토록 하는 기술로 약물부작용 최소화 및 효능 극대화가 핵심이다. 일정량의 약물을 필요한 시간만큼 투여할 수 있는 방법으로 장기간 · 주기적으로 약물복용을 해야 하는 환자를 위한 연구가 활발하게 진행되고 있다.

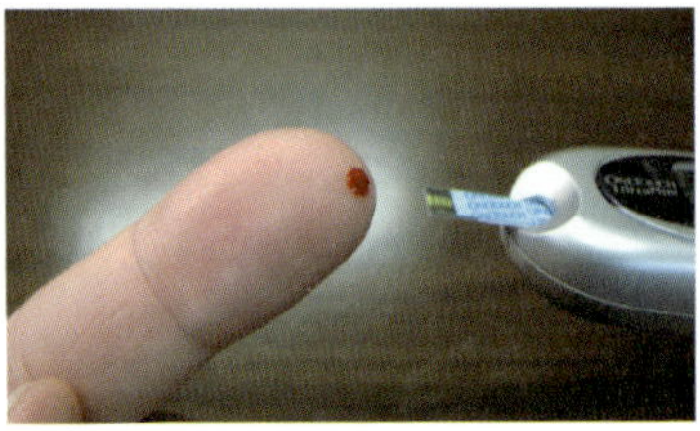

그림 10-10 당뇨검진

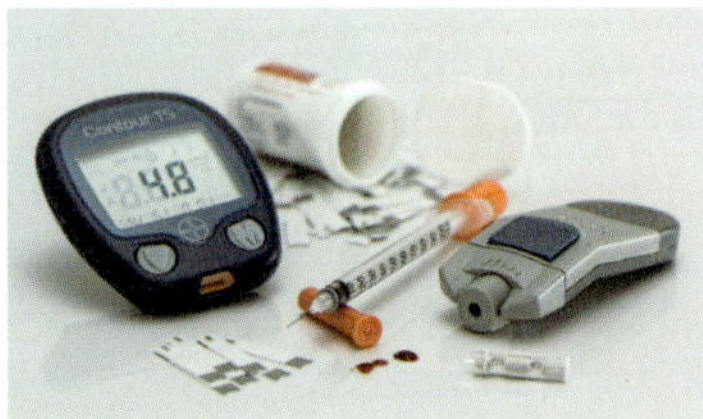

그림 10-11 당뇨치료

목표 지향적 항암제는 암세포를 찾아내는 일종의 GPS/항법장치 항체를 수송담당 특수 고분자에 붙여 암세포만 공격하는 DDS! 지능형 DDS는 약물 필요시 작동하여 필요한 양만 방출하는데 대표적인 사례는 인공췌장이다. 혈당 조절의 인슐린 분비기관인 췌장에 문제가 생기면 당뇨병이 오고 몸에 필요한 포도당은 체외로 빠져나간다. 당뇨 질환에 따라오는 시력↓/신장기능↓.. 합병증도 심각하여 이를 해결하려 여러 방법이 연구되고 있다. 치료의 한계점을 극복하려는 시도가 DDS로 특수 고분자로 된 주머니에 췌장세포를 넣고 이를 몸 안에 집어넣는 방식이다. 이 방식은 주머니 안에서 분비된 인슐린이 상황에 맞게 주변의 농도가 낮으면 막에서 나와 혈당을 높여 자가 조절하는 지능적인 형태다. 오늘날에는 나노캡슐에 약물을 넣어 필요 부위에 보내거나 일정기간 약물을 방출하게 하는 연구가 진행되고 있다. 이 연구가 성공하면 당뇨병 환자는 인슐린 주사 횟수를 줄일 수 있다.

더 놀라운 것은 이러한 DDS 약물전달시스템이 질병치료에 멈추지 않고 화장품 산업에까지 진출하면서 새로운 장을 맞이할 수 있다는 소식이 전해지고 있다. 바로 2016년 국내에서 개발된 DDS로 나노크기 다이아몬드 입자를 피부 속에 머무르게 하여 보습과 항산화효과를 주는 기술로 국내외에 출시된 화장품에 적용됐다. 개발 연구진에 의하면 이들 나노입자는 ~3만개 돌기들이 둘러싸고 있고, 돌기 내 공기中 쉽게 변함 물질들은 서서히 방출되면서 그 성분들이 피부에 침투한다고 한다. 또한, 피부에 닿자마자 확산되면서 초박막 코팅을 형성하고 항균 및 항산화효과는 물론 수분친화력이 있어 보습효과도 준다고 밝혔다. 향후 피부 유형에 맞는 나노기술을 계속 개발할 계획이라고 밝혀 DDS 적용범위가 더 확대될 수 있음을 암시했다.

나노기술의 미래

4차 산업혁명의 확산과 결실이 동시에 진행되며 AI 인공지능, 로봇, 자율주행차 등 혁신기술의 개발이 한창인데, 이런 혁신기술의 시초에는 누가 뭐라 해도 나노기술이 있다. 구리의 약 100배 높은 전기적 특성과 다이아몬드 2배의 열전도성, 신축성 등 특징으로 '꿈의 신소재'라고 불리는 그래핀은 AI

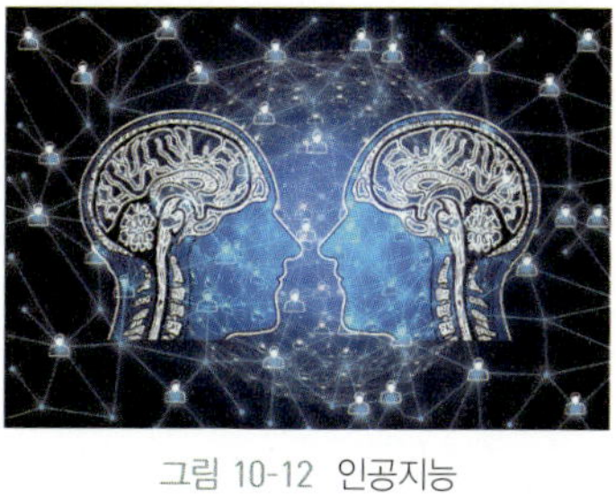

그림 10-12 인공지능

용 초고속 반도체나 휘어지는 디스플레이 등에 쓰인다. 현재 나노신소재 중 활발하게 상용화가 이뤄지는 탄소나노튜브는 이미 필수적인 소재로 자리매김하였다. 거미줄처럼 모든 기기와 사물을 인터넷으로 연결하는 4차 산업혁명 시대에 센서기술은 그 어느 때보다 주목받고 있다. 특히 스스로 의사결정이 가능한 스마트 센서는 앞으로 10년 내 세계에 1조개가 필요한 트릴리언 시대가 올 것으로 전망된다. 현재 4차 산업혁명의 핵심인 나노소자/나노소재/나노센서/나노부품/나노시스템.. 나노기술은 바이오/의료/신약개발/IT/제조업·· 다양한 산업 분야와의 연계성이 생각하는 것 이상으로 지대한 영향을 미친다.

III. 우리나라의 나노기술은?

우리나라 나노기술로 연구 개발되고 있거나 상용화를 앞둔 결과물들은 이미 위에 몇 가지 사례가 소개되어있다. 기 언급하였듯이 '나노-바이오'가 만난 융합 신기술로 현대인들의 생활을 바꿀 첨단소재 개발은 물론 멀리는 생명연장의 가능성도 점쳐지고 있다. 우리나라도 세계 나노강국으로 발돋움하기 위해 국가차원에서의 대규모 투자를 하고 있다. 정부 발표에 따르면 우리나라의 나노기술 경쟁력은 2001년엔 선진국의 25% 수준이었으나 2016년 81%까지 성장했다고 밝혔다. 정부는 4차 산업혁명의 핵심기술로 꼽히는 '나노기술'에 2018년 약 6,693억을 투입하고, 2025년까지 미국의 92% 선진국 수준까지 끌어올려 나노기술 경쟁력 확보에 주력하고 있다. 우리나라는 세계 4위의 나노기술 경쟁력 보유국으로 알려져 있고, 나노분야 특허는 1위-미국/2위-일본 세계 3위 수준으로 나노분야 사업화 성과도 매년 증가하는 추세다.

그림 10-13 녹색도시

나노기술은 나노반도체와 같은 최첨단의 기술 분야는 물론 화장품이나 의약품 등 일상으로도 확산되어 전 분야에 걸쳐 변화를 주도하고 있다. 이미 신 부가가치 창출산업의 필수적인 첨단도구로 부상해 있으며, 최근 그 활용 사례들은 하루가 다르게 매체에 소개되고 있다. 나노 셀룰로오스를 이용한 친환경 나노소재가 만드는 녹색도시를 예로 들어보겠다. 새로이 관심 받는 나노 셀룰로오스는 나무주성분/섬유소 셀룰로오스를 나노수준으로 분해한 고분자물질로 철보다 5배 가볍고 강도가 높아 가열해도 팽창하지 않는다. 특히, 식물성으로 친환경의 오염물질 없는 소재로 해조류에서도 추출이 가능해 나무를 베거나 산림 훼손의 염려가 없다는 것은 더 좋은 장점이다. 다른 물질과의 결합력과 강도가 높아 센서/연료전지/건축자재 강화재/의공학 신소재.. 다양하게 활용할 수 있는 꿈의 소재로 지칭된다. 기본구조 또한 식물유래 단순한 글루코오스/포도당 당으로 생체에 해가 없어 약물전달체/이식보조물/피부보습제.. 의료바이오 분야에도 쓰일 수 있어 무궁무진한 응용 가능성을 보인다.

여기에 우리를 기쁘게 할 수 있는 나노 셀룰로오스 활용 관련 희소식이 하나 더 있다. 요즘 우리 생활에 일부가 돼 버린 미세먼지 관련하여 그 저감 대책에 나노 셀룰로오스가 중요한 역할을 할 수 있다는 것! PM2.5=2.5㎛↓입자 초미세먼지 성분 중 가장 많은 것이 황산염과 질산염인데, 나노 셀룰로오스 섬유로 만든 필터는 질산염/황산염/인산염.. 음이온성 오염물을 흡착

하는 성질이 있어 이 소재를 이용한다면 안전한 친환경 미세먼지 필터 마스크를 기대해 봄직하다. 실제 국립산림과학원은 2016년부터 나노 셀룰로오스를 대량으로 생산하는 설비를 갖추고 나노 셀룰로오스를 활용하는 융·복합기술을 연구 중이라 한다.

화장품업계, 나노기술 붐

나노기술을 이용한 기능성화장품 개발도 국내외에서 매우 활발하다. 피부를 희게 하는 미백화장품, 자외선차단 선크림, 주름살제거 화장품 등 우리가 사용하고 있는 다양한 기능성 화장품에는 이미 나노물질이 들어 있다. 나노화장품의 원리는 직경 10~200㎚ 미세한 크기의 입자에 생리활성물질을 담아 피부조직으로 침투시키는 것이다. 보통 입자보다 ~100배↑ 훨씬 작은 나노입자는 이론적으로 피부에 빠르게 흡수되기 때문에 피부자극이 적고 보습효과가 오래 갈 수 있다. L사가 출시한 기능성 나노화장품은 식물성 보습성분과 영양성분이 나노크기의 캡슐 안에 들어 있다. 또 다른 회사는 주름개선에는 뛰어나지만 물에 녹지 않아 화장품으로 만들지 못했던 주름개선 물질에 나노기술을 이용해 화장품으로 만드는데 성공했고, 색조화장품에도 나노기술의 도입이 시도되고 있다. 나노기술을 응용한 색조화장품을 얼굴에 바르면 보는 각도에 따라 다양한 색을 표출하여 입체적인 효과를 나타낼 수 있는 특성이 생긴다.

기능성 화장품시장의 규모는 엄청나 우리나라는 이미 2000년대 초반에 4조원을 넘어서 신기술을 이용한 기능성제품 개발에 온 힘을 기울이고 있다. 세계적으로 유명한 유럽의 화장품회사들의 제품에도 뒤지지 않는 우리나라 수출 효자품목으로 산업의 근간이 된다고도 할 수 있다. 미래의 화장품산업은 유효성과 안정성이 뛰어난 고기능성을 모토로 나노-바이오의 응용이 앞으로도 적극 활용되어 진행될 것이다.

21세기 들어서며 우리나라가 정진해야 할 10대 신기술들이 매년 발표되고 있다. 참고로 2016년에는 10나노급 반도체 소자, 냄새 맡는 전자피부, 생분해성 브레인센서, 지카바이러스 진단 키트, 웨어러블 전자소자, 그래핀 혈당측정 패치 등이 포함되어 있다. 2017년에는 인플루엔자 바이러스 감염 막는 나노구조체 개발이 눈에 띄는 주제 중 하나이다. 2018년 우리나라를 빛낼 10대 나노기술 목록에는 나노기술과 바이오기술이 접목되어 엄청난 시너지효과를 내는 의미 있는 연구들이 포함되어 있다. 이들을 간추려보면, 연구1 빛에 감응하는 나노입자 이용한 상처치유 및 피부접합기술, 연구2 나노 코팅된 인간 면역세포를 활용한 목적생리물질 전달기술, 연구3 단백질을 모방한 3차원 금속나노입자 합성기술 등이다. 같은 해 세계적으로 발표된 나노기술의 동향으로는 다음과 같은 주제들이 포진해있다.

1 태양에너지 포착에 훨씬 효율적인 저비용의 결정질 실리콘 태양전지 생산

2 손상된 망막을 대체할 수 있는 인공망막

3 녹색 나노기술로 모기 전염병 예방

4 바이오센서용 나노코팅기판 개발하여 소량의 시료로 정밀 측정

5 항생제 과다사용 줄이는 나노 약물전달체계 개발: 기존 항생제의 10% 사용 → 세균 표적→ 감염부위에 효과적으로 항생제 전달 가능. 항생제 과다사용과 내성의 부작용 줄일 수 있을 것으로 전망한다.

참고로 2019년 자료는 MIT에서 발표한 2019년~2030년대 인간생활에 파급효과가 매우 클 것으로 전망되는 혁신적 첨단과학기술 목록이다. 공개된 '10

Breakthrough Technologies 2019' 목록은 가히 최첨단의 과학기술들이 총망라한 집합체라 할 수 있다. 이들 혁신기술에는 시대의 흐름에 부합하는 나노-바이오기술의 만남을 비롯한 다학제간 기술의 융복합 결과들이 다수 포함되어 있다. 자세한 것은 12장의 해당 내용을 참고하기 바란다.

● '꿈의 융합 신기술', 그 잠재력 뒤에는..?

미국 외국의 연구팀이 세균의 flagella 편모가 움직일 때 내는 힘으로 혈관을 순환하는 초소형 잠수함을 만들 수 있다고 발표했을 때 반신반의 했었던 것을 기억한다. 또 다른 연구팀이 헬리콥터처럼 프로펠러 분자모터를 돌리며 혈관 속을 돌아다닐 분자모터를 만들 수 있다고 했을 때에도 거의 믿지 않았었다. 하지만 고도의 나노기술이 확산되고 있는 오늘날은 이전과는 상황이 다르게 전개되고 있다. 이런 상상 속 주제들이 가능해지기 시작한 것은 분자나 원자를 직접 다루는 극미세 나노기술이 진일보하여 나노센서가 개발되면서 새로운 가능성을 열고 있는 것이다.

세계적인 과학선진국들이 꿈의 융합신기술 나노-바이오기술 투자에 적극적으로 돌입하고 있고, 우리나라도 세계 수준의 기술력 확보를 위해 위에 설명한 것처럼 많은 투자를 하고 있다. 나노기술의 진화는 나노구조나 그 기술 이용으로 차원 높은 작업을 수행할 수 있고, 기술의 진화로 많은 분야가 크게 업그레이드될 것으로 예상한다. 하지만 언급된 가능성들은 아직 연구실용 기술인 경우가 더 많고 실용화에는 시간이 더 소요될 수 있다. 이런 전망과 함께 인지하고 있어야 할 것이 또 하나 있는데, 그것은 다름 아닌 융합기술의 위험성에 대한 경고이다.

그림 10-14 체르노빌 원전사고

그림 10-15 체르노빌 폐허

최첨단 기술의 활용이 가져오는 장밋빛의 잠재력 뒤에는 부정적인 결과 혹은 그럴 가능성이 있음을 알고 있어야한다. 이러한 사례는 1986년 체르노빌원전 폭발, 베트남 전쟁의 고엽제, 마법의 가루에서 발암물질로 전락한 DDT 폐해, 판도라 상자에 비유되는 일부 유전자변형 등에서 보고 있다. 놀랍게도 재앙을 불러올 수 있는 미래기술로 로봇공학, 유전공학, 나노기술 등이 거론된 바 있다. 특히, 후자의 나노기술을 응용한 극미세 나노로봇의 자기복제 위험성을 분자모터를 만든 개발자가 언급하였다는 것은 의미심장한 일이다. 염려 중의 하나는 유해 나노장치가 제어되지 않아 수 없이 번져나가거나 테러목적 악용될 경우에는 어떻게 할 것인지... 다른 예는 한때 '기적의 광물' 찬사를 받던 asbestos 석면이 폐 흡입 시 폐암 및 각종 질병 유발원이 되어 큰 문제가 되는 것처럼 나노입자가 인체에 유해하지 않다고 확신할 수 없기 때문이다. 기우일지 모르지만 새로운 기술엔 명암, 빛과 그림자의 양면성이 도사리고 있음을 항상 주시하고, 이를 현명하게 활용하도록 우리 모두는 힘써야 할 것이다.

그림 10-16 석면 경고

그림 10-17 석면 위험성

Chapter

11

21세기 BT & 생물자원:

인류를 바꾸는 21C 생명공학, BT.. 빛과 그늘

I. BT 바이오테크 – 생명의 코드 DNA 조작하다!

● 과학 → 산업으로 간 새로운 생명공학

인류는 식량문제를 해결하기 위하여 자연계에 살고 있는 식물과 동물에서 유용한 특성을 지닌 종류를 선택하여 인위적인 교배로 원하는 개체로 개량해 왔다. 더 나은 품종을 얻고자하는 측면에서는 전통적인 교배와 현대의 유전자변형기술은 같은 목적을 지니나 실행 과정 및 방법과 얻는 결과는 매우 다르다. 인류가 오랜 동안 전통적으로 해오던 교배에서는 fertilization 수정이 가능한 종간에만 가능하고, 짧은 시간 내에 원하는 우수한 개체를 얻을 확률은 극히 낮다. 반면, 현대의 유전조작기술은 원하는 형질의 특정유전자를 분리하여 특정한 개체에 도입하므로 유용 형질이 발현될 가능성이 높고, 개체의 형질전환 개량에 소요되는 시간이 짧은 편이다.

유전자변형은 모든 생물의 근간으로 유전물질인 DNA에 수정이 가해지는 것이다. 핵 세포에서 분리 추출, 조작과 재조합 등의 과정을 거치면 생물의 본질 변화 → 기존 종의 개념 변화 → 새로운 조합물이 생성된다. 과학적인 연구 → 산업적 응용 바이오테크 전환에 시발점이 된 것은 1973년 DNA 재조합기술이다. 이 기술에 의해 서로 다른 생물종에서 각각의 DNA 유전물질 추출 → 이어 붙이는 연결이 가능해짐에 따라 바이오기술, 즉 바이오테크는 놀라운 발전을 거듭하게 되었다. 학계에서는 인류의 삶을 크게 개선할 수 있는 희망을 주는 기술로 평가하고 있다. 본 11장에서는 9~10장 앞에서 쓰인 바이오기술이란 용어에 특히 technological effect 기술적인 면이나 효과 그리고 결과물에 더 초점을 두어 '바이오테크'로 사용하고자 한다.

유전자도입용 운반체는 같은 종간 유전자 전달뿐만 아니라 이전에는 불가능했던 이종 간의 유전자이동도 가능케 한다. 예를 들자면, 세균의 살충성 유전자 → 식물체 삽입이 가능하고, 사람 성장호르몬 유전자 → 가축 → 성장촉진을 유도할 수 있다. 즉, 이종 간 유전자혼합이 가능하여 세균 → 돼지, 인간 → 쥐, 닭 → 담배 등의 유전자변형산물을 만들어낼 수 있게 된 것이다. 오늘날에는 이종 간의 유전자혼합이 진일보하여 2018년/미국+일본 공동연구 동물의 줄기세포를 이용한 이종 간의 장기이식 실험에 성공했다는 소식까지 들려온다. 연구에서는 인간의 세포를 접목시킨 키메라를 3주 키웠는데, 이는 사람 줄기세포와 돼지+양+염소 동물배아를 결합한 hybrid embryo 혼합배아이다. 이 기술은 향후 인체의 장기이식 관련 분야에 도입될 수 있을 것으로 전망된다. 연구진은 인체 심장/콩팥.. 주요 장기의 세포 생성에 적합한 동물로는 돼지, 유전자편집에는 'Crispr 크리스퍼가위' 기술이 실험에 쓰였다고 밝혔다.

유전자변형을 산업화에 적용한 것은 1970년대 최초 유전공학기업의 등장이고, 1980년대 이후 생명공학산업이 성장하기 시작하였다. 다소의 침체기를 거쳐 1990년대 활성화되면서 선진 각국은 국가차원에서 이 분야를 21세기 전략산업으로 육성하는 계획들을 세우고 있다. 세계 바이오산업의 시장규모는 2020년 635조원 6,296억 달러로 예측되고, 국내의 경우 연평균 ~11% 10% 이상의 성장률을 보이는 분야가 되고 있다. 우리나라 바이오산업은 2020년 16조원 규모로 전망되고 있으며, 국가 주도하에 생명공학육성기본계획 연구개발 사업이 집중적으로 지원되고 있다.

유전자변형기술이 일상생활 속으로 들어온 것은 우리 식탁 위에 유전자변형식품이 등장하기 시작부터라고 할 수 있다. 유전자변형식품이란 위 기술을 사용하여 어떤 생물의 유전자에서 유용한 유전자만 추출 → 다른 생물체 삽입 → 새로운 품종 만듦을 식품분야에 응용시켜 개발한 것이다. 많은 생명공학기업들은 식품생명공학이 인류를 기아에서 해방시켜 줄 수 있다고 말하며, 병충해/살충제/제초제/추위.. 여러 조건에 강한 형질을 개발하여 수확량은 늘리고, 손실을 줄이는데 힘쓰고 있다. 이들은 유전자변형으로 화학약품의 사용↓, 오염↓, 수확↑을 보장하며 환경에 친화적이라는 점을 강조한다. 몸체 큰 3배체 은어, 무르지 않는 토마토, 살충제 품은 감자/목화/옥수수.. 농작물 등의 개발을 통해 소비자들의 욕구를 충족시키며 우리를 유혹하고 있다. 이들 기업은 식량 생산에 수반되는 환경오염이나 훼손을 막을 수 있고, 농민들의 농작물 생산비용 절감뿐만 아니라 더욱 좋은 품종으로 더 많은 수확을 보장해준다고 주장한다. 하지만, 생명의 코드인 DNA를 조작하는 바이오테크에는 자연 생태계의 생명질서를 해칠지 모른다는 우려도 낳는다.

사람의 유전자를 구성하는 DNA 염기서열을 밝히는 HGP 인간게놈프로젝트가 가능했던 것은 1970년대를 거치며 DNA를 잘라 재조합하는 방법으로 유전자를 조작하고 분석하는 기술이 발달했기 때문이다. 이를 상업화하려는 시도가 1980년대 있었고, 이후 진화된 유전자조작기술을 통해 유전병치료, 예: 인슐린 유용물질 생산 등이 가능하게 되었다. 바이오테크에 의한 의약품 생산은 고부가가치의 산업으로 인식되어 DNA 조작기술 등의 발전은 계속 새로운 방향으로 가고 있는 듯하다. 실제, 요즘 승인받는 GMO는 새로운 형태로 전개되고 있다. 대표적으로 갈변현상이 일어나지 않는 사과나 튀겼을 때 발암물질 유해물질이 적게 나오는 감자 등이 상업용 재배를 위한 미국 승인을 받고 있다.

그림 11-1 GM_감자칩

새로운 종류의 GMO는 소비자의 기호를 목적으로 하는 소위 말하는 2세대 GMO로 1세대 GMO와는 그 농업생산자 이익 강조 목표가 다르다. 적용되는 새로운 기술에서는 도입되는 외래유전자가 지금까지 쓰이던 DNA가 아니라 RNA라는 점이다. 삽입되는 RNA는 단백질합성을 주도하는 DNA의 활동을 억제하는 역할, 즉 특정 기능을 없애는 방향으로 GMO '유전자침묵기술' 적용 개발이 진행되고 있다. 예로, 사과의 변색은 과육세포 내에 갈변현상을 일으키는 단백질 효소가 있기 때문인데, 바로 이 효소 합성을 담당하는 DNA가 불활성화 되게 다른 종류의 사과에서 추출 RNA를 삽입한 것이다. 하지만 이런 새로운 기술이 과연 안전한지 이에 대한 안전성과 관련해서는 여전히 의문점이 남아 있다.

이렇게 2세대 GMO는 새로운 방향으로 진행되고 있지만 생명공학의 산업화가 수반한 다양한 논쟁이 끊임없이 대두됨은 물론, 한편에서는 실험 및 결과물에 대해 부정적인 견해와 비난도 계속 이어지고 있다. FDA 미 식품의약국은 최초의 GMO 작물을 승인한 기관으로, 당시 이는 GMO 식품의 섭취가 인체에 안전한지 여부를 묻는 논쟁을 촉발시키는 원인이 되기도 했다. 대표적인 것이 유전자변형식품으로 인체로 유입되는 인위적인 기술이 가해진 동식물 및 미생물 등이 그 중심에 있다. 다음에서는 바이오테크에 의해 조작된 유전자변형 생물자원들에 대해 알아보고 각자의 생각과 의견을 가져보기로 하자.

II. BT 조작 GMO 사례들

그림 11-2 GM_콩

미국의 3대 GMO 유전자변형 작물은 콩, 옥수수, 목화로 GMO 농업이 활발히 이루어지는 미국/캐나다 북미는 상당수의 작물을 유전자변형으로 재배한다. 미국/농무부자료: 옥수수~92%/콩~94%/목화~94% & 캐나다: 생산량의 ~98% GMO! 수확된 콩의 90~95%, 옥수수의 60% 정도는 가축 사료용이며, 미국의 경우 작물이 유전자변형이 되는 주목적은 제초제 저항성을 가진 작물을 재배하기 위한 것이라 한다. 다시 말해, 작물경작 시 제초제 사용을 더 수월케 하기 위해 GMO 시도를 한다는 것! 최근 알려진 바로는 유전자변형이 가장 흔하게 이루어지는 종류는 다름 아닌 옥수수/파파야/호박.. 과채류이다.

그림 11-3 GMO 대상_식물

GM멜론과 GM토마토의 경우, 기술이 적용된 열매의 과숙 억제는 수확 후 조직의 무름 방지 및 신선도 지속 → 용이한 운송과 상품 가치↑ 목적으로 한다. 고전분 함량의 GM감자는 상품화에 맞도록 개발되었고, GM 품종개량으로 세상에 나온 슈퍼감자, 슈퍼돼지, 슈퍼물고기 등도 같은 맥락이라 할 수 있다. 대부분의 GMO 연구도 식량부족과 기아 해결의 원래 목적보다는 상업적 필요성에 더 무게를 두고 있다는 게 일반적인 생각이다.

하지만 대부분의 GMO가 그러한 부정적인 측면을 갖기만 하는 것은 아니다. 어떤 GMO는 생명을 구하기도 하는데, 의약품으로 질병치료에 없어서는 안 될 유전자변형 인슐린이 그 예이다. 이외에도 최신의 생명공학적인 연구에서는 공포의 치사율을 지닌 에볼라 바이러스의 퇴치를 위해 치료법으로 GM담배에서 만들어진 단일클론 항체에 대한 연구도 진행하고 있다. GMO 기술로 만들어진 백신은 이미 A형/B형 간염, 디프테리아+파상풍+백일해 DPT, 소아마비 등 다양한 질병을 예방하는데 사용되고 있다. 또 다른 GMO 백신은 콜레라, 말라리아 및 기타 질병에 효과를 보이지 못하고 있는 비GM 백신을 대체하여 개발 중에 있다고 전해진다.

의약품 외 연구로 21세기 지구 자원고갈에 대비해 활발히 연구되고 있는 분야는 에너지 관련 분야이다. 인류가 먹는 식품이 아니어서 일단 인체 유해성 여부와는 무관하고, 자연계의 농작물 훼손 없이 GM작물들이 재생 가능한 에탄올/바이오디젤 에너지원 생물연료의 생산에 사용되는 것이다. 에탄올은 전통적으로 GM옥수수와 GM콩의 바이오디젤에서 만들어지며, 연구에서는 식물 생체물질인 셀룰로오스나 해조류에서 만들어진 바이오연료에 초점을 두어 개발 중에 있다. 특정한 GM옥수수 품종은 개선된 셀룰로오스/전분 분해 → 연료 에너지 전환과정에 사용되어 보다 효율적인 바이오연료의 생산이 가능하게 되었다.

미생물 살충제 Bt 살충제

그림 11-4 Bt 목화

미생물 살충제로서 이용되는 곤충기생 병원성세균은 대개 포자를 형성하여 자연에서 안정된 살충력을 가진다. 곤충의 병원성세균 가운데 살충제로 이용되는 것으로는 대표적으로 Bt/미생물 살충제 *Bacillus thuringiensis* 이다. Bt 제제는 다른 미생물 살충제와 달리 저렴한 생산비, 다른 농약과 혼용, 비교적 넓은 나비/파리목/딱정벌레.. 숙주곤충 범위, 비교적 빠른 시기에 나타나는 살충성 등의 특징이 있어 가장 널리 이용된다. 내독소 단백질 작용기작으로 살충이 발현되는데, 곤충의 내독소 단백질 섭식으로부터 시작된다. 내독소 단백질 섭식 → 소화액 분해 → 독소 활성화 변형 → 내장 피막조직 가해 → 수분 內 생리적 장애 → Bt증식에 의한 패혈증 → 수일 內 죽음을 맞이한다. Bt 유전자가 이식된 감자/옥수수/목화.. 작물을 갉아먹은 해충들은 이내 죽게 되고 이들 식물은 잘 자라게 된다. 곡물을 대량생산할 수 있는 품종으로 개량되어 식량 증산 및 수확량 증가에 적극 이용되고 있는 대표적 GMO 이다.

최근의 미국/2018년 연구에서는 1976년~2016년 데이터로부터 Bt 옥수수

도입 전후 40년간 모든 경향성을 분석하여 발표하였다. 결과에서는 Bt 옥수수 도입으로 인한 살충제 살포 감소가 작물 재배 비용 및 시간 절감에 효과적임을 제시하였다. Bt 옥수수가 작물의 대표적 해충을 감소시키는 결과도 분석하였는데, 연구 대상이 된 지역의 모든 작물에서 해충의 개체수가 90% 이상 감소했다고 한다. 연구팀은 40년간 해충 창궐 사례 및 작물 피해를 분석함으로써 여러 종류의 작물에게 준 혜택과 실제 해충 개체수의 감소를 확인했다. 연구는 40년간 데이터를 통해 어느 수준의 해충구제가 적절한지 분석했다는 점에서 의의가 있다고 할 수 있다. 또한 연구팀이 도출한 최적의 살충제 살포 방식에 따르면 Bt 작물 도입은 환경보호에도 기여한다고 발표하였으나 2쪽 뒤에 언급되는 내용은 이와 상반되므로 참고하기 바란다.

그림 11-5 Bt 옥수수

그림 11-6 Bt 옥수수종자

Transgenic organism 트랜스제닉 생물

유전자조작으로 새로운 품종이 출현하는 생물자원은 식물에 국한되지 않는다. 유전적으로 무관한 곤충이나 물고기를 대상으로 새로운 형질을 갖도록 유전자를 삽입하여 자연에 방출하는 실험이 진행되고 있다. 1996년/미국/채소나 과일 갉아먹는 곤충 거미 진드기를 박멸하기 위해 최초의 트랜스제닉 곤충인 진드기를 플로리다에 풀어놓은 경우가 있다. 포식 곤충에 대항하는 슈퍼곤충이 생길 수 있게 된 것이며, 트랜스제닉 물고기는 자연의 물고기를 경쟁에서 물리칠 수 있도록 만들어진 어류이다. 성장호르몬 유전자가 삽입된 슈퍼연어는 일부가 양어장에서 빠져 나가 바다로 진출하여 문제를 일으킨다. 슈퍼연어는 야생종보다 더 크고 강해서 생태계를 교란시킬 가능성이 높은 것으로 우려된다. 노르웨이 협만에는 자연산 연어보다 양어장 연어가 5배나 많을 정도라고 한다. 더 많은 알을 낳게 하려고 큰 슈퍼연어를 만들었으나 기형어가 많이 태어났고, 야생에서 그 수가 불과 5세대 만에 일반 물고기의 수를 앞질렀다. 다행인지는 모르겠으나 슈퍼연어는 성체가 될 때까지 살아남는 경우가 적어, 40세대 만에 멸종되고 만다는 결과가 있다.

그림 11-7 대형_연어

III. GMO의 두 얼굴: 빛과 그늘

빛을 비추는 GMO

어떤 생물의 유용한 특정유전자를 다른 개체에 넣어주어 그 형질을 발현시키면 새로운 기능을 가진 신품종이 도출될 가능성이 커진다. GMO 유전자변형기술을 거쳐 형질 전환된 개체에 원하는 유전자를 도입시킬 때 함께 도입된 표식유전자에 의하여 정확한 선택이 가능하므로 개량에 소요되는 시간이 길지 않다. 유전자도입용 운반체도 같은 종간은 물론 이종 유전자도 이동 가능케 하여 이론적으로는 종간의 유전자이동은 그 어떤 생물이라도 가능하다고 볼 수 있다. 이러한 바이오테크는 자연의 생명질서를 어그러뜨릴지 모른다는 염려가 있음에도 불구하고 인간의 삶을 긍정적으로 개선할 수 있다는 기술로 평가받고 있다. 바이오테크에 의한 대표적인 GMO 장점 및 긍정적 영향으로는 [1] 동 · 식물자원의 품종개량, [2] 질병치료의 가능성↑, [3] 생명연장 등을 들 수 있다.

굶주림에서 벗어나게 하는 GMO..?

미래학자들은 2050년경에는 세계 인구가 90억 명에 이를 것이라 보고 있어 인류 기아의 문제가 심각해 질 것이라 주장한다. 이들의 말에 귀를 기울일 필요가 없는 것은 아니다. 이전에도 인류가 기아에 허덕일 때 농업기술 발전 → 작물생산량↑ → 식량문제를 대처한 바 있다. 농작물을 유전적으로 개량하는 녹색혁명을 통해 작물의 생산성을 높여 비약을 했듯이 앞으로도 바이오테크에 의한 해결책을 찾아야 한다고 찬성하는 이들은 말한다. 세계 인구가 90억이 넘는 시점에는 지금의 작물생산량으로는 많은 사람들이 굶주림에 허덕일 것이다. 유전자변형에 대해 찬성하는 학자들은 이 문제 해결에 유전적으로 작물을 개량하는 GMO 기술을 받아들여야 한다고 주장한다. GMO 고단백 쌀을 일본 개발한 것처럼 인류의 기근을 해결할 수 있는 식량혁명도 GMO 기술로 가능하다고 보는 과학자들도 꽤나 된다. 이들 가운데에는 GMO를 반대하는 사람들이 비과학적인 잣대로 반대를 한다고 신랄하게 비판하는 사람들도 포함되어 있다.

세계의 유수한 기업들은 전 세계 오지에서 열악한 조건에 적응 생존한 우수한 형질을 지닌 생물자원을 찾아 특허를 내려하고 있다. 이를 바탕으로 우량형질을 선별한 동식물을 개량해 낸다면 앞으로 다가올지도 모르는 인류의 먹거리 문제를 해소할 수도 있을 것이다. 하지만, GMO를 통한 생물특허에 대해서도 논쟁이 벌어진다. 어떤 생물의 특정유전자 조작 → 부가가치↑ → 독점 거래하는 것이 옳은지 아닌지에 대해 생명공학이 발달한 미국/유럽.. 외국에서는 찬반으로 나뉘어 치열한 말다툼을 벌이고 있다. 우리나라도 예외는 아니다! 다만 4차 산업혁명의 발전과 더불어 전반적으로 생명공학의 영향력이 나날이 커지고 있어 오늘날에는 이들이 '제4의 물결'로 불리는 듯하다. 이미 진행된 상당수 생물들에 대한 유전자변형들도 묵인되는 듯한 상황이다. 특히 미국+유럽+일본.. 다국적으로 진행되고 마무리된 인간게놈프로젝트가 완성되어 생명에 대한 특허는 대세로 받아들여지고 있는 것 같다.

이와 같은 대세에도 불구하고 GMO 유해 여부는 끊임없이 거센 논쟁을 불러일으키고 있다. GMO 등 생명공학이 인류에게 주는 이점과 다가올 문제에 대한 해결책을 고려한다면, 반대만 주장하는 것도 모순일 수 있다고 하는 중간적인 의견을 가진 사람도 많다. 바이오기술을 우성유전자를 선택하여 장애나 문제점을 우생학적으로 치료할 수 있게 된다는 긍정적 측면이 있는 반면, 유전적 차별로 새로운 불평등의 부정적 측면도 다양하게 생겨날 수 있다고 본다. 우리나라에서의 GMO 관련 논란은 2008년/콩/옥수수 식용 GMO의 수입 이래 아직도 양쪽에서 팽팽한 설전이 오가고 있다. 인류를 굶주림으로부터 구원할 수 있다는 견해 vs. 모두를 파멸에 이르게 하는 기술이라는 견해의 대립! 이러는 가운데 어느덧 우리나라는 식용 GMO 수입국 세계 1~2위가 되었다는 것을 알고 있는지... 2017년 기준 연간 옥수수 123.9만톤/대두 104.3만톤 228만 2천 톤이 수입되었다고 한다.

GMO와 관련하여 세계적인 Monsnato.. 다국적 농업기업이 찬성하며 주장하는 점은 인류 기아문제에 대한 가장 유효한 해결책이라는 것이다. 이에 GMO 농산물의 생산성을 유기농 재배와 30여 년간 비교한 결과, 놀랍게도 그리 큰 차이가 없었다. 오히려 해충과 잡초에 강한 GMO 농작물이 해충과 잡초에 강한 내성을 키워 슈퍼잡초가 등장하는 심각한 문제가 발생하였다. 결국 또 다른 농약을 살포해야만 했다고 전해진다. 세계 환경단체들이 크게 우려하는 것은 '유전자조작' 그 자체로 일부에서는 GMO를 병충해에 강한 농산물을 키워냈던 품종개량에 비유한다. 하지만, 유전자조작은 종의 경계를 완전히 뛰어넘는 유전자를 이식하는 기술로 아직 그 역사가 길지 않아 안전성이 과학적으로 입증되지 않았다는 점이 무엇보다 가장 큰 문제점이라는 것이 지적 중의 하나다.

그림 11-8 슈퍼잡초1

그림 11-9 슈퍼잡초2

그림자를 드리우는 GMO

콩, 옥수수처럼 식탁 위에 흔히 올라오는 식재료 그 자체에 대해서 특별히 "안전할까? 아니면 안전하지 않을까?"하는 의문을 가지며 먹는 사람은 거의 없다. 유전자조작을 거친 식품은 그렇지 않은 식재료와 외견상 전혀 식별 가능하지 않고, 먹어본 경험이 있다 해도 안전성에 대해 가타부타 거론할 수 없다. 복잡하게 얽혀 있는 개인차/인체현상/안전성/환경요인.. 여러 요인들이 연관되면서 야기되는 문제도 다양해지기 때문이다. 우리가 전통적으로 먹어오던 식품들은 오랜 동안 인체 건강에 지장이 없도록 가공하여 사용해 안정성이 검증된 것들이다. 일부 유전자를 변형하여 만든 대부분의 GMO식품들은 문제가 없을 수도 있으나 현재까지 보고된 몇 건의 위험 사례들을 보면 생각이 달라질 수도 있다. 제2의 녹색혁명이라 부를 수 있다고 기대하는 사람들에게도 농작물을 대상으로 하는 유전자 개발은 앞날이 그리 밝기만 한 것은 아니다. 바이오테크에 의한 유전자변형식품이 지니는 단점 및 부정적 영향을 간단히 언급하면 다음과 같다.

1 유전적 환경오염
2 인체 위해 발생 초래
3 생물다양성 훼손 가능성 야기
4 생명 자체가 조작당할 가능성 발생
5 생명공학 기준으로 생물자원을 우열 구분

이와 관련하여 자연생태계에서 가장 우려되고 있는 유전적 환경오염의 문제를 다루어보도록 하자. GMO 작물의 대부분은 제초제와 살충제에 저항성을 갖도록 개발되고 있다. 1998년 이전 보고에 따르면 특성별 세계 GMO 작물재배 면적에서 제초제 내성 유전자변형이 ~70%↑ 대부분을 차지했고, 다음이 ~28% 해충에 대한 내성이었으나 품질에 대한 특성은 거의 없는 것으로 나타났다. 즉, 제초제내성 유전자변형이 농작물의 ⅔ 정도를 차지하였고, 관련 기업들은 글리포세이트 특정제초제에 견디게 만든 GMO

작물들은 내성이 있어 제초제 살포 → 잡초만 제거 → 사용량↓ → 환경오염↓ 한다고 주장한다. 이러한 추세는 다소 바뀌어 2015년 최근 기준으로는 ~53% 제초제내성, ~33% 복합형질, ~14% 해충저항성으로 나타났다. 그러나 제초제 사용량은 줄어들 수 있을지 모르지만, 그 독성효과는 똑같거나 오히려 더 심각할 것이라 한다. 내성을 갖는 슈퍼잡초들도 출현하고 농약 사용량이 증가한다. 호주 호밀풀은 이미 글리포세이트 내성을 가지게 되어 잡초 본연의 끈질긴 생명력을 증명한 바 있다.

실제, 어떤 GMO 옥수수는 유전자조작으로 벌레를 죽이는 물질을 내뿜고 있어 '살충제'로 등록돼 있고, 또 어떤 콩 종자는 제초제를 뿌려도 죽지 않는다. 이런 종자를 심은 경우, 농약과 제초제를 마구 사용하게 되어 토양오염의 문제가 심각해진다. 이런 상황이 반복되면서 농약과 제초제 내성 잡초와 해충들이 생겨나고 이를 해결하기 위해 더 많고 더 강한 농약과 제초제를 계속 사용하는 악순환이 반복된다. 여기서 우리를 걱정하게 하는 것은 살포한 제초제와 살충제가 농작물에 흡수되는 정도를 알 수 없다는 것! 설령 해당 정보공개를 요구한다 해도 GMO 종자개발 회사들은 특허를 이유로 소비자에게 정보를 공개하지 않는다.

GMO 옥수수 재배농가에서 심은 옥수수 종자 또는 꽃가루가 바람에 날려 유기농 옥수수 재배농가의 작물들로 옮겨가면 소위 말하는 유전적 환경오염이 발생하게 된다. 하지만 문제는 여기서 끝나지 않고 GMO 종자개발 회사들이 특허 소송을 내서 유기농 옥수수 제작을 못하게 만든다고 하니... 살충제 사용이 증가하면 당연히 우리의 삶과 자연에 미치는 영향이 부정적일 것은 불을 보듯 뻔하다.

해충에 대한 저항성을 만드는 가장 대표적인 방법은 토양의 Bt 박테리아로부터 유전자를 뽑아 식물에 넣는 방법이다. 자연적인 Bt 독소는 해충의 소화기관 파괴로 벌레를 제거하지만, 유전자조작의 Bt독소는 즉각 반응하여 해충과 익충까지도 몰살시킨다. 또한, 그 독소가 흙에 잔류하여 토양 유기체까지 파괴시키는 부작용이 발생한다. 제초제와 Bt 독소 사용은 식물과 해충의 내성으로 이어져 슈퍼잡초와 슈퍼해충으로 진화하는 과정을 겪는다. GMO 작물은 앞서 제시된 바와 같이 주로 제초제, 해충에 저항성을 갖도록 개발되고 있으나 야외실험의 결과에서는 GMO 작물이 목화씨벌레 모두를 제거하지 못하고 80% 정도만 죽이는 것으로 나타났다. 나머지 20%가 살아남았다는 것은 저항력 있는 변종의 슈퍼해충이 발생해 퍼져나갈 수 있다는 사실!

그림 11-10 농약 살포_대량

그림 11-11 농약 살포

통계자료에 의하면 수십 년 전에 사용되었던 1945년/~9만톤 살충제의 양은 2000년/~200만톤 21세기 들어 ~20배 엄청난 양으로 늘어났고, 그 결과 ~500종 많은 해충이 살충제에 내성이 생겼다고 한다. 물론 1990년대에 살충제를 내뿜는 GMO 작물이 개발되어 해결되는 듯싶었으나 잡초와 해충은 곧 적응하기 시작했다. 살충제 내성의 슈퍼잡초는 농경지를 황폐하게 만들고 있으며, 어떤 잡초들은 개비름/털개망초/새포아풀.. 제초제를 뿌려도 하루 7㎝ 자랄 수 있다고 한다. 해충의 적응력도 빨라져서 농약에도 죽지 않고 목화씨벌레 치명적인 Bt균을 먹고 살아남아 더욱 더 강력해지기도 한다. GMO 농작물이 병충해에 강력한 무기가 될 것으로 생각하였으나 이미 GMO 종자를 공격하는 해충들이 출현했고, 제초제 내성의 잡초들이 등장하였다. 농약이나 제초제에 견디는 벌레와 잡초들이 생기면서 GMO 농작물이 우수하다는 주장이 설 자리가 좁아지고 있다.

● GM 농작물, non-GMO 일반작물과 오염가능성 높다!

유전자변형 작물은 인근에 재배중인 일반작물을 거리에 상관없이 꽃가루를 통해 오염시킬 가능성이 있다. GMO작물 재배지와 일반작물 재배지가 아무리 멀리 떨어져 있다 해도 유전자오염이 발생할 수 있다. 99.5%정도의 GMO작물 꽃가루가 일반작물을 오염시키는 것을 막을 수 있으나 때때로 극소량의 꽃가루가 상당한 거리를 날아가기 때문! GMO 재배면적이 늘면서 슈퍼잡초 출현 등 환경오염의 부작용을 경고하는 연구들이 발표되고 있고, 무와 수수, 해바라기 등의 연구에서 GMO 유전특성이 야생식물 서식지로 쉽고 빠르게 옮겨가는 것이 밝혀졌다. 또 Bt로 알려진 살충성분을 발산하는 곡물도 예상치 못했던 위험이 제기될 수 있다는 연구결과도 잇따르고 있다.

● 신종 알레르기나 새로운 질병의 출현가능성 있다!

일부 전문가들은 GMO를 통해 다른 종에 도입되는 유전자가 원래 생명체에는 없던 새로운 물질이 생길 수 있어 독성이나 알레르기 반응이 일어날 가능성을 경고한 바 있다. 브라질 땅콩의 경우, 유전적으로 알레르기가 있던 사람은 그 GMO 땅콩에서도 알레르기 반응을 일으켰다. 비록 해충에 독성발현 Bt 독소가 인간에게 작용하지 못해 그 위험성이 극히 낮다고 주장하나 Bt 독소 유전자가 도입된 옥수수의 경우에도 식품으로 섭취되는 마지막 단계에서도 Bt 독소가 남아있는 것으로 알려져 있다. 또 GMO 미생물을 통해 생성된 식품첨가용/아미노산 트립토판에 의하여 1989년/미국/36명死亡+만명↑환자 많은 인명피해가 발생한 경종을 울리는 사례도 있었다. 이는 GMO 세균 → 트립토판 생산 → 백혈구↑+심한 근육통 증상.. 새로운 병 유발하여 트립토판 함유식품을 사용 금지하는 비상의 조치가 내려졌다. 문제 발생원인은 GMO 세균의 트립토판 생성과정에서 독성을 갖는 중간산물의 농도가 증가하였기 때문으로 밝혀졌다.

다음은 국내에서 진행된 2017년 최근의 연구에서 GMO 콩에 들어있는 신종단백질의 일부가 인체에 알레르기 등 특이반응을 일으킬 가능성이 있다는 연구 결과가 나와 조사해보았다. GMO로 만든 신종단백질이 인체에 알레르기 등 특이 반응을 보인 이번 결과는 정부의 의뢰를 받은 국내 대학 연구진이 사람의 혈청을 이용해 진행한 연구에서 나온 것이다. GMO 영향을 밝혀내기 위한 연구들은 쥐 실험동물을 대상으로 대부분 이뤄져 왔다. 이에 GMO 단백질이 인체에 알레르기를 일으킬 수 있는 가능성을 보여준 이번 연구결과는 GMO 결과를 철저히 검증해야만 한다는 중요한 의미를 갖는다.

IV. 21C 생명공학시대의 새로운 윤리

GMO, 판도라상자일까..?

생물체가 지닌 고유의 정보인 유전자정보를 재조합하는 것이 자연계에서 수백만 년에 걸친 생물종들의 다양함과 진화적 발전을 무너뜨리는 것은 아닌지 우려의 목소리는 계속 들려온다. 인위적인 GMO 생물들로 인해 야생의 원래 생물종이 없어지는 것은 아닐까? 혹은 섞이면서 이상한 방향으로 가는 것은 아닐까? 아니면 이로 인해 발생할 수도 있는 치명적인 위험이 도사리고 있을 가능성은 과연 없을 것인지... 이런 걱정들이 앞서며 GMO 전망을 그 유명한 판도라의 상자에 비유한 글을 읽은 적이 있다. 'Pandora 판도라'는 '온갖 선물을 다 받은 여자'라는 뜻이라 한다. 내용인즉슨 "~ 제우스의 당부에도 불구하고 판도라가 호기심에 차서 상자를 열고 만다. 뚜껑을 여는 순간, 제우스가 세상에 보내려고 준비해 둔 가난/불행/질병.. 재앙들이 빠져나오기 시작하였고, 당황한 판도라가 급히 뚜껑을 닫았지만 상자에 남은 것은 미처 빠져나오지 못한 헛된 희망뿐이었다고... 인간이 헛된 희망 하나에 매달려 이 세상을 사는 것은 바로 판도라가 이것 하나만을 상자에 가둘 수 있었기 때문이라고 전해지는 신화의 내용이다. 그럴 것 같기도 하고 너무 앞선 비유처럼 들리기도 하고... 생각하기 나름일 거 같다

이처럼 우리가 직면하고 있는 조작된 생물종에 대한 걱정은 보는 시각에 따라 판도라상자가 될 수도 있고 그렇지 않을 수도 있다. 이런 시점에 우리들은 과학기술에 대한 바른 주관과 태도를 가져야 할 것이다. 고도의 기술을 요하는 것일수록 기술사용에 있어 엄격한 원칙이 있어야 할 것이며, 이는 인류의 선조들이 오랜 기간 사용과 경험에서 얻은 현명한 지혜일 것이다. 본인 또한 이를 '기술의 절제된 사용'이라고 표현하는 사람들에 동의하는 바이다.

4차 산업혁명과 생명공학시대라 불리는 작금의 21세기를 이끌어 가는

힘이 바로 과학임을 부정하는 사람들은 아마 없을 것이다. 이로부터 얻어지는 많은 혜택은 현대인의 일상생활에서 큰 비중을 차지하며 지대한 영향을 미치고 있다. 과학기술의 시대에 사는 우리에게는 이러한 기술과 관련되어 발생되는 문제의 해결과 예방을 위해 새로운 윤리의식을 갖도록 요구된다. 첨단의 과학기술이 적재적소에 잘 사용된다면 인류에게는 큰 축복이 될 것이지만 그릇되고 이기적인 욕망이 앞선다면 그것은 더 이상 축복이 아니라 재앙으로 다가오게 된다. 혹자는 원래 과학기술은 가치에 있어 중립적인데 그것을 사용하는 인간의 욕망으로 인해 오늘날 위기를 맞게 되었다고도 말한다. 과학기술에서 생명공학기술은 그 자체가 위험성을 가지고 있다고 할 수 있다. 바이오기술, 바이오테크를 이용하여 생명체 고유의 유전적 특성을 종간의 수평적 이동에 이용하고 가능케 함으로써 생명의 질서를 어긋나게 하고 생존을 위협하고도 있다. 생명공학을 비롯한 21세기의 모든 첨단의 과학기술은 이익, 이기심, 편의보다는 인류 삶의 질을 높여줄 수 있는 방향으로 값있게 도구가 되도록 노력해야 할 것이다.

그림 11-12 바이오테크_지혜롭게!

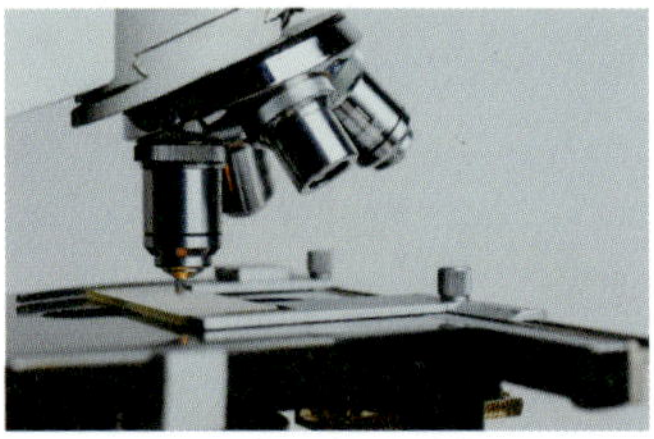
그림 11-13 바이오테크_현명하게!

21세기형 바이오테크와 새로운 윤리

현대인들은 정말 눈코 뜰 새 없이 정말 바쁘게 살아간다. 학생들은 학업이나 취업을 위해, 졸업 후에는 더 나은 직장이나 승진 및 자기발전을 위해, 나이가 들면 노후 관리를 위해.. 젊든 나이가 있든 사람들은 잠시도 한갓진 여유를 갖기 힘든 시대를 살고 있다. 여기에다 삶을 영위하는데 꼭 필요한 먹거리까지 GM 기술이 접목되어 식탁 위까지 신경을 쓰며 살아야 하는 피곤하다면 피곤한 시대에 와 있다. 솔직히 사회가 발전하고 과학기술이 발달하면 사람들은 더 풍요롭고 편리하게 살아갈 것 같은데 실제로는 여유보다는 더 바빠지고 복잡해졌다.

21세기 과학기술은 4차 산업혁명이라는 메가트렌드와 함께 아주 빠르게 전개되고 있고 현대인들은 그런 기술을 이용하며 경쟁사회로 들어가고 있다. 기술적인 발전과 이에 대한 적응을 빠르게 하지 않는다고 하더라도 우리들의 삶을 결코 더 여유 있게 만들지는 않는다. 첨단의 융합기술 덕분에 많은 일들을 할 수 있음에도 불구하고 모순되게 현대인들을 더 시간에 쪼들리게 만든다. 오늘날의 사회는 창의적이고 새로운 혁신을 요구하고, 높은 생산성과 치열한 경쟁의 상황 속으로 사람들을 몰아가는 경향이 있다. 여기서 우리가 상기해야 할 것은 더 빠르고 더 정확함을 요구하는 21세기형 과학트렌드는 그 자체에 파괴의 위험성을 안고 있을 수 있음이다.

인간이 기술적으로 발전하여 더 빨리 수확하고, 빠른 시간에 기능성이 더해진 고부가의 농작물을 얻고자하는 노력은 계속 이어질 것이다. 자연계의 생물자원을 조작하고, 고유한 본성을 깨뜨리는 실험의 결과물들이 여기저기서 나타나고 있다. 오늘날 급변하는 획기적인 바이오기술의 발전에 앞서 인류가 지켜야 할 것은 우리의 편익을 위해 인위적으로 시도되는 것들이 자연의 질서를 깨뜨리지 않는 범위 내에서 이루어지게 해야 한다는 것! 지구상의 수많은 생물자원은 ~35억년 오랜 동안의 진화과정을 통해 가장 효율적으로 살아남는 방법을 터득하며 적응해 왔다. 지속가능한 발전을 추구하자고 항상 외치는 우리들에게 말에 그치지 말고 자연을 스승으로 삼아 본받아야 하는 이유가 바로 여기에 있다. 이에 요즘 생물원리에 바탕을 둔 새로운 산업혁명을 주장하는 사람들도 관심을 받고 있다. 생물의 기능을 기술적으로 변형시키거나 산업적으로 모방하여도 자연계에서 유지되는 구성과 원리는 지키면서 새로운 가능성을 찾고 개발하여야 할 것이다.

Chapter

12

4차 산업혁명과 생물자원의 미래:

인류와 생물자원 The Next 20 Years!

Ⅰ. 4차 산업혁명과 유용 생물자원

인류가 생명체를 대상으로 과학적인 연구를 시작한 것은 수백 년을 거슬러 올라가는 오래 전 일이지만, 순수한 생명과학이 인간의 생활과 이윤 창출에 직접적인 도구가 되거나 그 과정에 도움을 주는 일은 비교적 최근에야 가능해진 일이다. 약품/질병치료.. 의학이나 작물재배/식량증산.. 농업 등은 실용적인 것이 본래의 목적이므로 당연한 일이지만 생명과학 그 자체는 생활의 편리성이나 경제적 이윤 창출과는 거리가 멀어보였던 분야다. 하지만 생물구성의 기본단위인 세포에서 유전물질인 DNA가 발견되고 그 응용가능성이 밝혀지면서 사람들은 생물계 전 영역에 걸친 생명과학에 특별한 기대를 갖게 되었다. 인류의 삶에 필요한 의식주는 물론 오늘날처럼 평균수명이 길어져 건강증진 및 그 발전에 연계시키려는 적극성도 고조되고 있다.

20세기 말, 의학과 바이오기술은 놀라운 발전을 거듭하여 생명의 코드 DNA를 조작하는 기술은 이제 21세기 BT의 핵심적인 기술이 되었다. BT의 발전은 이후의 21세기에도 계속될 것이며, 이로 인해 미래사회도 지금과는 다른 양상을 보일 수 있다. 유전자변형이나 인공장기 개발 등의 바이오기술이 인류에게 미칠 영향력이 매우 클 것이라고 많은 이들이 예측한다. 요즈음의 SF 영화들은 주제도 진일보하여 완전히 다른 차원으로 전개된다. 급변하는 BT가 불러 올 새로운 문제들을 통해 무심코 대하던 것들에 대해 다시 생각해보는 기회를 갖는다면 뜻 깊은 일이 될 것이다.

유전자변형 산업이 특히 미생물을 대상으로 한 영역에서 가시화되면 우리 주변의 일상에서 많은 도움을 받는 일이 발생할 것이다. 바이오기술을 이용하면 오염된 유기물 쓰레기를 소각 없이 처리할 수 있고, 엄청난 양의 음식물 쓰레기 분쇄 → 생물반응 처리장치도 개발이 가능하다. 이뿐만 아니라 바닷가 오염물질 분해 가능한 미생물이 살아가는 다공성 구조물 설치 → 해양 정화시스템도 만들 수 있다. 또한 광합성능이 뛰어난 유전자 → 해조류/식물성플랑크톤에 삽입 → 해양 살포 → 지구온난화 방지 등의 방법도 가능해 질 수 있다. 바이오기술을 통한 유전자변형은 앞에서 언급되었듯이 이미 항생제/인터페론.. 의약품과 성장호르몬/인슐린.. 호르몬의 대량 생산, 품종개량 등에 적용되고 있다.

오늘날의 화두에서 빼놓을 수 없는 단어는 '4차 산업혁명시대'라 할 수 있다. 우리나라는 세계에서 '4차 산업혁명'이란 단어를 아주 많이 사용하는 나라 중 하나로 우리들은 이런 시대를 맞아 무엇인가 혁신적인 기술개발이 한창일 것 같은 느낌 속에 살고 있다. 이제 4차 산업혁명은 첨단의 다양한 기술 분야들이 연결 및 융합되며 새로운 결과가 도출되는 사회적인 변화를 일컫는 용어가 되고 있다. AI 인공지능, VR 가상현실, IoT 사물인터넷, 로봇, 자율주행차 등 과거 상상 속에 머물렀던 주제들이 현실로 들어와 있다. 이미 언급하였듯이 이런 혁신 기술의 시발점에는 나노기술이 있고,

그림 12-1 인공지능

그림 12-2 사물인터넷

나노기술이 바이오기술과 접목된 융복합적 응용은 시대적인 대세가 되고 있다. 21세기 생물자원의 미래 또한 4차 산업혁명과 밀접한 관계가 있어 다음에서 다루어지는 주제들에는 이전엔 생각에 그치던 것들이 많이 포함되어 있다. 그 예로서 인공세포, 유전자치료, 세포지도, DNA 컴퓨터 등을 소개해보고자 한다.

- **인공세포** - 먼저, '인공세포'라는 말 들어본 적이 있는가? *wow*... 인공세포라니? 최근, 우리나라의 S그룹이 국내외 공동연구팀에게 2018년/~300억원 엄청난 연구비를 투자한 것으로 알려져 있다. 인공세포를 통한 바이오 인공장기 등의 응용이 기대되고 있고, 본 기술이 성공하여 상용화된다면 의학적 부작용을 없애고 불치병/난치병.. 질병과 암 치료, 신약개발 등에 초석이 될 것으로 전망하고 있다. 물론, 연구는 아직 초기 단계로 상용화까지는 상당한 시간이 소요될 것으로 보이나 현재 유용한 시금치-광합성단백질/세균-광전화단백질 단백질 추출 → 빛 이용 → ATP/생체에너지 생산하는 세포소기관 미토콘드리아를 만든 것으로 알려졌

다. 원시적 형태의 세포이지만 이렇게 만들어진 세포는 외부환경에 따라 최소 한 달까지 스스로 대사활동을 할 수 있다고 연구진은 전한다. 인공세포 시장의 성장 가능성은 의학적으로나 산업적으로 매우 크기 때문에 해외 보고서에 따르면 인공세포 등의 합성생물학 분야는 2020년/43조3827억원(387억달러) 2020년대 초반까지 수 십 조원 규모로 늘어날 것으로 전망된다.

그림 12-3 미토콘드리아

합성생물학은 미래의 물결로 받아들여지고 있으며, 요즘 과학의 원동력으로 급부상하고 있다. 인공장기 개발 기술이나 유전자가위라고 불리는 기술도 합성생물학 분야에서 활용되는 도구로 이 기술들을 이용하면 에너지위기, 식량부족, 환경보전 등의 문제를 해결할 수 있을 것이라는 전망을 한다. 그러나 이 분야는 미개척 또는 미확인 상태로 실험이 진행되므로 급격한 성장에 따른 우려도 여러 측면에서 제기되고 있다.

- **유전자치료** - 두 세포의 유전자를 융합시키는 기술로 동물유전자에 인간의 유전자를 치환하면 인류에게 유용한 물질을 만들어내는 동물을 만들 수 있다. 이것이 BT의 핵심이다. 생명과학자들은 1990년 인체세포 DNA 안에 들어있는 30억 유전암호를 하나씩 해독해 모든 유전자의 완전한 지도를 작성한다는 야심 찬 프로젝트, 이른바 '인간게놈 연구'를 시작하여 2003년 완성하였다. Genome 게놈은 생물이 세포 속에 가지고 있는 유전정보 전체를 의미하며, 인간유전체 연구의 영향으로 최근 IT, NT, BT 간 NBIT 융합이 일어나 고부가가치 창출에 있어서

엄청난 시너지효과를 줄 수 있는 신개념 자원이 되고 있다. 이는 인체 게놈의 모든 염기서열을 분석하는 프로젝트로 세계 각국의 유전자센터/대학 등 국제 인간게놈서열 컨소시엄이 조직되어 지금까지도 프로젝트 보완 발표는 계속되고 있다.

분자생물학의 발전으로 최근에는 많은 질환이 유전자이상에 의해 초래된다는 것이 밝혀지고 있다. 따라서 질병의 치료도 증상에 맞춰 치료하기보다는 이상유전자 자체를 치료함으로써 치료효과를 향상시키는 유전자치료가 시작되었다. 초기 유전자치료는 소수 질병에 불과했으나 오늘날에는 많은 질병에 적용되고 있다. 이후 유전자치료는 많은 질환을 대상으로 적용 범위를 넓혀, 현재 전 세계적으로 170여 종 이상의 유전자치료가 시도되고 있고 유전자치료를 받는 환자는 이미 수천여 명에 달한다. 대상 질환은 악성종양이 가장 많고, 에이즈나 선천성 대사 장애를 비롯한 각종 질환에도 활발한 연구가 진행되는 등 그 적용 범위는 점차 늘어나고 있다.

※ 유전자가위, 에이즈 완치를 향한 실험에 핵심적으로 사용되다! - 2019년 7월, 살아 있는 실험동물에서 AIDS 바이러스 일종 HIV-1의 DNA를 완전히 제거하는 CRISPR-Cas9/크리스퍼가위기술 유전자편집기술 치료법이 템플대+네브라스카대/Nature Communication 전문학술지에 발표 미국 연구팀에 의해 개발되었음이 소개되었다. 이 치료법과 long-action slow-effective release LASER ART 방법을 동시에 사용하여 사람의 T세포를 생성하는 형질전환생쥐 쥐 면역세포에서 바이러스를 사라지게 한 것이다. 현재까지의 에이즈 치료는 백신은 고사하고, HIV 복제능력 억제 → 증상 완화에 머무는 정도의 수준이었다. 하지만 이 치료법의 성공은 향후 인체 대상 임상시험에의 길을 여는 첫 걸음이 될 수 있어 에이즈로 고통 받거나 목숨을 잃을 수 있는 사람들에게 희망을 주는 계기가 될 것이다.

유전자치료는 이상유전자 치료를 목적으로 하는 첨단의 치료법으로, 유전자이상 세포에 정상유전자 삽입 또는 새로운 기능을 제공하는 방법이다. 현재 암 환자치료에 많이 사용되고 있고, 암 유전자활성 억제나 암 억제유전자 기능복원 또는 인체의 정상 면역기능 회복을 시도한다고 전해진다. 미국에서는 진행형 시각장애 혈우병, 특정 피부병 치료용 유전자치료 등이 개발되고 있음이 알려져 있다. 특히 하나의 유전자 문제로 발생하는 질병뿐 아니라 알츠하이머/당뇨/심장병/암.. 일반 질병에 대해서도 가능한 유전자치료법을 찾고 있는 중이라 한다.

- **세포지도** – 인체를 구성하는 35조개 세포의 기능과 특성을 체계적으로 알아낼 것으로 예상되는 지도를 만든다고 한다. 2016년 MIT-브로드 연구소+하버드대+케임브리지대/생어연구소+웰컴트러스트 재단 국제적 공동연구단이 향후 10년에 걸쳐 인체 장기와 조직을 구성하는 모든 세포의 특성을 해석하고 건강한 사람의 세포지도를 구축할 것이라 밝힌바 있다. 인체를 구성하는 세포의 수와 종류가 얼마나 많은지, 그리고 서로 어떻게 다른지 알려지지 않은게 더 많고 여전히 베일에 가려져 있다고 말한다. 연구진들에 의해 향후 인체의 세포지도가 완성되면 사람 몸을 구성하는 세포의 수, 종류, 위치, 상태, 분화, 발달, 죽음까지 모두 담을 수 있다고 한다. 더 큰 목표는 인체를 구성하는 각각의 세포 종류와 기능을 파악하여 세포의 삶 일대기를 추적하는 것이라 볼 수 있다.

그림 12-4 인체 연구

- **DNA 컴퓨터** – 세포핵에 들어있는 아데닌(A)/구아닌(G)/시토신(C)/티민(T) 4개

염기조합으로 구성되는 세포의 염색체 정보 저장능력과 세포분열 시 세포 내 정보의 정확한 복제, 열 발생 없다는 특성을 이용하려는 DNA 컴퓨터 연구도 진행되고 있다. DNA 컴퓨터는 A, G, C, T 신호로 구성되는 컴퓨터로 구성: 실리콘칩+전기회로 일반 컴퓨터와는 달리 입력-출력-소프트웨어가 모두 DNA 분자들로 이뤄져 있다.

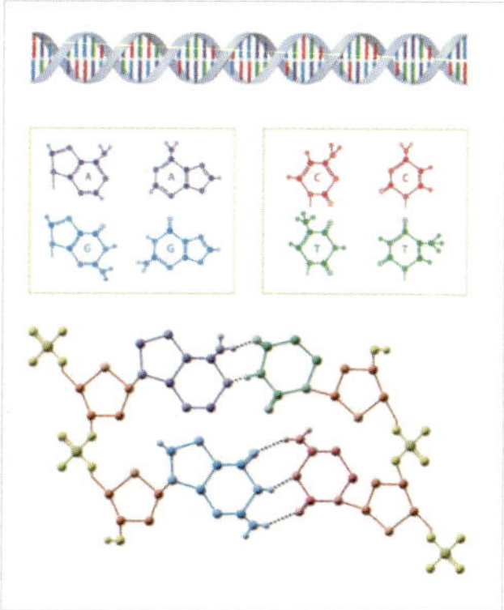

그림 12-5 DNA 구조

이러한 DNA 분자들은 생명체에 관한 암호화된 정보들을 저장 및 처리할 수 있다는 특징을 지닌다.

1994년 처음 DNA 컴퓨터가 고안되었으나 본격적으로는 이스라엘 2001년/샤피로박사 와이즈만 연구소에서 초기 형태의 DNA 컴퓨터를 개발하였다. 이후 2004년 이 DNA 컴퓨터에 전립선암/폐암 암 진단과 치료에 필요한 생물정보 분석프로그램 입력 후 시험관 실험에서 성공적인 결과가 나왔다고 밝혀 세계의 주목을 받았다. 최근에는 1000억개↑ 수많은 DNA를 신경처럼 연결한 하이퍼네트워크 이용 → 인공지능을 만드는 연구는 물론 DNA를 하드디스크/USB.. 저장매체로 쓰려는 연구도 진행되고 있다. DNA는 엄청난 양의 유전정보를 저장하고 있는데, 만약 저장매체로 사용된다면 DNA 1g 内에 455 EB 엑사바이트 정보를 넣을 수 있다는 것이다. 하드디스크 4억개 또는 CD 1조장 저장 가능한 정보 전문가들은 DNA 컴퓨터가 질병진단 및 치료하는 나노로봇의 개념으로 발전할 가능성이 크다고 내다보고 있다.

※ DNA 컴퓨터: 처음 고안한 사람은 미국 MIT 공대의 에이드먼 교수로 1994년 사이언스 국제학술지에 '여행하는 판매원'이란 수학문제를 DNA가 어떻게 풀어낼 수 있는지 발표했다. 같은 길을 지나지 않고 7개 도시를 가장 빠르게 통과하는 방식에 대한 해법을 내놓았는데 DNA 컴퓨터는 기존 컴퓨터에 비해 엄청나게 짧은 시간에 이 문제를 해결하였다고 한다. 그 이론이 학계에 반향을 가져오면서 DNA 컴퓨터 개발이 본격적으로 시작되었다. 1997년/미국/로체스터대학 DNA 구성의 논리회로 제조, 2000년/위스콘신대 DNA 가닥들이 특수한 방법으로 서로 결합한다는 사실 이용 → 2000년 DNA 컴퓨터를 만들었다.

※ 엑사바이트: exabyte(EB), 10^{18}

II. 인류와 생물자원 The Next 20 Years!

그림 12-6 청색기술

4차 산업혁명과 생물자원의 미래 - 인류가 거둔 뛰어난 연구 성과를 살펴보면 자연에서 배운 지식에서 도움을 받은 경우가 허다하다. 이것이 바로 오늘날 많이 회자되는 'blue technology 청색기술'이 탄생하게 된 배경이다. 청색기술이란 자연의 생명체들로부터 영감을 얻거나 이들의 특징을 모방하여 문제를 해결하는 방식을 의미하며, 많은 질병치료에 사용되는 약이나 산업제품 등이 이런 방식을 통해 개발되었다. 최근 들어 과학자들의 주목을 끄는 것은 자연에서 살아남은 생물체의 구조와 기능, 생물유래 천연성분 등으로 이들이 주된 연구대상이 되어 첨단의 과학기술이 접목되고 있다. 과학기술에는 예측 가능한 것과 예측할 수 없는 신기술들이 포함되어 있는데, 매년 발표되는 혁신적인 기술들을 살펴보면 생물자원을 대상으로 어떠한 연구들이 진행되는지 어느 정도 예측하거나 전망할 수 있다. 다음에서는 가장 최근 발표된 첨단의 과학기술들로 그 양상과 흐름을 엿볼 수 있다.

10대 혁신기술 10 Breakthrough Technologies

미국 MIT에서는 해마다 예측 가능한 기술과 그렇지 않은 기술들을 포함하여 발표하는데, 2019년에서부터 2030년대 초반에 이르기까지 인간생활에 파급효과가 매우 클 것으로 전망되는 혁신적 첨단과학기술 10가지가 발표된 바 있다. '10 Breakthrough Technologies 2019'라는 제목으로 공개된 이들 신기술은 가히 NT, IT, BT 등 각종 최첨단기술 융복합의 결과라 할 수 있다. 이들 10가지 혁신기술 중 나노와 바이오기술이 융합된 대표적인 것을 고르라면 조산아 예측, 소형 캡슐형 장기 검사기, 맞춤형 암 백신, 손목형 심전도 측정기 등을 꼽을 수 있다.

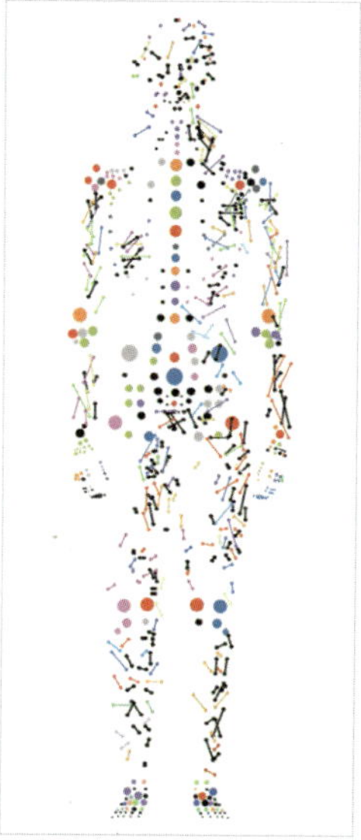

그림 12-7 맞춤형의료

1 손재주 뛰어난 로봇(Robot Dexterity)
2 차세대 원자력(New-wave Nuclear Power)
3 조산아 예측(Predicting Preemies)
4 소형 캡슐형 장기 검사기(Gut Probe in a Pill)
5 맞춤형 암 백신(Custom Cancer Vaccines)
6 인공육 버거(The Cow-free Burger)
7 이산화탄소 포집기(Carbon Dioxide Catcher)

8 손목형 심전도 측정기(An ECG on Your Wrist)

9 하수도 없는 화장실(Sanitation without Sewer)

10 자연스러운 대화 가능한 AI 비서(Smooth-talking AI Assistants)

III. 유용 생물자원의 DB화 및 보존

정보화시대를 맞이하여 어느 분야를 막론하고 필요한 정보의 보유와 이용은 생산성이나 경쟁력과 밀접한 관계를 갖고 있다. 과학기술의 발달과 정보화가 신속한 시대에 필요 정보의 보유와 이용은 생물자원 산업화의 생산성이나 경쟁력과 밀접한 관계가 있다. 유용한 생물자원은 지역에 따라 제한적이고 희소하기 때문에 지금 선진국에서는 이들을 대상으로 소리 없는 전쟁을 벌이고 있다. 관건은 생명자원 개발에 얼마나 많은 관심을 기울이고 투자를 하느냐에 따라 결정될 것이다.

지구상에는 현재 약 2000여만 종이 살고 있을 것으로 추정하며, 약 170만 종정도의 생물이 분류되어 있는 상태이다. 170만종 이라는 생물자원의 수치는 지구 생물 전체에서 보면 대략 5% 정도에 지나지 않으나 매우 다양하게 이루어져 있다. 생물의 다양성은 진화에 의한 발전의 결과로 생긴 것으로 생물종 및 유전자의 다양성뿐만 아니라 생물서식처의 다양성도 포함한다. 이들 다양성의 보전방법 중 하나는 생물종의 종자나 유전자를 유전자은행에 보관하는 방법으로 선진국들이 오래 전부터 많은 투자를 해온 분야이다. 이들 선진국들은 자국뿐만 아니라 후진국의 생물자원도 많이 확보하고 있다. 유용한 생물자원의 DB화 및 연구개발, 보존이 적

극 추진되고 있는 영역을 전문가들이 밝힌 여러 분야에서 그 사례들을 찾아 열거해 본다면,

- 기초생명과학 분야(뇌신경과학, 기초의과학, 신호전달기전, 줄기세포연구..)
- 융합생명공학 분야(유전체연구, 나노바이오텍, 생체모방기술, 유전체기반 신약연구..)
- 보건의료 생명공학 분야(의료생체공학기술/바이오신약개발, 생체기능 분자생물학적 연구..)
- 농축산 및 식품생명공학 분야(GMO 작물개발, 가축복제기술 확립과 안전성 연구..)
- 해양생명공학 분야(해양생물유래 신소재 산업화기술, 해양생명공학 핵심기반기술..)
- 환경생명공학 분야(환경감시, 평가관리/정보화기술 개발, 오염예방기술 개발..)
- 제조/생물공정 분야(미생물발효/효소이용 공정개발, 친환경 생물공정개발..)
- 생물정보 분야(생물정보체계 활용연구, 산업활동 연관기술 및 제품개발..)

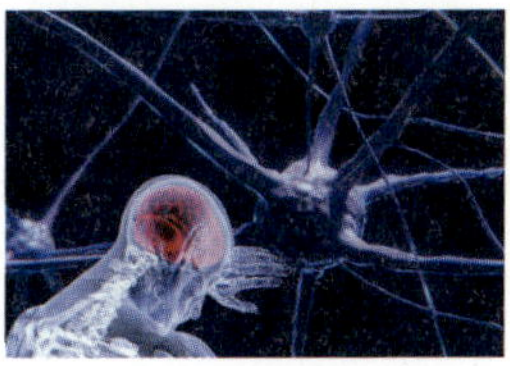
그림 12-8 뇌_신경

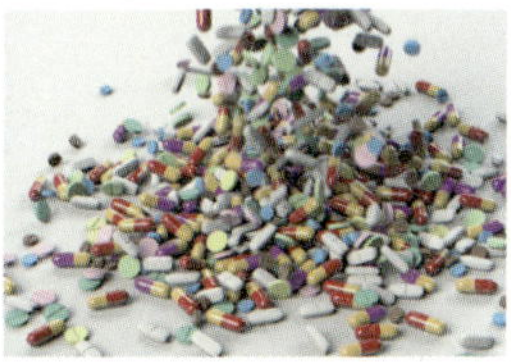
그림 12-9 신약개발

그림 12-10 생체모방기술

IV. 생물자원과 더불어 사는 인간

다양한 생물자원은 지구에서 인간생활을 가능케 하는데, 이들에 의해 우리는 의식주 해결은 물론 사회문화적 자원가치도 함께 누린다. 생물다양성의 구성요소는 식물, 동물, 미생물 등 각각의 수준에서 다양하게 긍정

적인 영향력을 행사한다. 이러한 자원들이 사라지는 속도가 빨라지고 있다하여 걱정이 되고 있다. 연구에 따르면 지금도 국지적 분포를 하는 종들이 생각하는 것보다 많이 그리고 빠르게 지질시대의 1000배 속도 멸종되고 있다고 한다. 하지만 다양성의 환경오염/서식지 파괴/기후변화.. 파괴 원인이 인간에게서 비롯된다면... 인류는 자연에 갚지 못할 큰 빚을 지는 것이다.

그림 12-11 열대우림

생물다양성 유지는 생물자원 보호와 직결되어 있다. 이 가운데 인간에 의한 서식지 파괴는 생물종들이 줄어드는 큰 원인으로 대표적인 예는 열대우림이 사라져가는 경우에서 볼 수 있다. 세계에 알려진 의약품의 약 25%는 열대우림에 서식하는 식물에서 온 것으로 열대우림은 지표면의 ~6% 극히 일부지만, 세계에 서식하는 지상식물 ~80% 대부분의 자생지이다. 토지개발 명목으로 많은 동물과 식물이 사라지고 있으며, 연간 1% 삼림 손실 → 수천 종 생물멸종이 추정되고 있다. 식물은 말할 것도 없고 동물도 수난을 맞고 있다. 각종 개발로 인한 서식지 파괴, 환경오염 등으로 역경을 겪고 있으며, 심지어 2015년/Science Adventure 국제학술지에는 지구상에 있는 동물의 멸종속도가 지난 세기보다 110배나 빨라졌다는 암울한 연구 결과가 실리기도 했다.

인간은 오랫동안 다른 생물과 밀접한 관계를 맺으면서 살아왔다. 현대 산업문명이 발달하면서 생물은 자원으로서의 경제가치적 측면이 특히 강조되어, 실제로 생물의 경제적 가치는 엄청나게 증대하였다. 주요 곡물들의 야생종은 기술력 접목 → 多수확량/병충해 강한 우량 품종개발에 이용

그림 12-12 토지개발

→ 식량증산에 절대적인 역할을 해왔다. 의약품 개발에 있어서도 생물자원의 야생종 개발은 매우 중요하며 수많은 약품/고무/염료/유지/살충제/효소.. 산업제품이 야생생물에서 추출한 원료로 만들어진다. 이와 함께 최근 BT를 포함한 첨단과학의 발달은 생물자원의 경제적 가치를 고부가로 한층 더 높여 주고 있다. 이처럼 다양한 생물은 순수 생명과학에서 뿐만 아니라 응용의 생명공학 분야에서 꼭 필요한 자원이자 정보이다. 그러므로 이런 생물종들의 진정한 가치가 파악되기도 전에 지구상에서 사라지는 것을 방치해서는 안 될 것이다. 인간은 생물자원과 더불어 살고 있음을 잠시도 잊어서는 안 되는 이유를 우리와 항상 함께 하는 식물 고유의 기능을 예로 들어 그 중요성을 상기하고자 한다.

무심코 보는 자연현상 가운데 지구나 인간에게 가장 중요한 것 중의 하나는 식물의 광합성이라고 할 수 있다. 이산화탄소, 물, 햇빛을 원료로 에너지원 당을 만들고, 산소를 공기 중으로 발산하는 이

그림 12-13 광합성

그림 12-14 엽록소

과정은 실제론 인간이 따라 하기에 거의 불가능한 비밀들이 숨어 있다. 식물세포 내 엽록체에서 $CO_2 + H_2O \rightarrow$ 빛에너지 햇빛 $\rightarrow$ 포도당 $C_6H_{12}O_6 + O_2$ 과정이 일어난다. 간단해 보이는 과정이지만 실은 복잡한 반응들로 이루어져 있는데, 식물은 불과 몇 초 만에 보통 온도/기압.. 조건에서는 일어나기 어려운 과정을 아주 쉽게 처리한다. 가장 핵심적인 반응은 수조 분의 1초 찰나의 순간에 일어난다! 광합성에서는 태양 빛에너지를 이용해 물(H_2O)에서 산소(O_2)를 떼어내는 반응이 가장 중요한 물의 光분해 과정으로 현재의 기술로는 물을 수 천도까지 가열해야만 가능하다. 우리가 숨 쉬는 공기 중 산소의 ~20% 일부는 이런 과정을 거쳐 만들어진 것으로 자연은 이 작업을 아무것도 아닌 것처럼 소리 없이 해낸다.

자연이 우리에게 대가를 요구하지 않고 묵묵히 수행하는 이런 자연현상을 증명하는 계기는 20세기말, 인공적으로 조성된 인공생태계 실험에서 왔다. 1991~1993년 미국 애리조나 주 사막에서 외부와 완전히 차단되도록 설계된 'Biosphere 2 바이오스피어 2' 실험에서는 2억 달러의 경비를 쓰고도 실험참가자 8명에게 충분한 산소를 공급하지 못하는 결과가 나왔다. 아이러니하게도 그의 모델이던 지구는 매일 76억 명에게 끊임없이 산소를 아무 대가 없이 공급한다. 지구에 있는 생물자원이 인류에게 제공하는 경제적 가치는 연간 ~39조 달러 세계 총생산에 맞먹는다는 연구결과도 있다. 하지만 우리는 이렇게 소중한 자연의 기능에 평소 큰 고마움을 못 느끼며 살고 있는 것 같다.

※ 바이오스피어 2: 1987년~1989년 공사되어 실험은 1991년 9월~1993년 9월까지 진행되었다. 인공생태계 실험장으로 지구와 비슷한 환경을 갖도록 햇빛이 들어올 수 있는 유리 천장의 ~1.25ha/열대우림+사바나+습지+바다+사막+농경지 자연생태계가 조성되었다. 8명이 외부와는 완전히 격리되어 일체의 교환 활동이 없는 자급

자족의 형태로 생활하였다. 내부에 심어진 3천여 종의 생물 중에는 아마존 식물 300종, 카리브해 산호초, 다양한 척추동물들이 포함되어 있었다.

생물자원에 접목되는 바이오기술은 4차 산업혁명시대의 핵심기술이 되면서 계속 발전하여 우리에게 새로운 결과물들을 제공할 것처럼 보인다. 하지만, 너무 과용하면 오히려 그 괴력을 비용을 들이며 기술적/사회적으로 관리해야만 하는 부담스러운 상황에 맞닥뜨릴 수 있음을 알아야 한다. 지구상에 현존하는 생물자원들은 30억년 이상의 진화과정을 통해 효율적으로 살아남는 방법을 터득하며 이어져오고 있다. 지속가능한 발전을 추구하는 인류는 과학기술이 세상을 바꾸는 방향으로 최첨단으로 발전한다 하더라도 자연을 스승으로 삼고 그 특징을 잘 알고 응용할 수 있어야 한다. 생물의 구조와 기능을 산업적으로 모방하는 생체모방, 공학기술, 나노-바이오, BT-NT-IT 등의 융복합에서도 자연계의 구성과 원리는 새로운 가능성으로 다가오고 있다. 오랜 기간 축적되어 이어져오고 있는 자연의 지혜로부터 배워야 할 것은 무궁무진하다. 우리 주위에 함께 있는 다양한 생물자원의 중요성을 인식하고 현명하게 이용하고 보존하여 더불어 살고 있는 협조적 관계를 항상 기억해야 할 것이다.

그림 12-15 논_테라스

끝 맺음말

21세기 생물자원의 중요성은 4차 산업혁명에서 생명산업분야의 급속한 발달과 이에 따른 생물자원의 고부가가치와 무한한 이용가능성으로 한층 더 부각되고 있다. 세계 각국은 생물자원의 탐색, 보존, 개발, 응용으로 산업화, 정보화 그리고 인류의 건강증진 및 생활향상에서 선두주자 역할에 목적을 두고 온 힘을 다하고 있다. 우리나라 또한 선진국 못지않게 생물자원의 이용가능성이 매우 큰 편이다. 본 저서에서는 우리 생물자원의 이러한 점을 부각시키며 현재의 상황을 살펴보고 미래를 전망해보았다.

'미래를 여는 **21세기 생물자원**'에서는 여러 분야에서 우리에게 잘 알려진 생물자원의 실질적인 활용과 응용, 파급효과 그리고 그들이 지닌 많은 잠재적 가치 및 중요성, 생물자원에 대한 우리 인식전환의 필요성에 초점을 두어 저술하였다. 이를 위해 전체 내용을 크게 Part I, Part II 2부분으로 나누어 21세기 생물자원의 효율적인 활용 및 개발, 현명한 보존, 전망 등 그 유기적인 관계를 쉽게 이해할 수 있도록 체계적으로 전개하였다.

21세기 생명과학은 매우 빠른 속도로 발전하고 있으며, 사회가 변해가면서 생명과학의 사회적 역할과 요구도 빠르게 변해가고 있다. '미래를 여는 **21세기 생물자원**'은 급변하는 현대과학과 기술의 이해를 위해 그 내용을 동물, 식물, 곤충, 미생물자원으로 대별하고, 4차 산업혁명시대에 부합하는 과학적 · 융합적인 사고를 유도하는 참신한 12개 주제들을 선별하였다. 기본적인 생물자원을 다룬 전반부와 달리 후반부에서는 특히, 4차 산업혁명의 핵심 주제인 BT-NT-IT 기술 융합형 생물자원, 신기술의 활용 및 개발, 신기술 접목으로 다양한 고부가가치 생물자원의 향후 전망과 21C 비전 등을 강조하였다. 이를 통해 과학과 기술융합에 대한 유연한 사고력과 생물자원의 중요성을 인지하며, 사회적 변화요구에 적극 대응하는 21세기형 능동적 역량 함양에 일조할 수 있도록 그 목표를 두었다.

• Part I: '미래를 여는 **21세기 생물자원**'의 기본이 되는 내용의 8개 주제로 [1] 생물자원과 인간생활, [2] 미생물자원의 활용, [3] 곤충자원의 중요성, [4] 식물자원의 가치, [5] 유용 버섯자원, [6] 실험동물자원이야기를 설명하였다. 이어 거시적인 차원으로 [7] 해양생물자원, [8] 갯벌생물자원에서는 바다와 갯벌에서 오는 생물자원의 무한한 가치를 다루었다.

• Part II: 생물자원의 응용 및 기능성이 강조된 최신의 정보를 담은 4개 주제들이 유기적으로 흥미롭게 이어져 [9] 신종생물자원의 비밀, [10] 세상을 바꾸는 첨단 바이오산업, [11] 인류를 바꾸는 21세기 BT & 생물자원이 색다르게 전개되었다. 끝부분 [12] 4차 산업혁명과 생물자원의 미래에서는 '인류와 생물자원 The Next 20 Years!'를 내세우며 인류와 함께 하는 4차 산업혁명시대의 생물자원과 이들의 현명한 개발과 보존방법 등을 제안하였다.

생물자원의 효율적인 응용은 그 나라의 경쟁력 제고에 큰 의미가 부여되는 시대가 되었고, 새로운 가치의 창조성 경쟁으로 그 시너지효과는 엄청난 파급효과를 지닌다. 4차 산업혁명으로 급변하는 21세기 첨단과학기술의 시대를 살고 있는 현대인들에게 생물자원이 지닌 잠재력 및 활용성의 이해는 우리 앞에 성큼 다가온 미래사회 메가트렌드에 대한 능동적인 대비 능력 함양에 많은 도움을 줄 것이다.

새로운 혜안으로 다룬 12개 주제를 접한 뒤에는 자연으로부터의 생물자원의 지혜에서 얻은 활용성 및 그 잠재력에 대해 상당한 지식을 갖게 될 것이다. 이는 다시 다양한 생물자원이 신개념 산업을 창조할 수 있는 근간이 될 수 있다는 사고(思考)로 이어지고 새로운 21세기 디지털시대에서 경쟁력을 키워 나갈 수 있는 비전을 갖게 될 것이다. 신개념 창조성 경쟁으로 특징 지워지는 4차 산업혁명시대에 진입한 우리나라 산업분야에 있어서도 이들이 가지는 의미를 다시 생각할 수 있게 해 줄 것으로 믿어 의심치 않는다.

참고 문헌

갯벌에서 심해까지, 손민호 저, 2015, 아카데미서적

고부가가치 산업화를 위한 인삼산업 발전전략, 전창곤, 2013, 한국농촌경제연구원

과학기술 용어집, 한국과학기술한림원, 1998, 아카데미서적

과학의 발전과 항암제의 역사, 김규원 외 3인 저, 2015, 범문에듀케이션

기초생리학, 조양혁 외 4인 저, 2011, 범문에듀케이션

기후 변화와 해양생태계, 공영 외 3인 저, 2010, 아카데미서적

면역학, 제 4판, 진종률 외 6인 옮김, 2016, 라이프사이언스

미생물학, 제 9판, 김영민 외 11인, 2016, 라이프사이언스

미생물의 도전, 권명희 외 4인 옮김, 2017, 라이프사이언스

바이오기술의 세계화를 위하여, 김성진, 2019, 지식과 감성

Biodiversity: 국내 곤충자원 보존 및 DB 구축·활용, 안승락, 2002, Journal of Scientific & Technological Knowledge Infrastructure, 10: 50-55

산업미생물학, 2015 방원기 옮김, 라이프사이언스

생리학, 제 14판, 박인국 옮김, 2016, 라이프사이언스

생명공학의 세계, 방원기 옮김, 2018, 라이프사이언스

생명과학: 개념과 현상의 이해, 김명원 외 10인, 2018, 라이프사이언스

생명과학대사전, 강영희 저, 2008, 아카데미서적

생물과 독, 김인선, 2018, 계명대학교 출판부

생물다양성 국내외 현황 및 전망, 안부영, 박형선, 2002, Journal of Scientific & Technological Knowledge Infrastructure, 10: 12-25

생물학사전, 강신성 외 2인 역, 2017, 아카데미서적

생체모방기술, 김인선, 2017, 계명대학교 출판부

쉽게 찾는 한국식물명집, 양금철 외 2인, 2005, 라이프사이언스

식물과웰빙, 김인선, 2016, 계명대학교 출판부

식물민속박물지, 최영전 저, 2012, 아카데미서적

식물의 세계: 우리는 식물에 대해 얼마나 알고 있는가?, 권상환, 2001, 아카데미서적

약용식물 효능 어디까지인가?, 강해묵 옮김, 2015, 라이프사이언스

약의 역사, 김규원 저, 2017, 범문에듀케이션

유기농업 및 생산기준, 전현식 지음, 2016, 라이프사이언스

유용 생물자원으로서 실험동물의 DB 구축 및 활용, 현병화, 2002, Journal of Scientific & Technological Knowledge Infrastructure, 10: 60-63

의학유전학, 박선화 저, 2017, 범문에듀케이션

자생식물 생태도감, 경상북도환경연수원, 2010, 금강애드

종합 약용식물학, 한국 약용식물학 연구회 저, 2006, 학창사

지식정보인프라, 2002, 21C 생명공학 기술·산업 비전: 생명공학 육성 기본 단계, Journal of Scientific & Technological Knowledge Infrastructure, 10: 126-139

천연물 이용학, 한승관 외 2인 공역, 2006, 월드사이언스

KISTI 생물다양성 DB 구축현황, 안부영, 2002, Journal of Scientific & Technological Knowledge Infrastructure, 10: 26-49

파워푸드 슈퍼 푸드, 박명윤 외 2인, 2010, 푸른행복

필수생물학, 정종우 외 공역, 2019, 범문에듀케이션

한국 고등식물 정보 DB 구축 및 운영체계, 이상태, 2002, Journal of Scientific & Technological Knowledge Infrastructure, 10: 70-75

한국 식물생태보감 1, 주변에서 늘 만나는 식물, 김종원, 2016, 자연과생태

한국 식물생태보감 2, 풀밭에 사는 식물, 김종원, 2016, 자연과생태

한국 식물종자도감, 김주환 외 2인 저, 2011, 아카데미서적

한국 어류 DB 구축 및 운영체계, 이태원, 2002, J Scientific & Technological Knowledge Infrastructure, 10: 56-59

한국의 자원식물 I, II, III, IV, V, 김태정, 20086, 서울대학교 출판부

한약재감별도감, 김창민 외 4인 저, 2014, 아카데미서적

해양생물 유전자은행 구축 및 운영 체계, 이홍금, 2002, Journal of Scientific & Technological Knowledge Infrastructure, 10: 70-75

해양생물의 독, 전중균, 2017, 라이프사이언스

인터넷 사이트

• 거머리
http://ecotopia.hani.co.kr/451443
http://www.segye.com/newsView/20110710002137
http://health.chosun.com/site/data/html_dir/2018/01/30/2018013001154.html
http://health.chosun.com/site/data/html_dir/2016/10/25/2016102501075.html
https://m.post.naver.com/viewer/postView.nhn?volumeNo=13826189&memberNo=38419283&vType=VERTICAL
- 거머린
http://www.ndsl.kr/ndsl/commons/util/ndslOriginalView.do?dbt=TRKO&cn=TRKO201300001646&rn=&url=&pageCode=PG18
- 히루딘
https://ko.wikipedia.org/wiki/%ED%9E%88%EB%A3%A8%EB%94%98

• 갯벌 관련
https://julpoman.buan.go.kr/home/page/tide_value.asp
http://www.asiatoday.co.kr/view.php?key=20171221010011172
http://www.aflnews.co.kr/news/articleView.html?idxno=128908
http://www.sisunnews.co.kr/news/articleView.html?idxno=81423
http://www.namdonews.com/news/articleView.html?idxno=476760
http://www.hankookilbo.com/v/299c85df14664c0cb618e9effea2fb04
http://www.greenpostkorea.co.kr/news/articleView.html?idxno=65190
https://terms.naver.com/entry.nhn?docId=2441362&cid=51647&categoryId=51647
https://terms.naver.com/entry.nhn?docId=2060837&cid=47334&categoryId=47334
http://news20.busan.com/controller/newsController.jsp?newsId=20180319000308
https://terms.naver.com/entry.nhn?docId=1058019&cid=40942&categoryId=31882
http://www.newsis.com/view/?id=NISX20180611_0000333101&cID=10807&pID=10800
http://kin.naver.com/qna/detail.nhn?d1id=13&dirId=130102&docId=131348680&qb=6rCv67KM7JeQIOuMgO2VmOyX
https://kin.naver.com/qna/detail.nhn?d1id=9&dirId=90105&docId=204728942&qb=66eI7KeA66eJIOqwr+uyjCDrp6Trpr0=&enc=utf8&section=kin&rank=1&search_sort=0&spq=0&pid=UKzTCsp0J1sss7xVy7Gssssscw-468751&sid=A7i0YQshzMZcyw2SOfe%2ByQ%3D%3D
- 갯벌 면적
http://news.kbs.co.kr/news/view.do?ncd=4006249&ref=A
http://www.hani.co.kr/arti/society/environment/666840.html
http://www.jeollailbo.com/news/articleView.html? idxno=532178
https://www.mof.go.kr/statPortal/bbs/report/view.do?ntt_id=155&pageIndex=&searchType=&searchQuery=
- 갯벌의 생태계
https://terms.naver.com/entry.nhn?docId=1023067&cid=47316&categoryId=47316
- 갯벌의 정화작용, 우리나라의 갯벌 생물들
https://julpoman.buan.go.kr/home/page/tide_value.asp
- 갯벌 자연재해 조절
https://terms.naver.com/entry.nhn?docId=958581&cid=47312&categoryId=47312

- 서해안 패류 생산량
http://www.yonhapnews.co.kr/bulletin/2018/06/11/0200000000AKR20180611066300063.HTML?input=1195m
- 시화방조제
https://terms.naver.com/entry.nhn?docId=2605034&cid=51885&categoryId=53487
https://terms.naver.com/entry.nhn?docId=1165677&cid=40942&categoryId=32342

• 건강기능식품
http://www.kfdn.co.kr/31201
https://cafe.naver.com/biofinder/6346
http://www.foodnews.co.kr/news/articleView.html? idxno=68467
http://www.futurekorea.co.kr/news/articleView.html?idxno=105797

• 고감도 자기센서
http://www.joongboo.com/?mod=news&act=articleView&idxno=1217843

• 곤충 관련
- 곤충 항생물질
http://urinews.org/2411
- 곤충자원 관련
http://www.bosa.co.kr/news/articleView.html?idxno=2073888
http://www.kbr.go.kr/content/view.do?menuKey= 476&contentKey=49
http://www.kbr.go.kr/content/view.do?menuKey= 477&contentKey=50
http://www.imaeil.com/sub_news/sub_news_view.php?news_id=15344&yy=2018
- 곤충자원 기사
https://blog.naver.com/8128kys/221164731402
http://www.nature.go.kr/kbi/insct/resrc/KBI_2002_ 040100.do
http://www.knnews.co.kr/news/articleView.php? idxno=1244473
http://www.gukjenews.com/news/articleView.html? idxno=353498
http://moneys.mt.co.kr/news/mwView.php?type=1&no=2018020807598037982&outlink=1
- 미래 곤충자원
https://doshin38.blog.me/80200870759
https://blog.naver.com/scienceall1/220765195017
http://jmagazine.joins.com/monthly/view/284745
http://www.sciencetimes.co.kr/?news=%EA%B1%B0%EB%AF%B8-%EA%B0%90%EA%B0%B0%81%EA%B8%B0%EA%B4%80-%EB%AA%A8%EB%B0%B0%A9%ED%95%9C-%EC%B4%88%EA%B3%A0%EA%B0%90%EB%8F%84-%EC%84%BC%EC%\84%\84%9C-%EA%B0%9C%EB%B0%9C
http://www.nongsaro.go.kr/portal/ps/psb/psbk/kidofcomdtyDtl.ps?pageIndex=1&pageSize=10&menuId=PS00067&sText=&sStdPrdlstCode=IN0342WX&sStdTchnlgyCode=GG01&sRdaStdPrdlstCode=IN&sRdaStdTchnlgyCode=&kidofcomdtyNo=21823&sOldDtShowAt=N&sKeyword=&sNameOrderAt=Y&sSearchText=&sSearchTextM=)
- 곤충 매개 질병
http://www.yonhapnews.co.kr/bulletin/2018/05/02/0200000000AKR20180502148500009.HTML?input=1195m
- 곤충모방
http://science.ytn.co.kr/program/program_view.php?s_mcd=0082&s_hcd=&key= 201709071105599689
- 곤충세포 백신
http://www.bosa.co.kr/news/articleView.html?idxno =2073888
- 곤충산업
http://blog.daum.net/ccw01073/258

http://www.sedaily.com/NewsView/1RYE5WS6YW
http://www.fnnews.com/news/201608110818584124
http://news.naver.com/main/read.nhn?mode=LSD&mid=sec&sid1=102&oid=143&aid=0000008767
- 식용 곤충
http://bizn.donga.com/3/all/20180405/89479093/2
http://biz.newdaily.co.kr/news/article.html?no=1016 0192
- 곤충 총 수
https://www.biozoa.co.kr/%EA%B3%A4%EC%B6%A9%E6%98%86%E8%9F%B2/

• 곰팡이
http://root.kr/110180783715
http://dl.dongascience.com/magazine/view/S200109 N040
http://kbr.go.kr/content/view.do?menuKey=477& contentKey=50
http://www.seoul.co.kr/news/newsView.php?id= 20170926029006&wlog_tag3=naver

• 국가나노기술지도
http://www.edaily.co.kr/news/news_detail.asp?newsId=03211126619272880&mediaCodeNo=257&OutLnkChk=Y

• 꿀벌 산물
- 벌꿀
https://academic.naver.com/article.naver?doc_id=97269863
https://terms.naver.com/entry.nhn?docId=532291&cid=46672&categoryId=46672
https://terms.naver.com/entry.nhn?docId=293876&cid=48180&categoryId=48258
https://terms.naver.com/entry.nhn?docId=1100735&cid=40942&categoryId=32114
- 벌독
http://www.sedaily.com/NewsView/1RYA32MPGN
https://terms.naver.com/entry.nhn?docId=1103403&cid=40942&categoryId=32313
- 벌 화분
http://medicalreport.kr/news/view/47176
https://blog.naver.com/hawwah0117/90013695486
http://www.ajunews.com/view/20170517124454938
- 로열젤리
https://terms.naver.com/entry.nhn?docId=777166&cid=48184&categoryId=48184
- 프로폴리스
http://www.koreadaily.com/news/read.asp?art_id=6176493
https://terms.naver.com/entry.nhn?docId=777201&cid=42776&categoryId=42783
https://terms.naver.com/entry.nhn?docId=1224710&cid=40942&categoryId=32313

• 균근
https://terms.naver.com/entry.nhn?docId=2699089&cid=51610&categoryId=51610

• 기능성 물질
- 라이코펜
https://terms.naver.com/entry.nhn?docId=1089793&cid=40942&categoryId=32282
- 베타글루칸
https://terms.naver.com/entry.nhn?docId=1256075&cid=40942&categoryId=32282
- 베타카로틴
https://terms.naver.com/entry.nhn?docId=777173&cid=42776&categoryId=42783

https://terms.naver.com/entry.nhn?docId=1591130&cid=50314&categoryId=50314
- 불포화지방산
https://terms.naver.com/entry.nhn?docId=427889&cid=42411&categoryId=42411
- 비타민E
https://terms.naver.com/entry.nhn?docId=777212&cid=42776&categoryId=42783
https://m.post.naver.com/viewer/postView.nhn?volumeNo=8415261&memberNo=7793665&vType=VERTICAL
- 식이성 섬유
https://terms.naver.com/entry.nhn?docId=332793&cid=42411&categoryId=42411
https://terms.naver.com/entry.nhn?docId=332793&cid=60261&categoryId=60261
- 안토시아닌
https://terms.naver.com/entry.nhn?docId=295171&cid=42412&categoryId=42412
https://ko.wikipedia.org/wiki/%EC%95%88%ED%86%A0%EC%8B%9C%EC%95%84%EB%8B%8C
- 올리고당
https://terms.naver.com/entry.nhn?docId=295748&cid=42412&categoryId=42412
https://terms.naver.com/entry.nhn?docId=777197&cid=42776&categoryId=42783
- 타우린
https://terms.naver.com/entry.nhn?docId=1166613&cid=40942&categoryId=32315
- 기능성 식품
http://www.newskr.kr/news/articleView.html?idxno =13305
https://terms.naver.com/entry.nhn?docId=1070737&cid=40942&categoryId=32098
- 기넥신
https://blog.naver.com/zeloskim/40066377942
http://www.viva100.com/main/view.php?key=20170331020019503
http://terms.naver.com/entry.nhn?docId=2141158&cid=51000&categoryId=51000
- 기초식품군
https://terms.naver.com/entry.nhn?docId=1071555&cid=40942&categoryId=32098

• 곰팡이
https://terms.naver.com/entry.nhn?docId=523446&cid=46640&categoryId=46640

• 균근
https://terms.naver.com/entry.nhn?docId=2699089&cid=51610&categoryId=51610

• 나노기술 관련
http://dicagallery.com/220866039599
http://www.etnews.com/20180617000040
http://www.etnews.com/20180720000226
http://medicalreport.kr/news/view/48433
https://lionixglobal.blog.me/221199605155
http://research-paper.co.kr/news/view/48345
http://www.ajunews.com/view/20180423112649991
https://blog.naver.com/graphenesq7/220799538346
http://www.newspim.com/news/view/20180715000002
http://www.siminsori.com/news/articleView.html? idxno=202468
http://www.dailysecu.com/?mod=news&act=articleView&idxno=35273
http://www.breaknews.com/sub_read.html?uid= 589972&section=sc11
http://news.chosun.com/site/data/html_dir/2016/11/ 27/2016112700096.html
http://www.newsis.com/view/?id=NISX20171123_0000157238&cID=10807&pID=10800

- 나노구조
http://www.siminsori.com/news/articleView.html?idxno=202468
- 나노기술 TOP 10
http://dicagallery.com/220866039599
http://www.etnews.com/20181122000202
- 나노카메라
http://medicalreport.kr/news/view/47109

• 녹조현상
https://blog.naver.com/keiti_sns/221256449244
https://terms.naver.com/entry.nhn?docId=1222639&cid=40942&categoryId=32300
http://www.ohmynews.com/NWS_Web/View/at_pg.aspx?CNTN_CD=A0002441221&CMPT_CD=P0010&
utm_source=naver&utm_medium=newsearch&utm_campaign=naver_news

• 농약
https://www.nongmin.com/opinion/OPP/STL/288137/view
http://www.pressian.com/news/article.html?no=167037&ref=nav_search
- 네오니코티노이드
https://www.nongmin.com/news/NEWS/ECO/WLD/290601/view

• 누에 관련
- 누에그라
http://dongascience.donga.com/news.php?idx=- 58538
- 누에와 산물
https://blog.naver.com/hang147/221194784239
http://www.asiatoday.co.kr/view.php?key=20180312010005515
http://www.palnews.co.kr/news/articleView.html?idxno=69042
https://terms.naver.com/entry.nhn?docId=1225508&cid=40942&categoryId=32811
https://terms.naver.com/entry.nhn?docId=3345475&cid=42526&categoryId=58179

• 단백질체학
https://blog.naver.com/ling1134/70177721331
http://www.seoul.co.kr/news/newsView.php?id= 20180307024005&wlog_tag3=naver

• 동물 줄기세포
http://www.palnews.co.kr/news/articleView.html? idxno=98478

• 드론
http://www.zdnet.co.kr/news/news_view.asp?artice_id=20170925064552&type =det&re=

• DNA 컴퓨터
https://mnews.imaeil.com/Life/2018070518041438527
http://www.hankookilbo.com/v/1e5635fe317c40f2b470e6fa74434964
https://m.terms.naver.com/entry.nhn?docId=74481&cid=43667&categoryId=43667

• 람사르 협약
https://terms.naver.com/entry.nhn?docId=931844&cid=43667&categoryId=43667

• 마이크로바이옴
http://www.monews.co.kr/news/articleView.html? idxno=114241
https://terms.naver.com/search.nhn?query=%EB%A7%88%EC%9D%B4%ED%81%AC%EB%A1%9C%EB%B0%94%EC%9D%B4%EC%98%B4&searchType=&dicType=&subject=

• 막스플랑크연구소
https://ko.wikipedia.org/wiki/%EB%A7%89%EC%8A%A4_%ED%94%8C%EB%9E%91%ED%81%AC_%ED%98%91%ED%9A%8C

• 미생물 관련
http://blog.daum.net/soyeonkoo12/80
https://blog.naver.com/more8080/134685652
https://blog.naver.com/choigo0327/221088164004
http://www.mdtoday.co.kr/mdtoday/index.html?no= 71928
http://www.greened.kr/news/articleView.html? idxno=32393
http://www.hani.co.kr/arti/society/environment/ 266424.html
http://news.hankyung.com/health/article?aid=2018 032048741
http://www.anewsa.com/detail.php?number=1252929&thread=09r06
http://terms.naver.com/entry.nhn?docId=3552691&cid=42526&categoryId=58589
- 미생물발효
http://news.heraldcorp.com/view.php?ud=20180129000558
- 미생물자원
https://blog.naver.com/nibr_bio/221035772566
http://www.greenpostkorea.co.kr/news/articleView.html?idxno=82012
http://www.yonhapnews.co.kr/bulletin/2018/01/16/0200000000AKR20180116075400017.HTML?input= 1195m
- 미생물 활용
http://ilyo.co.kr/?ac=article_view&entry_id=280568
http://www.jeonmin.co.kr/news/articleView.html? idxno=184575
http://www.cctimes.kr/news/articleView.html? idxno =512809#08W8
http://www.korea.kr/policy/pressReleaseView.do?newsId=156166348
http://news20.busan.com/controller/newsController.jsp?newsId=20180516000347
https://terms.naver.com/entry.nhn?docId=3570913&cid=58943&categoryId=58964
- 효모
http://www.bosa.co.kr/news/articleView.html?idxno =2096701
https://terms.naver.com/entry.nhn?docId=777207&cid=42776&categoryId=42783
https://terms.naver.com/entry.nhn?docId=1156035&cid=40942&categoryId=32330

• 물새 서식지
https://julpoman.buan.go.kr/home/page/tide_value.asp

• 바이러스 관련
- 메르스
https://terms.naver.com/entry.nhn?docId=2784037&cid=51007&categoryId=51007
- 사스
https://terms.naver.com/entry.nhn?docId=14743&cid=43659&categoryId=43659
- 신종인플루엔자
https://terms.naver.com/entry.nhn?docId=1304281&cid=40942&categoryId=32799
https://terms.naver.com/entry.nhn?docId=927016&cid=51007&categoryId=51007
- 에볼라바이러스
http://news1.kr/articles/?3320859
https://terms.naver.com/entry.nhn?docId=1167086&cid=40942&categoryId=32332
https://ko.wikipedia.org/wiki/%EC%97%90%EB%B3%BC%EB%9D%BC_%EC%B6%9C%ED%98%88%EC%97%B4

https://ko.wikipedia.org/wiki/%EC%84%9C%EC%95%84%ED%94%84%EB%A6%AC%EC%B9%B4_%EC%97%90%EB%B3%BC%EB%9D%BC_%EC%9C%A0%ED%96%89
- 에이즈
https://terms.naver.com/entry.nhn?docId=70303&cid=43667&categoryId=43667
https://terms.naver.com/entry.nhn?docId=1846186&cid=43114&categoryId=43114
- 조류독감
https://isensor.blog.me/20000782025
- 지카바이러스
https://terms.naver.com/entry.nhn?docId=3472851&cid=42411&categoryId=42411
- 바이러스 역사
http://terms.naver.com/entry.nhn?docId=1186017&cid=40942&categoryId=32332
http://egloos.zum.com/medwon/v/3017736
- 박테리오파지
https://blog.naver.com/sanigen?Redirect=Log&logNo=221359040454
https://terms.naver.com/entry.nhn?docId=3572923&cid=58943&categoryId=58966

• 바이오기술
https://if-blog.tistory.com/7956
https://blog.naver.com/ipet1002/220720485662
https://blog.naver.com/chagroup/221222331324
http://www.medigatenews.com/news/2612668601
http://aict.snu.ac.kr/?p=59&viewMode=view&idx=9357
http://100.daum.net/encyclopedia/view/24XXXXX15430
http://www.newskr.kr/news/articleView.html?idxno =8143
http://www.fntoday.co.kr/news/articleView.html?idxno=162536
http://www.siminsori.com/news/articleView.html? idxno=202311
https://terms.naver.com/entry.nhn?docId=777154&cid=42776&categoryId=42783
https://terms.naver.com/entry.nhn?docId=941788&cid=47339&categoryId=47339
https://terms.naver.com/entry.nhn?docId=2098142&cid=44414&categoryId=44414
https://terms.naver.com/entry.nhn?docId=3586696&cid=59277&categoryId=59278
https://news.naver.com/main/read.nhn?mode=LSD&mid=sec&sid1=105&oid=029&aid=0
- 세포융합기술
https://terms.naver.com/entry.nhn?docId=923317&cid=47326&categoryId=47326
- 핵치환기술
https://terms.naver.com/entry.nhn?docId=1162287&cid=40942&categoryId=32308
http://www.seoul.co.kr/news/newsView.php?id= 20180126025024&wlog_tag3=naver

• 바이오리칭
http://www.retech-platform.or.kr/tech.aspx?where= view&techid=72134&gubun=5
• 바이오산업 관련
https://blog.naver.com/corazon27/221093655386
- 바이오산업 시장규모
http://www.mediajeju.com/news/articleView.html? idxno=305252

• 바이오셀룰로오스
http://woman.donga.com/3/all/12/1591459/1
http://www.thescoop.co.kr/news/articleView.html? idxno=26176

• 바이오스피어
https://ko.wikipedia.org/wiki/%EB%B0%94%EC%9D%B4%EC%98%A4%EC%8A%A4%ED%9

4%BC%EC%96%B4_2

• 바이오연구지원센터
http://www.youngnong.co.kr/news/articleView.html?idxno=4659#rs

• 바이오테크
https://koocci.blog.me/220633649568
http://news.joins.com/article/22379907
http://research-paper.co.kr/news/view/46815
https://blog.naver.com/croplifek/221071748569
http://www.hkbs.co.kr/news/articleView.html?idxno =475007

• 발광생물
http://blog.daum.net/biomarket/7620616
http://www.scienceall.com/%eb%b0%9c%ea%b4%91%ec%83%9d%eb%ac%bcluminous-organ-photogenic-organ/
- 반딧불이 발광시스템
http://medipana.com/news/news_viewer.asp?NewsNum=216274&MainKind=A&NewsKind=5&vCount=12&vKind=1
- 발광세균
https://terms.naver.com/entry.nhn?docId=1098938&cid=40942&categoryId=32333

• 백신
http://netpilgrim.tistory.com/309
https://terms.naver.com/entry.nhn?docId=68433&cid=43667&categoryId=43667
https://terms.naver.com/entry.nhn?docId=1100200&cid=40942&categoryId=32316
- 독감백신
http://medicalreport.kr/news/view/47172

• 버섯 관련
http://famtimes.co.kr/news/view/47272
https://blog.naver.com/mushroomnews/221030517623
https://blog.naver.com/jacobdowling017/221538272101
https://www.mk.co.kr/news/business/view/2019/ 05/347784/
http://www.newsrep.co.kr/news/articleView.html? idxno=40237
https://terms.naver.com/entry.nhn?docId=531592&cid=46640&categoryId=46640
https://terms.naver.com/entry.nhn?docId=777172&cid=42776&categoryId=42783
http://terms.naver.com/entry.nhn?docId=1186143&cid=40942&categoryId=32668
https://terms.naver.com/entry.nhn?docId=1976621&cid=48180&categoryId=48248
http://www.newsis.com/view/?id=NISX20170923_0000103679&cID=10803&pID=10800
- 꽃송이버섯
http://research-paper.co.kr/news/view/47954
- 느타리버섯
https://terms.naver.com/entry.nhn?docId=1747059&cid=49279&categoryId=49279
- 동충하초
http://www.joongboo.com/?mod=news&act=articleView&idxno=1093153
http://www.dt.co.kr/contents.html?article_no=2012 102202011557650001
https://terms.naver.com/entry.nhn?docId=4346350&cid=46689&categoryId=46689
http://kr.aving.net/news/view.php?articleId=1386697&Branch_ID=kr&rssid=naver&mn_name=news
- 상황버섯
https://terms.naver.com/entry.nhn?docId=1224290&cid=40942&categoryId=32668
- 송이버섯
https://terms.naver.com/entry.nhn?docId=199

3076&cid=48180&categoryId=48248&mobile
- 영지버섯
https://terms.naver.com/entry.nhn?docId=567722&cid=46640&categoryId=46640
- 팽이버섯
https://terms.naver.com/entry.nhn?docId=1993083&mobile&cid=48180&categoryId=48248
- 차가버섯
http://blog.daum.net/basecamp2012/7019237
https://terms.naver.com/entry.nhn?docId=1225914&cid=40942&categoryId=32820
- 표고버섯
https://terms.naver.com/entry.nhn?docId=1993462&cid=48180&categoryId=48248
- 항암식품 버섯
https://m.post.naver.com/viewer/postView.nhn?volumeNo=14098041&memberNo=25115958&vType=VERTICAL

• 보툴리누스 독소
https://terms.naver.com/entry.nhn?docId=2289763&cid=42419&categoryId=42419

• 블루카본
http://www.ekn.kr/news/article.html?no=276586

• 사라지는 재래 종자
http://www.whitepaper.co.kr/news/articleView.html?idxno=40643

• 4차 산업혁명
http://www.siminsori.com/news/articleView.html? idxno=202311
https://m.post.naver.com/viewer/postView.nhn?volumeNo=16046980&memberNo=36745374&vType=VERTICAL

• 산업용 효소
http://www.newswire.co.kr/newsRead.php?no=617859

• 살아있는 약 공장
https://blog.naver.com/soriel97/220816266231

• 세균 관련
- 고온세균
http://blog.daum.net/gangyong/6113520
http://terms.naver.com/entry.nhn?docId=292242&cid=42412&categoryId=42412
http://news.khan.co.kr/kh_news/khan_art_view.html?artid=201202162105305&code=940701
http://www.yonhapnews.co.kr/bulletin/2017/09/13/0200000000AKR20170913065800051.HTML?input=1195m
- 대장균
http://www.astronomer.rocks/news/articleView.html?idxno=85790
- 저온세균
http://terms.naver.com/entry.nhn?docId=2041600&cid=50317&categoryId=50317
http://www.edaily.co.kr/news/news_detail.asp?newsId=01689206616023384&mediaCodeNo=257&OutLnkChk=Y
- 슈퍼박테리아
https://terms.naver.com/entry.nhn?docId=1221968&cid=40942&categoryId=32333

• 식물 방어
http://blog.daum.net/naturelove87/58
http://www.sedaily.com/NewsView/1OIG32QV7Y
http://www.chgn.co.kr/detail.php?number=10770
http://www.sisunnews.co.kr/news/articleView.html?idxno=66840#closed
https://terms.naver.com/entry.nhn?docId=355

2648&cid=42526&categoryId=58589
http://www.yonhapnews.co.kr/bulletin/2017/07/12/0200000000AKR20170712150800009.HTML?input=1195m

• 식물자원
http://terms.naver.com/entry.nhn?docId=3552682&cid=42526&categoryId=58589

• 식물체 번식법
http://www.nongupin.co.kr/news/articleView.html?idxno=46280

• 신종 알레르기
http://biz.khan.co.kr/khan_art_view.html?artid=201710200600005&code=920100

• 실험동물 관련
- 마우스
https://genetic2002.blog.me/221159369970
http://news.mt.co.kr/mtview.php?no=2018011908022458359
http://www.kwnews.co.kr/nview.asp?s=601&aid=215042900010
- 누드마우스
https://terms.naver.com/entry.nhn?docId=1077990&cid=40942&categoryId=32623
- 스키드 마우스
https://terms.naver.com/entry.nhn?docId=933193&cid=43667&categoryId=43667
- 쥐
http://larc.ajoumc.or.kr/05_edu/edu03_2.htm
- 햄스터
https://namu.wiki/w/%ED%96%84%EC%8A%A4%ED%84%B0
https://terms.naver.com/entry.nhn?docId=1162309&mobile&cid=40942&categoryId=32623
- 돼지
https://terms.naver.com/entry.nhn?docId=933183&cid=43667&categoryId=43667
http://www.yonhapnews.co.kr/bulletin/2018/04/29/0200000000AKR20180429047400009.HTML
- 미니돼지
http://www.gukjenews.com/news/articleView.html? idxno=603095
- 메디
http://news.joins.com/article/20026757
http://news.naver.com/main/read.nhn?mode=LSD&mid=sec&sid1=101&oid=015&aid=0000468744
- 보람이
https://blog.naver.com/bbe8/120122629353
https://terms.naver.com/entry.nhn?docId=1261982&cid=40942&categoryId=32282
- 새롬이
http://www.nocutnews.co.kr/news/141767
http://www.segye.com/newsView/20150818003621
https://www.nongmin.com/plan/PLN/SRS/95704/view
- 토끼
http://larc.ajoumc.or.kr/05_edu/edu03_3.htm
https://terms.naver.com/entry.nhn?docId=1153007&cid=40942&categoryId=32622
- 실험동물자원
https://blog.naver.com/dakchong2/220818163487
https://blog.naver.com/basic_science/220636699589
http://dl.dongascience.com/magazine/view/S199909 N019
http://news.kmib.co.kr/article/view.asp?arcid=0923542571
http://www.econovill.com/news/articleView.html?idxno=291042

http://www.etoday.co.kr/news/section/newsview.php?idxno=1584373
http://www.ecomedia.co.kr/news/newsview.php? ncode=1065593374179595
https://terms.naver.com/entry.nhn?docId=1119591&cid=40942&categoryId=32310
http://www.shinbiotech.com/%EB%8F%99%EB%AC%BC%EC%8B%A4%ED%97%98%EC%8B%9C%EC%8A%A4%ED%85%9C
- 실험동물자원 계통
https://terms.naver.com/entry.nhn?docId=3574818&cid=58939&categoryId=58951
- 국내 실험동물 정보 관련
http://mouse.kribb.re.kr/
- 국내 동물실험기관
http://www.kaap.or.kr/s2.html?mode=read&idx=21868
- 실험동물 활용 예
https://blog.naver.com/jjy0501/221076628338
https://blog.naver.com/jjy0501/220252639177
https://blog.naver.com/rda2448/220811156854
http://news.hankyung.com/health/article?aid=201805188060f
https://terms.naver.com/entry.nhn?docId=3343448&cid=58162&categoryId=58162
http://newsteacher.chosun.com/site/data/html_dir/2016/05/31/2016053100224.html
http://news.naver.com/main/read.nhn?mode=LSD&mid=sec&sid1=100&oid=358&aid=0000004840
http://www.yonhapnews.co.kr/bulletin/2017/06/26/0200000000AKR20170626155600017.HTML?input=1195m
- 실험동물 활용 개발
http://www.yonhapnews.co.kr/bulletin/2018/05/23/0200000000AKR20180523050100009.HTML?input=1195m
- 희생된 실험동물
http://biz.khan.co.kr/khan_art_view.html?artid=201804111105011&code=920100

• 습지
http://www.cng.go.kr/tour/upo/00001142.web
http://www.ajunews.com/view/20170531075709880
http://www.ecomedia.co.kr/news/newsview.php? ncode=179507173064504

• 생물다양성
https://jeongbau07.blog.me/90086612994
http://terms.naver.com/entry.nhn?docId=4394373&cid=59948&categoryId=59971
http://www.yonhapnews.co.kr/bulletin/2018/05/01/0200000000AKR20180501093700088.HTML?input=1195m
https://ko.wikipedia.org/wiki/%EC%83%9D%EB%AC%BC_%EB%8B%A4%EC%96%91%EC%84%B1_%ED%98%91%EC%95%BD

• 생물자원 관련
http://www.mygoyang.com/news/articleView.html?idxno=41250
http://terms.naver.com/entry.nhn?docId=4396065&cid=47316&categoryId=47316

• 생물종 수(동·식물, 기타 균류)
http://www.kwangju.co.kr/read.php3?aid=1520348400625614023
http://kbr.go.kr/content/view.do?menuKey=476&contentKey=49

• 생명공학산업
https://www.bioin.or.kr/board.do?cmd=view&bid=watch&num=256748

• 생체모방기술

http://www.sedaily.com/NewsView/1OAVNI5ER1

• 세균
http://redsecret.tistory.com/40
https://terms.naver.com/entry.nhn?docId=293917&cid=42412&categoryId=42412
https://terms.naver.com/entry.nhn?docId=1186662&cid=40942&categoryId=32333
- 세균 종 수
http://www.kbr.go.kr/content/view.do?menuKey=477&contentKey=50
- 신종 미생물의 항생물질
http://dongascience.donga.com/news/view/19880

• 심해자원
http://www.ggilbo.com/news/articleView.html? idxno=503818

• 아로마테라피
https://blog.naver.com/huskylove75/220742906853
http://www.straightnews.co.kr/news/articleView.html?idxno=38045
https://terms.naver.com/entry.nhn?docId=2117572&cid=44415&categoryId=44415
https://terms.naver.com/entry.nhn?docId=2098599&cid=51009&categoryId=51009
https://terms.naver.com/entry.nhn?docId=1636318&cid=42752&categoryId=42754
http://www.newsis.com/view/?id=NISX20180516_0000310608&cID=13001&pID=13000
http://www.edaily.co.kr/news/news_detail.asp?newsId=03148806619175792&mediaCodeNo=257&OutLnkChk=Y

• 야생생물 생태지도
http://news1.kr/articles/?3235558

• 약물전달시스템
http://www.kinews.net/news/articleView.html? idxno=101010

• 약용식물 관련
http://www.yes24.com/24/goods/58956423
http://www.sedaily.com/NewsView/1RY4390VRT
http://www.realfoods.co.kr/view.php?ud=20170728000284
http://www.readersnews.com/news/articleView.html?idxno=79240
- 마늘
https://blog.naver.com/songyh218/80147328383
http://www.kns.tv/news/articleView.html?idxno=398636
https://www.nongmin.com/news/NEWS/ECO/CMS/288734/view
http://www.whosaeng.com/sub_read.html?uid=101118&section=sc6
https://terms.naver.com/entry.nhn?docId=777167&cid=48180&categoryId=48248
https://terms.naver.com/entry.nhn?docId=544996&cid=46640&categoryId=46640
- 알로에
https://terms.naver.com/entry.nhn?docId=777184&cid=42776&categoryId=42783
- 양파
http://cine-world.tistory.com/266
- 여우구슬
http://news.naver.com/main/read.nhn?mode=LSD&mid=sec&sid1=101&oid=011&aid=0000012987
- 작약
http://www.yeongnam.com/mnews newsview.do?mode=newsView&newsk

ey=20180515.010210800350 001
- 캐모마일
http://www.christiantoday.co.kr/news/307191
- 콩
http://www.cancerline.co.kr/html/16354.html

• 열수분출공
http://www.ggilbo.com/news/articleView.html? idxno=503676

• 영장류 유전체 연구
http://news.joins.com/article/22257318

• 오리엔트바이오 실험동물 생산기관
http://news.donga.com/3/all/20180221/88786619/1

• 오염물질 제거
http://www.hani.co.kr/arti/society/environment/822093.html
http://www.greenpostkorea.co.kr/news/articleView.html?idxno=78590
http://www.greenpostkorea.co.kr/news/articleView.html?idxno=72297

• 우주병
https://terms.naver.com/entry.nhn?docId=1130562&cid=40942&categoryId=32799

• 유전자스위치
http://www.etnews.com/20180508000222

• 유전자은행
https://terms.naver.com/entry.nhn?docId=1048187&cid=42397&categoryId=42397

• 유전자변형
https://terms.naver.com/entry.nhn?docId=1524197&cid=47341&categoryId=47341

• 유전자변형식품
- GMO
https://namu.wiki/w/GMO
http://ch.yes24.com/Article/View/20641
https://dbtkdqor2.blog.me/220849302825
http://research-paper.co.kr/news/view/47044
http://www.hkbs.co.kr/news/articleView.html?idxno =309500
http://www.mediaus.co.kr/news/articleView.html? idxno=124734
http://www.foodnews.co.kr/news/articleView.html?idxno=66712
http://www.ecomedia.co.kr/news/newsview.php? ncode=1065580500768838
https://terms.naver.com/entry.nhn?docId=783504&cid=42111&categoryId=42111
https://terms.naver.com/entry.nhn?docId=3583813&cid=59128&categoryId=59128
https://m.post.naver.com/viewer/postView.nhn?volumeNo=8367379&memberNo=31387021&vType=VERTICAL
- LMO
http://news1.kr/articles/?3161010
https://terms.naver.com/entry.nhn?docId=168368&cid=50317&categoryId=50317

• 유전자재조합기술
https://terms.naver.com/entry.nhn?docId=637330&cid=42143&categoryId=42143
- 형질전환 관련
https://terms.naver.com/entry.nhn?docId=3570064&cid=58943&categoryId=58966
https://ko.wikipedia.org/wiki/%ED%98%95%EC%A7%88%EC%A0%84%ED%99%98%EB%8F%99%EB%AC%BC

• 유전적 환경오염
http://www.greened.kr/news/articleView.html?idxno =30148

• 유전자치료
https://terms.naver.com/entry.nhn?docId=2109116&cid=51019&categoryId=51019
http://medipana.com/news/news_viewer.asp?NewsNum=220116&MainKind=A&NewsKind=5&vCount=12&vKind=1
- 유전자치료 2.0
http://techm.kr/bbs/board.php?bo_table=article&wr_id=3721

• 유전자편집
https://blog.naver.com/papyrusy/221328043745
- 크리스퍼 유전자가위
https://m.post.naver.com/viewer/postView.nhn?volumeNo=10430579&memberNo=5235722&vType=VERTICAL

• 유전체 연구
http://www.hankookilbo.com/v/cda22f5aa5134f9cbacfd9c6fd0465a3

• EM
https://ko.wikipedia.org/wiki/%EC%9C%A0%EC%9A%A9%EB%AF%B8%EC%83%9D%EB%AC%BC%EA%B5%B0
https://terms.naver.com/entry.nhn?docId=1023015&cid=47316&categoryId=47316

• 이종 장기이식
http://www.newsis.com/view/?id=NISX20180219_0000231340&cID=10101&pID=10100
http://nownews.seoul.co.kr/news/newsView.php?id =20180301601005&wlog_tag3=naver

• 인간게놈연구
https://terms.naver.com/entry.nhn?docId=296141&cid=42412&categoryId=42412
https://terms.naver.com/entry.nhn?docId=1261830&cid=40942&categoryId=32308

• 인간세포지도
https://terms.naver.com/entry.nhn?docId=3473002&cid=42107&categoryId=42107

• 인공생물학
- 인공생물학
http://research-paper.co.kr/news/view/48511
- 인공세포
http://www.asiatoday.co.kr/view.php?key=20180711010006810
- 인공광합성
https://terms.naver.com/entry.nhn?docId=5646808&cid=42526&categoryId=62794

• 인삼 관련
- 인삼 사포닌
https://blog.naver.com/ksando39/70180908720
https://terms.naver.com/entry.nhn?docId=1248277&cid=40942&categoryId=32816
- 인삼 활용
http://www.ftoday.co.kr/news/articleView.html?i dxno=87832
- 홍삼
http://www.ytn.co.kr/_ln/0105_201805150417538290

• 인슐린
https://blog.naver.com/yuni0325/140140660449
http://www.nbnnews.co.kr/news/articleView.html? idxno=141219
http://www.viva100.com/main/view.php?key=20180509010003224

• 인터페론
https://terms.naver.com/entry.nhn?docId=420909&cid=42411&categoryId=42411
http://medipana.com/news/news_viewer.asp?NewsNum=218278&MainKind=A&NewsKind=5&vCount=12&vKind=1

• 에피메테우스
https://terms.naver.com/entry.nhn?docId=3398061&cid=58143&categoryId=58143

• 자생식물
http://www.newscj.com/news/articleView.html? idxno=500678
- 자생식물 종자은행
http://mjmjgg.tistory.com/3
http://www.andong.go.kr/agritec/crop/list.do?viewType=2&mId=0402010000
• 적조현상
https://terms.naver.com/entry.nhn?docId=944095&cid=47340&categoryId=47340
https://terms.naver.com/entry.nhn?docId=1139235&cid=40942&categoryId=32300
http://www.kookje.co.kr/news2011/asp/newsbody.asp?code=0300&key=20170613.22021192021

• 조직배양기술
https://terms.naver.com/entry.nhn?docId=923552&cid=47326&categoryId=47326

• 종자은행
http://terms.naver.com/entry.nhn?docId=3386855&cid=47339&categoryId=47339
http://terms.naver.com/entry.nhn?docId=1161110&cid=40942&categoryId=31829

• 질환모델동물
http://terms.naver.com/entry.nhn?docId=1210457&cid=40942&categoryId=32327

• 질환동물모델구축 연구소
http://www.etoday.co.kr/news/section/newsview.php?idxno=1586581

• 재래종 복원
http://www.imaeil.com/sub_news/sub_news_view.php?news_id=2605&yy=2018

• 잭슨연구소
http://dl.dongascience.com/magazine/view/S200801 N036
- 잭슨랩 연구소 진행 연구
http://www.medigatenews.com/news/1332335685

• 제노포커스 회사
http://terms.naver.com/entry.nhn?docId=3583693&cid=43167&categoryId=43167
- 제노포커스 효소
http://www.mdtoday.co.kr/mdtoday/index.html?no= 314857
http://www.etoday.co.kr/news/section/newsview.php?idxno=1603411

• 청색기술 산업
http://news1.kr/articles/?3242963

• 초파리
http://edu.donga.com/?p=article&ps=view&at_no= 20170719174453565179

• 키메라
http://news.joins.com/article/22609763

• 탄소나노튜브

http://news1.kr/articles/?2876270

• 탄닌
https://namu.wiki/w/%ED%83%84%EB%8B%8C
https://terms.naver.com/entry.nhn?docId=370452&cid=42413&categoryId=42413

• 트랜스제닉 생물
http://www.newsinside.kr/news/articleView.html?idxno=321340

• 파상풍 독소
https://terms.naver.com/entry.nhn?docId=481970&cid=55558&categoryId=55558

• 파이토케미칼
http://www.ksilbo.co.kr/news/articleView.html? idxno=629286#08fn

• 폴리페놀
http://news.donga.com/3/all/20170711/85299347/1

• 푸코잔틴
https://terms.naver.com/entry.nhn?docId=429769&cid=42411&categoryId=42411

• 플랑크톤
https://terms.naver.com/entry.nhn?docId=1159752&cid=40942&categoryId=32330
https://m.post.naver.com/viewer/postView.nhn?volumeNo=6822938&memberNo=36405506&vType=VERTICAL
https://m.post.naver.com/viewer/postView.nhn?volumeNo=8697706&memberNo=36405506&vType=VERTICAL
- 동물성플랑크톤
https://terms.naver.com/entry.nhn?docId=1084224&cid=40942&categoryId=32310
- 식물성플랑크톤
https://terms.naver.com/entry.nhn?docId=979907&cid=42456&categoryId=42456

• 피톤치드
http://sports.chosun.com/news/ntype.htm?id=201309180100153670011461&servicedate=20130917

• 페놀 제거 미생물
http://www.greenpostkorea.co.kr/news/articleView.html?idxno=74839

• 한국 곤충 총 목록
http://book.naver.com/bookdb/book_detail.nhn?bid =6352127

• 한국 종자 보관소
http://news.donga.com/3/all/20171013/86726948/1

• 한국종자협회
https://ko.wikipedia.org/wiki/%ED%95%9C%EA%B5%AD%EC%A2%85%EC%9E%90%ED%98%91%ED%9A%8C

• 한반도 특산식물
http://academic.naver.com/article.naver?doc_id= 291372698

• 항생제
http://missing-piece.tistory.com/17832
https://blog.naver.com/asecomm/220649778687
http://www.mediup.co.kr/board/index.html?id=dise&no=3098
http://terms.naver.com/entry.nhn?docId=3566735&cid=58713&categoryId=58713

- 아미코젠
http://cafe.naver.com/mindstockcoco/5462

• 항체 칩(바이오 칩)
http://news.hankyung.com/article/2009050574031?nv=o
http://news.mt.co.kr/mtview.php?no=2007121011114790239&outlink=1&ref=http%3A%2F%2Fsearch.naver.com

• 헤파빅
http://news.donga.com/3/all/20180125/88357420/1

• 해양자원 관련
https://cafe.naver.com/dsciencecity/796
https://www.happycampus.com/report-doc/1158137/
https://www.kmi.re.kr/globalnews/posts/view.do? rbsIdx=1&idx=4436
http://www.khoa.go.kr/kcom/cnt/selectContents Page.do?cntId=53201030
https://kin.naver.com/qna/detail.nhn?d1id=11&dirId=1116&docId=253934643&qb=7ZW07JaR7IOd66y87J6Q7JuQ7J2AIOyEuOqzhCDrj5nrrLzshLEg64uo67Cx7KeIIOqzteq4ieufiQ==&enc=utf8&section=kin&rank=1&search_sort=0&spq=0&pid=U5THblpySDwssbb9lMNssssssYV-188698&sid=03G9QcTDRYsbx%2BMgKDBqHA%3D%3D
- 국내 수산물 생산량
http://www.dailian.co.kr/news/view/689194/?sc=naver
http://www.mof.go.kr/article/view.do?articleKey=14696&boardKey=10&menuKey=376
- 해양미생물
http://www.yonhapnewstv.co.kr/MYH20171221005100038/?did=1825m
- 해양세균
https://terms.naver.com/entry.nhn?docId=433841&cid=42411&categoryId=42411
- 해양생물자원
http://www.mabik.re.kr/html/kr/
http://scienceon.hani.co.kr/69055
http://blog.kiost.ac.kr/221151189719
http://blog.daum.net/buseatech/708
http://blog.kiost.ac.kr/221217809758
https://blog.naver.com/nibr_bio/50180062053
https://blog.naver.com/open_kbsi/220461596622
http://www.kbmaeil.com/news/articleView.html? idxno=446778
- 해양생물 음식물 쓰레기처리
http://www.ytn.co.kr/_ln/0103_201509180501061015
- 해양생물 신물질 개발
http://kidshyundai.tistory.com/389
http://kpenews.com/Board.aspx?BoardNo=9595
- 해양생물 종 수
https://terms.naver.com/entry.nhn?docId=2830642&cid=55617&categoryId=55617
http://news.mt.co.kr/mtview.php?no=2016111415437864096&outlink=1&ref=http%3A%2F%2Fsearch.naver.com
- 해양생명공학기술
http://www.newspim.com/news/view/20180104000096
- 해양연구(드론 이용)
http://news.kmib.co.kr/article/view.asp?arcid=0012242390&code=61122019&cp=nv
- 해조류 관련
https://blog.naver.com/kedebiz/220924508695
http://www.mdtoday.co.kr/mdtoday/index.html?no= 318510
http://www.ihalla.com/read.php3?aid=1528297200598085293

http://www.gukjenews.com/news/articleView.html?idxno=774710
http://www.newsis.com/ar_detail/view.html/?ar_id=NISX20160804_0014266329
http://www.upsun.net/?act=board&bbs_code=life& bbs_mode=view&bbs_seq=80734
https://www.giikorea.co.kr/report/mama357788-commercial-seaweeds-market-by-type-red-brown-green.html

• 형광고양이
http://www.seoul.co.kr/news/newsView.php?id=20080108030004

• 휴면 포자
https://terms.naver.com/entry.nhn?docId=1615828&cid=50317&categoryId=50317